丛枝菌根调控喀斯特植物生态适应性研究

Ecological Adaptability of Karst Plants
Regulated by Arbuscular Mycorrhizae

何跃军 著

科学出版社
北京

内 容 简 介

本书是喀斯特植物与土壤微生物相互关系的基础理论研究著作。喀斯特地貌在我国南方广泛分布，喀斯特生境中土壤微生物如何与适生植物发生作用并维持植物生长是值得关注的理论问题。菌根在促进植物生长与生理适应性方面具有重要调控功能。本书以丛枝菌根为切入点，系统性研究了喀斯特生境土壤中丛枝菌根真菌组成、分布及多样性，并通过接种丛枝菌根真菌，从植物生长促进、生物量积累、光合生理、物质代谢、水分适应、养分利用、枯落物分解等方面研究了适生植物生长及生理适应性，解析了丛枝菌根对喀斯特植物的生态适应性维持机理。

本书填补了喀斯特植物菌根生态学研究著作方面的空白，可供生态学、林学、水土保持与荒漠化防治等相关学科的科技工作者和管理者参考。

图书在版编目(CIP)数据

丛枝菌根调控喀斯特植物生态适应性研究 / 何跃军著. — 北京：科学出版社，2019.8
ISBN 978-7-03-062036-1

Ⅰ.①丛… Ⅱ.①何… Ⅲ.①丛枝菌属-菌根菌-调控-植物生态学-研究-喀斯特地区 Ⅳ.①Q949.329 ②Q948.1

中国版本图书馆 CIP 数据核字 (2019) 第 164947 号

责任编辑：张 展 孟 锐 / 责任校对：彭 映
责任印制：罗 科 / 封面设计：墨创文化

科学出版社 出版
北京东黄城根北街16号
邮政编码：100717
http://www.sciencep.com

成都锦瑞印刷有限责任公司 印刷
科学出版社发行 各地新华书店经销

*

2019 年 8 月第 一 版　　开本：787×1092 1/16
2019 年 8 月第一次印刷　　印张：13 1/2
字数：310 000

定价：89.00 元
(如有印装质量问题，我社负责调换)

序 一

植物与环境之间的适应性是生态学者长期关注并致力研究的基本问题。喀斯特生态系统在我国南方广泛分布，受到自然和人为因素的干扰，喀斯特地区往往形成植被覆盖率低、水土流失严重、岩石裸露率高的次生植被。自20世纪80年代开始，许多学者对我国南方喀斯特地区的生态学研究工作主要集中在植被分布、群落结构、物种组成方面；2000年后，研究者更多地关注喀斯特退化区域适生植物与生境适应性方面的基础理论和应用研究，集中在植被演替恢复过程与机理、恢复植被的物种配置与恢复技术等方面。然而无论如何，喀斯特生态恢复的核心问题是要认识清楚适生植物是采取何种对策调控适应于喀斯特生境条件的，这是研究一切喀斯特生态修复的关键理论与应用技术难点。喀斯特植物在水土流失严重、岩石裸露率高、土被不连续、土壤富钙偏碱性、地表水亏缺的生境下仍然维持了较高的物种多样性，这些植物是如何适应喀斯特严酷生境的问题引起许多研究者的兴趣。《丛枝菌根调控喀斯特植物生态适应性研究》一书的出版顺应了喀斯特生态恢复治理的理论与实践需求，值得祝贺！

《丛枝菌根调控喀斯特植物生态适应性研究》一书从喀斯特土壤微生物丛枝菌根真菌与宿主植物共生关系入手，对适生植物的菌根调控适应性开展了系统性研究，特色鲜明，主要体现在：首先，研究具理论性与应用性，既开展了AM资源调查、分离，也分析了菌根真菌多样性与植被演替功能关系，还筛选、评价、研究了优良菌株的耐旱性。其次，研究既有宽度，也有深度，以植物-土壤-微生物作为连续体开展工作，既研究了植物的生长和生理性状，也探讨了土壤及作为岩石主要成分的碳酸钙营养转化和利用；既辨析了单一物种的菌根调控适应，还探讨了地下菌丝网对不同物种的营养平衡分配策略，并涉及喀斯特本地物种与外来入侵物种养分竞争的菌根调控机理。最后，研究方法具创新性和独特性，研究中除了常规实验技术手段外，还采用了高通量分子测序技术进行菌种鉴定，并利用同位素示踪技术结合分室技术和分根技术构建实验装置，创新性地解决了菌根菌丝体调控植物营养生长分配的难题。这些研究成果为认识喀斯特适生植物的生长适应性、生物多样性维持、土壤形成与营养转化，以及将菌根生物技术应用于喀斯特植被恢复奠定了理论基础。

该著作紧密围绕喀斯特生境条件和植物适应性的菌根调控机理开展研究，取得了丰富的成果，填补了喀斯特植物菌根生态学研究著作方面的空白，对我国南方喀斯特地区采用菌根生物技术进行生态恢复以及林业生产上菌根化育苗造林具有较高的应用参考价值。

为此，在该书出版之际，我欣然作序，以为祝贺！

钟章成

2017 年 10 月 12 日

序 二

喀斯特地貌在我国南方广泛分布。受到人类社会经济活动的影响，喀斯特地区土壤严重侵蚀，基岩大面积裸露，植被自然生产力低下，在水平和垂直方向上均呈现出资源分布的高度异质性。喀斯特生境虽然土层薄、干旱、矿质养分总量不足，但仍然生长着较多的植物，维持着较高的植物物种多样性，显示出在喀斯特地质演化过程中，植物也发生着进化适应。其中，菌根真菌在促进植物生长、土壤营养转化，提高植物养分利用及种间资源竞争调节等方面具有重要的生态适应意义。

该书以喀斯特生态系统为研究背景，以适生植物为研究对象，以丛枝菌根为切入点，较系统地研究了喀斯特地区丛枝菌根真菌资源的分布，辨析了丛枝菌根真菌多样性与植被演替之间的功能关系，并通过高通量测序和形态分析，鉴定了一批丛枝菌根真菌菌种资源；采用室内模拟控制实验和大田育苗实验接种菌根真菌，从植株促生效应、光合生理、物质代谢、渗透调节、养分利用和元素迁移等方面，深入探索了适生植物的菌根调控功能。此外，还构建了隔室装置，并结合同位素示踪技术，研究了外来入侵植物与本地植物之间的养分竞争、菌根菌丝网对同种和异种植物的营养分配的物种共存机制，以及菌根调控土壤稳定性碳储存与碳转化等。该书从多维度揭示了喀斯特适生植物与丛枝菌根真菌之间的共生适应机理，在理论和方法上均具有鲜明的特色。

菌根调控喀斯特适生植物生长的维持机制是值得深入研究的方向。跃军博士长期致力于该研究方向，从该书可见他的创新性探索。故乐为之序。

黄鸣

2017年11月24日于闲林

前　言

菌根是真菌与植物根系形成的共生体,通过根系外延菌丝交换土壤养分和植物碳水化合物实现共生。自 Frank 于 1885 年提出菌根概念以来已有 130 多年的历史。丛枝菌根(arbuscular mycorrhiza,AM)是陆地生态系统中最为重要的菌根类型,在宿主植物抗旱性和养分吸收方面具有重要的功能。我国自 20 世纪 70 年代开始对 AM 进行研究,并在 AM 真菌资源多样性、菌根生理及生长效应、菌剂生产应用等方面开展了大量工作,对我国农林生产产生了重要影响,尤其为退化生态系统的修复和治理提供了新的技术途径。

喀斯特地貌在全球范围的分布面积为 2200 万 km^2,我国是世界上喀斯特分布面积最大的国家,达 130 万 km^2,约占国土面积的七分之一,主要分布在我国南方的贵州、广西、重庆、云南等区域。喀斯特主要是由石灰岩、白云岩和含有其他杂质的碳酸盐岩发育形成的具有特殊物质、能量、结构和功能的生态系统,其生境表现出土被不连续、土层瘠薄、土壤富钙缺水、岩石裸露率高的异质性特征,因此,喀斯特植被一旦被破坏就难以恢复。当前自然的喀斯特植被多为一些受到干扰后形成的次生林,这些次生植被维持了较高的植物物种多样性,表明喀斯特生境中的适生植物与其生境具有高度的适应性,这种适应性可能与喀斯特生境资源尤其是土壤中的微生物有较大的关系。虽然国内外有关 AM 与植物的功能关系研究已有不少的报道,但是这些研究很少关注 AM 与喀斯特适生植物共生适应过程与机理。十余年来,在国家自然科学基金项目、贵州省科技计划项目、贵州省林业厅项目和贵州省教育厅科研项目等的资助下,课题组以喀斯特生态系统中的适生植物和 AM 真菌作为研究对象,通过野外调查取样,以真菌形态学为依据,并结合高通量测序技术,从喀斯特典型区域分离鉴定 AM 真菌资源,并研究了 AM 真菌多样性及其分布特征;采用实验种群生态学原理和方法,室内控制实验并结合同位素示踪技术,开展了喀斯特适生植物接种 AM 真菌后的植物生长性状、光合生理、养分利用、渗透调节、物质代谢、营养分配、元素迁移等方面的研究,解析了 AM 真菌与喀斯特适生植物之间的共生调节机理,形成了喀斯特适生植物菌根共生适应的理论体系。

本书共为十章,以丛枝菌根真菌与喀斯特适生植物的共生适应性为主线开展实验研究。第 1 章主要介绍丛枝菌根和喀斯特的概念,以及喀斯特生态系统中的菌根生态学研究进展;第 2 章主要从丛枝菌根真菌孢子形态和分子生物学技术方面讲述喀斯特自然植被演替过程中的丛枝菌根真菌资源及其分布;第 3 章主要论述接种丛枝菌根后适生植物在生物量促进、根系构型、生长效应方面的研究;第 4 章主要论述接种丛枝菌根的适生植物叶绿素、光合速率、蒸腾效应、气孔导度等方面的研究;第 5 章主要论述丛枝菌根对适生植物的可溶性糖、蛋白质、丙二醛、脯氨酸等方面的渗透调节功能;第 6 章主要论述水分胁迫条件下适生植物接种丛枝菌根真菌后在形态和生理方面的适应性调节机制;第 7 章主要论述丛枝菌根真菌接种后植物的营养利用和土壤枯落物养分转化方面的研究；第 8 章主要论述接种丛枝菌根真菌的入侵物种和本地物种之间的养分竞争适应性调节机制；第 9 章主要讲述不同喀斯特植物物种个体在丛枝菌根菌丝网的调控作用下养分的转移分配功能；第 10 章主要论述施加外源碳酸钙和丛枝菌根菌丝体对樟树幼苗及土壤养分的影响及元素转移方面的功能机制。

本书紧跟国际研究前沿，以喀斯特生态系统作为环境背景，以喀斯特适生植物和 AM 真菌为研究对象，从喀斯特中观层次的植被-土壤生境的菌根真菌资源筛选、群落个体养分的菌根调节、菌根植物生理生态适应性方面开展系统性研究，旨在填补喀斯特植物菌根生态学研究著作方面的空白，并期望能为喀斯特退化植被的修复提供理论依据和应用参考，希望能为从事植物菌根生态学研究的工作者提供有益借鉴和帮助。鉴于作者能力和水平有限，书中难免存在缺点和不足，敬请广大读者批评指正。

本书出版经费由"贵州省生态学一流学科建设(GNYL〔2017〕007)"和"贵州省生态学重点学科建设(黔学位合字 ZDXK〔2016〕7 号)"项目资助，在此向贵州省教育厅、贵州省学位办表示衷心感谢！此外，本书的研究成果获得国家自然科学基金(31360106，31660156，31000204)、贵州省科技计划项目(黔科合〔2016〕支撑 2805 号，黔科合 NY〔2014〕3029)、贵州省优秀青年科技人才专项(黔科合人字第 2013-10)、贵州省林业厅科研项目(2008-05)、贵州省教育厅项目(黔教科 2008-005)等科研项目的资助以及贵州省专业综合改革项目(SJZZ201401)的支持。借本书出版之际，向国家自然科学基金委员会、贵州省科技厅、贵州省教育厅、贵州省林业厅、贵州大学、西南大学三峡库区生态环境教育部重点实验室等相关单位对本研究提供的经费资助和平台支持表示衷心感谢！此外，还对贵州省农科院高秀兵副研究员对菌根菌种资源鉴定提供的帮助表示感谢!对西南大学曾波教授、陶建平教授及刘锦春副教授，台州学院杜照奎副教授，绵阳师范学院冉琼副教授在实验中提供的帮助表示感谢！衷心感谢我的两位导师——钟章成先生和董鸣先生欣然为本书作序，以及在我的科研事业中给予的极大支持、鼓励和帮助！向贵州大学的丁贵杰教授、刘济明教授、喻理飞教授等领导和同事对本项工作的支持和关注表示衷心感谢！本书的成果还凝聚了多年来我所指导的研究生的辛勤付出，他们是吴长榜、徐德静、王鹏鹏、吴春玉、谢佩耘、杨应、司建朋、何敏红、林艳、韩勖、方正圆、徐鑫洋等，在此一并致谢！同时，向科学出版社的编辑为本书的出版付出的辛勤劳动表示谢意！

目　录

第 1 章　绪论 ·· 1
　1.1　丛枝菌根的概念 ··· 1
　1.2　丛枝菌根结构及植物菌根共生原理 ·· 2
　1.3　丛枝菌根对土壤无机养分和有机养分利用 ··· 3
　1.4　菌根菌丝网对植物群落营养平衡调节 ··· 4
　1.5　丛枝菌根与宿主植物养分动力学机制 ··· 5
　1.6　喀斯特生境特征及植物适应性 ·· 6
　1.7　喀斯特生态系统中的菌根生态学研究 ··· 7
　1.8　小结 ··· 7
第 2 章　喀斯特植被演替过程中丛枝菌根真菌多样性 ·· 9
　2.1　基于形态分类的喀斯特土壤丛枝菌根真菌组成 ·· 9
　2.2　基于形态鉴定的丛枝菌根真菌多样性及其分布特征 ·································· 37
　2.3　基于高通量测序的喀斯特土壤丛枝菌根真菌组成 ····································· 41
　2.4　基于高通量测序的丛枝菌根真菌多样性与生境因子的关系 ························ 44
第 3 章　丛枝菌根真菌对喀斯特适生植物的生长效应 ·· 50
　3.1　构树幼苗对接种不同丛枝菌根真菌的生长响应 ·· 50
　3.2　接种丛枝菌根菌剂对盆栽和大田苗木根系性状和生物量分配的影响 ··········· 55
　3.3　接种丛枝菌根菌剂对大田樟树幼苗生长效应及抗病性的影响 ····················· 60
第 4 章　丛枝菌根对喀斯特适生植物光合生理调节 ··· 66
　4.1　喀斯特土壤中光皮树接种丛枝菌根菌剂的光合生理响应 ··························· 66
　4.2　构树幼苗接种不同丛枝菌根真菌的光合特征 ··· 71
第 5 章　丛枝菌根真菌对喀斯特适生植物物质代谢调节 ····································· 78
　5.1　丛枝菌根真菌对喀斯特先锋种群鬼针草的物质代谢效应 ··························· 78
　5.2　丛枝菌根真菌对构树幼苗物质代谢效应的影响 ·· 84
第 6 章　丛枝菌根调控喀斯特适生植物水分生理适应性 ····································· 92
　6.1　水分胁迫对丛枝菌根幼苗香樟根系形态特征的影响 ·································· 92
　6.2　喀斯特土壤上香樟幼苗接种不同丛枝菌根真菌后的耐旱性效应 ·················· 99
第 7 章　丛枝菌根调控适生植物营养利用与土壤养分转化 ································ 107
　7.1　接种不同丛枝菌根真菌对构树幼苗氮、磷吸收的影响 ····························· 107
　7.2　丛枝菌根真菌对喀斯特土壤枯落物分解及养分转移 ································ 114

第 8 章　丛枝菌根对外来物种的入侵调节 121
8.1　不同种植模式下丛枝菌根真菌对紫茎泽兰和黄花蒿竞争的影响 121
8.2　丛枝菌根真菌对紫茎泽兰生长及氮磷营养的影响 127

第 9 章　丛枝菌根菌丝网对适生植物种间营养调节 133
9.1　丛枝菌根网络对不同喀斯特适生植物生长及氮摄取的影响 133
9.2　丛枝菌根网对三种喀斯特植物氮、磷及其化学计量比的影响 141

第 10 章　外源碳酸钙和丛枝菌根对植物-土壤体系的交互影响 150
10.1　施加外源性碳酸钙和丛枝菌根菌丝体对樟树幼苗生长性状的影响 150
10.2　施加外源性碳酸钙和丛枝菌根菌丝体对樟树幼苗养分的影响 158
10.3　施加外源碳酸钙和丛枝菌根菌丝体对土壤养分的影响 165
10.4　外源碳酸钙和丛枝菌根菌丝体对植物-土壤养分性状的双因素方差分析 177
10.5　讨论 183

参考文献 186
附图一　实验菌剂培养及植物根系菌根侵染显微结构 203
附图二　丛枝菌根对植物生长影响及养分利用的控制性实验 205
附图三　大田菌根化育苗实验 206

第1章 绪　论

1.1 丛枝菌根的概念

自 Frank 于 1885 年提出菌根概念以来已有 130 多年的历史，他发现植物根系与土壤中的某一类真菌具有互利共生现象(synbiomy)，并将这种真菌与植物根系形成的共生体称为菌根(mycorrhiza)，这类土壤真菌则称为菌根真菌。Harley 等(1989)以真菌与植物形成的共生体系的特征作为依据，将菌根划分为 7 种类型，即丛枝菌根(arbuscular mycorrhizas)、外生菌根(ecto mycorrhiza)、内外生菌根(ectoendo mycorrhiza)、浆果鹃类菌根(arbutoid mycorrhiza)、水晶兰类菌根(monotropoid mycorrhizas)、欧石楠类菌根(ericoid mycorrhiza)及兰科菌根(orchid mycorrhiza)。最常见的是丛枝菌根(arbuscular mycorrhiza，AM)和外生菌根(ecto mycorrhiza，EM)两种类型。

丛枝菌根起源于 3.5 亿~4.6 亿年前(Simon et al.，1993；Pirozynski and Malloch，1975)，与陆生植物几乎同时出现，是世界上分布最广泛的菌根类型之一，能够与世界上 80%的维管束植物形成互利共生关系(Augé，2001)。除十字花科、灯芯草科等少数几个科的植物不能或不易形成丛枝菌根外(李晓林和冯固，2001；Smith et al.，1997)，多数单子叶植物和双子叶植物都能形成丛枝菌根(王发园等，2004)。据估计，全球范围内 AM 真菌的种类至少应有 1250 种(Morton et al.，2001)。根据最新分类，丛枝菌根真菌(arbuscular mycorrrhizal fungi，AMF)属球囊霉门(glomeromycota)，目前下设 1 纲、4 目、13 科和 19 属，约 214 种(刘润进等，2009)。王幼珊等(2012)统计数据表明，我国现已发现的丛枝菌根真菌有 10 属 131 种，其中无梗囊霉属(*Acaulospora*)28 种，原囊霉属(*Archaeospora*)3 种，多样孢囊霉属(*Diversisporal*)1 种，内养囊霉属(*Entrophospora*)4 种，和平囊霉属(*Pacispora*)5 种，巨孢囊霉属(*Gigaspora*)6 种，球囊霉属(*Glomus*)64 种，盾巨孢囊霉属(*Scutellospora*)17 种，内生囊霉属(*Intraspora*)1 种，类球囊霉属(*Paraglomus*)2 种，最常见的是球囊霉属。丛枝菌根几乎存在于所有的生态系统中，目前已分离出 105 种的 *Glomus* 属，约占球囊菌门总数的 50%，几乎在所有生态系统中均有分布(刘润进等，2009)。AM 真菌侵染植物根系后形成附着泡和侵入点，随后在根系内进一步形成胞间菌丝和胞内菌丝，一部分菌丝与根外形成的庞大菌丝网络相连，另一部分菌丝可以在根细胞内形成泡囊(vesicles)和二分叉状丛枝(arbuscular)等特殊变态结构(图 1-1)，这些独特结构与丛枝菌根的生理和生态功能密切相关(田蜜等，2013)。

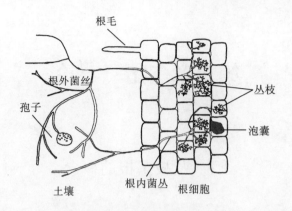

图 1-1 丛枝菌根结构示意图(李晓林和冯固,2001)

菌根真菌帮助宿主植物吸收所需的矿质元素,而宿主植物可以为菌根真菌提供生长所需的碳水化合物,两者之间形成了互惠共生关系,在陆地生态系统中发挥着重要作用(Bonfante and Genre,2010;Parniske,2008)。AM 真菌与植物是一种典型的互利共生(mutualism)关系,真菌从植物获取 C 并交换土壤中的 N、P 等养分为宿主植物利用,这在维持植物生长方面具有较大的促进效益(Newsham et al.,1995),Hodge 等(2010)认为这可能是共生体进化的基础。化石记载了 AM 真菌的球囊霉属是泥盆纪时期的共生体(Remy,1994),研究者发现奥陶纪时期的球囊霉属孢子(Redecker et al.,2000),因此可以推断 AM 真菌与陆生植物起源于同一时代。若地球上的第一个陆生植物具有根状茎(rhizomes)和假根(rhizoids),但是没有根系,对这株植物来说,如何获取很少量的 P 或其他养分成为其生长的主要问题。化石证据显示,早期的植物均有明显的真菌结构,类似于现代的"海芋型"(arum-type)植物的根状茎,若这种根状茎表现出与现代植物一样的功能,则在进化上具有极其重要的意义(Hodge et al.,2010)。

1.2 丛枝菌根结构及植物菌根共生原理

丛枝菌根(AM)的典型特征是真菌的菌丝可穿透植物根的表皮进入根的皮层细胞间或细胞内,在皮层细胞内菌丝经连续的双叉分支成为丛枝状结构,这种丛枝状结构是鉴别此类菌根真菌的形态学依据。AM 真菌对植物营养代谢具有重要的影响,AM 菌根功能的发挥往往改善了宿主植物对营养的利用状况,有关 AM 真菌与植物营养利用方面的研究是目前研究的一个重点,也是一个热点问题。丛枝菌根促进植物生长的共生原理主要表现在:①扩大根系的吸收范围。AM 真菌与宿主植物建立共生关系后,外延菌丝在土壤中增殖生长,扩展了根系的吸收范围(Li et al.,1997)。有研究指出,菌根外延菌丝可将吸收范围扩大 60 倍,根外菌丝体伸长达 117mm 远的距离(Li et al.,1991)。由于丛枝菌根真菌的菌丝无横隔,磷可随原生质环流向根内运输,不仅运输阻力小,而且运输速度快,大约为 20mm/h,为根内磷运输速率的 10 倍(Smith et al.,2008),从而大大提高了植株对 P 等养分的利用并促进了植物生长和生理代谢。②机械屏障作用。许多研究发现,菌根的形成能够减少和抑制由土壤中的植物病原菌所造成的损害(Hooker et al., 1994)。AM 真菌在宿主植物根际数量的增加，对外来微生物起到了一定的机械屏障作用，降低了病原菌的危害。菌根真菌分泌一些次生代谢物质，对一些土壤微生物产生拮抗作用(Barea et al., 1997)，从而提高了植物的抗病性和抗逆境的能力。③改善根际微环境。丛枝菌根真菌能影响土壤中的其他微生物，或者分泌有机酸来改变土壤化学性质和土壤结构，活化难溶性矿质养分为宿主植物提供营养，如菌根真菌促进根际解磷细菌数量的增加、菌根真菌与细菌协同提高根际磷酸酶活性(李晓林和姚青，2000)等。

1.3 丛枝菌根对土壤无机养分和有机养分利用

早期的关于无机氮的研究大都是围绕菌根对氨态氮和硝态氮的利用能力展开的。Cuenca 和 Azcon(1994)应用刺桐(*Erythrirta variegate*)作为宿主植物，发现接种 AMF 在 NO_3^- 为单一氮源时的生物量均高于不接种处理的约 2 倍，氮含量也有所提高，说明菌根可能利用了 NO_3^-，但他们的研究没有考虑 AM 真菌可能首先改善了宿主磷素状况进而间接提高了植物含氮量的情况。Azcon 等(2008)通过向不接种的植物施加无机磷来弥补菌根的磷效应，并用含有 $^{15}NO_3^-$ 的基质来检验根外菌丝的吸收作用，发现接种 AM 真菌的植物的 ^{15}N 丰度显著高于施磷的不接种处理，说明菌根能直接利用无机态的硝态氮，他们还认为菌根吸收硝态氮的量与土壤中硝态氮含量和植物氮素营养水平有关。有学者研究了 AM 真菌利用 NO_3^- 和 NH_4^+ 的能力，结果表明 AMF 对 NH_4^+ 的摄取量较大(Toussaint et al., 2004; Hawkins, 2000)，表明 AM 真菌在利用基质养分的化学形态方面存在差异。菌根真菌对无机氮循环的影响主要通过两个过程：一是通过菌丝体从基质中吸取氮素转移给宿主植物；二是通过缓解多种胁迫来提高固氮植物的固氮速率。最近的研究发现，混合接种 AM 真菌和两种固氮细菌的苜蓿(medicago saliva)在重量、根瘤数、大量元素和微量元素的含量等方面较单独接种有显著增加，表现出明显的协同效应(Biro et al., 2000)。这也说明菌根真菌可以通过与固氮细菌的协同作用来提高固氮植物的固氮量。

土壤有机物的分解不仅包括腐生微生物，也包括共生菌根真菌。Mosse(1959)和 St. John(1983)较早观测到了菌丝体繁殖生长于有机物上，并推测菌根真菌可能存在腐生营养的能力。后来的研究证实，杜鹃花类菌根(ericoid mycorrhiza，ERM)和外生菌根(ecto mycorrhiza，ECM)可以直接从有机原料上摄取氮(Hodge, 1995; Vitousek, 1991; Abuzinadah, 1989)，并能够吸收土壤碳(Taylor et al., 2004; Hawkins et al., 2000)。杜鹃花类菌根和外生菌根可能生产出胞外酶来分解有机物，因此，这两种类型的菌根真菌能生长在蛋白质、角质素、胶质、纤维素、半纤维素以及淀粉上。胞外溶解酶使外生菌根真菌能够从凋落物 (Bending and Read，1995)和花粉(Perez et al., 2001)摄取养分，溶解酶也允许杜鹃花类菌根真菌分解菌丝体(Kerley et al., 1997, 1998)，从而维持生态系统的营养平衡。这两类菌根真菌分解土壤新鲜有机物的能力意味着他们能控制大量的土壤 C 损量，被认为在分解复杂有机残体方面较 AM 真菌扮演更重要的角色(Read et al., 2003)。菌根真菌分解纤维素、半纤维素以及多酚是特别重要的，因为这些化合物是陆地生物体中高聚态物最重要的三个层次(Koge et al.，2002；Hernes et al.，2000)。Read 等(2003)认为外生菌根比 AM 真菌产生更多的胞外酶，并按照 AM<ECM<ERM 的方式来分解有机物，这一结论基于菌根真菌的纯培养研究结果，因为目前为止，AM 真菌只能通过宿主植物活体繁殖。其理论依据在于 AM 菌丝体和次生物质能够促进聚合物稳定性(Wright et al.，1998；Tisdall et al.，1997)，因此减少了土壤 AM 微生物对有机物的降解，主要原因是它们不具备腐生营养的能力(Read et al.，2003)，但是它们仍然包含在分解过程中。过去认为土壤中 AM 真菌很少提高植物对大量移动离子如 NO_3^- 的吸收而快速地传递给根系(Tinker，2000)，即便它们确实传输了少量的 NH_4^+(Tobar，1994)。然而，NH_4^+ 和 NO_3^- 离子都是由有机物的碎片分解所产生的，因此，AM 真菌是否具有分解土壤有机物的能力一直都受到研究者的关注，也是科学家一直以来争论的话题。

St. John 等(1983)发现，AM 在分解中的有机残留物上存在扩增现象；Hawkins 等(2000)研究也发现，AM 真菌与宿主植物联合成共生体时能够同化胺基酸，这一现象可以假设为 AM 真菌可能具有腐生营养的能力或者通过其他机制分解有机物，因为胺基酸包含了超过 20%的土壤可溶性有机氮(Jones et al.，2004；Jones and kielland，2002)。这种假设随后很快被 Hodge 等(2001)在 *Nature* 上发表的文章中的实验证实：车前草(plantago lanceolata)接种 *Glomus hoi* 内生菌根真菌后，通过 ^{15}N 同位素(stable isotope)测定发现，AM 真菌能够分解黑麦草(*Lolium perenne*)凋落物并吸收其叶片中的氮，表明 AM 真菌 *Glomus hoi* 具有腐生营养的能力(Hodge et al.，2001)。随后，Tu 等(2006)在用 AM 菌种 *Glomus aff.etunicatum* 侵染燕麦草(*Avena fatua*)后，以柳枝稷(*Panicum virgatum* L.)枯落物为 ^{13}C 标记的营养载体，AM 真菌吸收并利用了柳枝稷叶片 ^{13}C，并传递给宿主植物。这些研究结果表明，AM 真菌具有腐生营养的能力，AM 真菌在分解有机物方面也扮演了重要的角色，并为土壤 C 动力的认识提出了新的挑战(Talbot，2008)。

1.4　菌根菌丝网对植物群落营养平衡调节

生态系统地下菌根真菌形成的菌丝网在植物个体养分的利用方面扮演了重要的角色。生物地球化学循环调节了生态系统群落的个体分布(Wardle et al.，2004)，而土壤微生物在植物的营养利用方面起到了反馈作用(Ehrenfeld et al.，2005)，如菌根真菌的正反馈效应(Wurzburger and Hendrick，2009)。菌根是植物与真菌形成的共生体(symbiosis)，陆生植物大约有 90%的是菌根植物，可以分为 6 种类型(Smith and Read，2008；Wang and Qiu，2006；Brundrett，2002)。最常见的是丛枝菌根和外生菌根。化石记载了 AM 共生体与陆生植物具有同时代的起源(Redecker et al.，2000；Remy et al.，1994)，自然界 AM 真菌与植物是一种典型的互利共生关系，真菌从宿主植物获取碳源并为植物输送土壤养分实现互利共生(Smith and Read，2008，1997)，被认为是一种共生进化的基础(Hodge et al.，2010)。自然生态系统中单一的物种可以和多个菌种联合起来形成菌根，一个菌种也能和多个植物种的个体连接形成菌根联合体(Smith and Read，2008)，这就在植物群落个体的根系之间形成了公用菌根网(common mycorrhizal network,CMN)(Smith and Read,2008；Newman,1988)。菌根菌丝体可以在实验控制条件下被观察到(Newman et al.,1994,1992)，但是，只有间接证据证明自然生态系统中存在 AM 或 EM 植物个体 CMN(He et al.,2006；Booth,2004； Kennedy et al.,2003；Onguene and Kuyper,2002；Ronsheim and Anderson,2001)。CMN 的功能就是为包括 N、P、C 在内的养分提供转移途径(He et al.,2005,2004,2001；Simard et al.,1997)。CMN 在物种的进化生态学上具有重要的意义(Selosse et al.,2006；Perry,1998；Wilkinson,1998)。在植物个体之间的 N 浓度梯度可能是 CMN 单向转移 N 的驱动因素(Frey and Schuepp,1993；Bethlenfalvay et al.,1991)，如固氮植物与非固氮植物之间 N 的转移(Forrester et al.,2006；Graham and Vance,2003；He et al.,2003)。Agustin 和 Adrian(2000)认为土壤空间异质性可强烈地影响土壤的生物化学过程和生物多样性。然而，高度的物种多样性和 AM 真菌多样性的喀斯特生境(魏源等，2011；朱守谦，2003)中关于 CMN 的研究工作却一直处于空白，而研究该区域的 CMN 对探索喀斯特生态系统的稳定性和生物多样性的维持机制具有重要意义。

1.5 丛枝菌根与宿主植物养分动力学机制

最新研究结果表明，宿主植物供应 C 激发了 AM 真菌对 N、P 的吸收和转移，但是这些研究很难说明植物个体之间养分资源分配的动力学机制。Kiers 等(2011)在 *Science* 刊物上发表的文章认为，AM 共生体对养分 C 和 P 具有固定的"互利馈赠"行为，并认为这是一种"公平交易"(fair trade)，是植物供应的 C 流激发了 AM 真菌对 P 的吸收和转移(Hammer,2011)。AM 菌丝体以移动己糖作为载体的 C 源供给另外的个体植物根部，同时也保存在根部真菌结构中(Voets et al.,2008；Robinson and Fitter,1999)，己糖则是光合产物的主要 C 载体。Carl(2012)在《美国科学院院报》(*Proceedings of the National Academy of Sciences of the United States of America*,PNAS)上发表的文章结果显示，植物为 AM 菌丝生长供应 C 激发了共生体对 N 的吸收和转移，N 的转移在 AM 真菌基因中编码并表达出来。这些研究表明，C 可能是 AM 植物对养分利用的驱动因素，菌丝体的生长靠宿主植物供应 C 维持并交换土壤养分(Smith and Read,2008,1997)。然而，Bidartondo 等(2002)在 *Nature* 刊物上发表的文章中的研究结果显示，AM 外寄生类植物(epiparasitic plants)根系菌丝体中存在 C 对宿主植物的回流现象，这就涉及 AM 共生体的净 C 量转移问题。外寄生类植物为异养型，而自然界中大多数是自养型植物，自养型的植物个体之间是否存在这种现象，目前的研究是不清楚的。养分通过 CMN 从一个植株个体转移到另一个植株个体的结论已经得到证实(Malezieux et al.,2009；Herridge et al.,2008；Smith and Read,2008；He et al.,2003；Newman,1988)，如 He 等(2006)通过 ^{15}N 同位素示踪技术研究了加利福尼亚橡树林，发现 N 素在 AM 和 EM 菌根植物个体之间快速移动，这一结果表明，在森林群落内部可能存在 CMN 介导的一种养分平衡分配机制，但是他们的研究没有涉及养分的净转移量。这些研究结果表明，AM 真菌的 C 流来自植物根系的供应并作为激发因子吸收和转移了 N，群落植物个体之间 C 对养分的交换可能就是一种动力策略。

然而，不同的植物个体之间菌丝体可能同时发生了元素的双向转移(He et al., 2009)，因此，要确定 C 是否驱动了养分 N 的转移，需要首先确定净 C 和净 N 的转移方向。

1.6 喀斯特生境特征及植物适应性

我国南方地区分布着大面积的由石灰岩、白云岩和含有其他杂质的碳酸盐岩类岩石发育的喀斯特生态系统，该区域上形成的森林结构组成复杂，具有较高的物种多样性(朱守谦，2003；Borhidi，1991；Kelly et al.，1988；周政贤，1987；Furley，1987；Chinea，1980；Furley and Newey，1979)。喀斯特生态系统是一种具有特殊物质、能量、结构和功能的生态系统，土壤呈中性至微碱性，土体不连续，土层浅薄，土壤的剖面形态、理化性质等都不同于地带性土壤(Zhang et al.，2006；曹建华等，2003；王世杰等，1999；赵斌军和文启孝，1988；韦启藩等，1983)，水分和养分容易流失，导致喀斯特生态系统退化，这一现象已越来越受到研究者的关注。喀斯特地区总的生境特征是土被不连续、土层瘠薄、富钙缺水、生境异质性大。

何跃军等(2005)研究了喀斯特退化生态系统中植被与土壤之间的关系，结果表明，水分和养分是喀斯特系统植被恢复的关键生态因子。周运超(1997)研究了喀斯特地貌上 30 种植物的营养元素，将喀斯特植被分成嗜钙型植物、喜钙型植物、随遇型植物和厌钙型植物 4 种生态型，并认为喀斯特地区生态恢复树种的选择应以 Ca^{2+}、Mg^{2+} 含量高的树种为主，如诸葛菜是喀斯特地区的一种适生植物，低钠、高钾钙镁是诸葛菜在喀斯特地区适生性的重要机制(吴沿友等，1997)。

喀斯特生态系统中单位土壤体积养分含量高，但土壤量少，养分总量贫乏，尤其是石漠化的地区，因此，不同自然演替阶段或不同植被恢复模式下喀斯特土壤质量与肥力的变化也受到了广泛关注(潘复静等，2011；杜有新等，2010；朱双燕等，2009；何跃军等，2005)。在黔中高原，随着生态系统不断退化，植被地上部分生物量和土壤有效态养分含量呈下降趋势，植物营养物质通过凋落物返还土壤的比例也呈类似的趋势，植被的 N/P 比值逐渐升高，对 P 的重吸收利用是优势植物适应喀斯特生态系统缺 P 的重要机制(Du et al.，2011；杜有新等，2010)。土壤养分不足一般被认为是限制喀斯特植被生产力的重要因素(刘淑娟等，2011；何跃军等，2005)。陆地生态系统中，植物与土壤的关系在于调节植物群落和生物地球化学过程(Wardle et al.，2004)，如植物通过凋落物改善土壤环境和营养循环。在此过程中，土壤微生物则影响了营养的摄取并在植物与土壤之间形成反馈调节(Ehrenfeld et al.，2005)，如菌根真菌可能通过凋落物影响植物生产力，并在植被与土壤之间形成正反馈(Nina et al, 2009)。凋落物是养分的基本载体，在维持土壤肥力，促进生态系统的物质循环和养分的平衡中起着重要的作用(林波等，2004)。刘玉国等(2011)研究了贵州普定不同演替阶段的枯落物储量，喀斯特次生林的枯落物层平均厚度为 2.7~13.7cm，枯落物总储量为 4.9~9.1t·hm^{-2}。茂兰喀斯特原生乔木林、次生林和灌木林的年平均凋落物量分别为 4.503t·hm^{-2}、3.505t·hm^{-2} 和 2.912t·hm^{-2}，叶凋落物量占总凋落物量的 64.72%~75.94%(俞国松等，2011)。

1.7 喀斯特生态系统中的菌根生态学研究

菌根是植物与真菌形成的共生体(symbiosis),自然界有超过80%的植物种具有丛枝菌根,AM被认为是摄取土壤养分并供给宿主植物的营养供应体(Smith and Read,2008,1997),这些营养供应体在喀斯特生态系统中仍然扮演了重要的角色,如何跃军等(2007a、b、c)研究了喀斯特区适生植物构树(*Broussonetia papyrifera*)在石灰岩土壤基质上接种AM真菌的生长和生理响应;宋会兴等(2008,2007)用AM真菌接种了三叶鬼针草(*Bidens pilosa*);闫明和钟章成(2008,2007)以及何跃军和钟章成(2011)用AM真菌接种了喀斯特区适生种香樟(*Cinnamomum camphora*)幼苗。这些研究结果均表明AM真菌显著增强了宿主植物对营养元素N的吸收,促进了宿主植物生理代谢和生长,并提高了其抗旱性。魏源等(2011)利用巢式PCR和变性梯度凝胶电泳相结合的分子生物学方法,对茂兰在3种植被类型下的小生境(石缝、石沟、土面)AM真菌遗传多样性进行了研究,结果表明各类小生境都含有丰富的AM真菌遗传多样性,灌木林土面的多样性指数和物种丰富度最高,球囊霉属(*Glomus*)极有可能是喀斯特地区AM真菌的优势菌属。

在许多生态系统中,N是关键的限制性因素(Vitousek and Howarth,1991),如喀斯特生态系统中N可能因为土壤侵蚀严重而丢失。虽然AM真菌被证明吸收并传递了土壤养分给宿主植物,但是AM宿主植物对N营养的传递机制仍然没有被完全了解(Read and Perez-moreno,2003)。土壤中大部分N都是以有机形式存在的,有些植物直接吸收简单的可溶性有机氮化合物,或者通过专性菌根真菌的联合体直接利用氮源。AM菌根真菌共生体主要是通过提高对氮磷养分的吸收来促进植物生长,然而,近来实验研究表明,AMF在有机物分解方面扮演了更为重要的角色,同时,实验还证明车钱草(*Plantago lanceolata*)接种*Glomus hoi*内生菌根真菌后,通过同位素(isotope)测定发现AM真菌能够分解黑麦草(*Lolium perenne*)凋落物并吸收其叶片中的氮,表明AM菌根真菌*Glomus hoi*具有腐生营养的能力(Hodge et al.,2001;Tu et al.,2006),但是他们的实验仅有2个AM菌种,并无普遍的意义。喀斯特生境中AMF是否具有分解枯落物的能力到目前为止仍无定论,而这一结果对解释喀斯特生态系统因水土流失导致的无机养分损失可以通过AMF分解枯落物并利用其释放的养分来维持平衡有重要作用。另外,喀斯特生态系统具有高度的AMF多样性(魏源等,2011),这些菌根菌种是如何共同作用于地上植被、维持植物生长所需要的养分平衡的,它们对土壤中的无机养分又是如何协调利用的,也未见报道。土壤中养分以有机(如枯落物形式)和无机两种形态存在,养分存在的形态与菌根真菌如何影响植物的共生发育以及土壤理化性质改变等方面的问题都需要我们进一步的研究和探索。

1.8 小 结

喀斯特生境土壤干旱瘠薄、土被不连续、土壤富钙偏碱性、水土流失严重,导致养分含量低，土被不连续形成异质性斑块，影响了养分平衡和生态系统稳定性，但仍然维持了较高的植物物种多样性。适生植物如何通过地下根系与微生物特别是菌根真菌共生调控植物生长，以及其生理维持机理是什么，这些都是值得探索的课题，虽然关于丛枝菌根对植物的生长和生理以及喀斯特植物的适应性方面的影响已有大量的研究和报道，但是针对喀斯特生态系统中的适生植物菌根共生适应机理的系统性研究仍然较少。下一步有望从丛枝菌根对植物生长及生理调节的分子机理、丛枝菌根对生态系统稳定性与持续性的调节功能、丛枝菌根对喀斯特生态系统碳氮平衡的调节等方面进行深入研究和探索。

第2章 喀斯特植被演替过程中丛枝菌根真菌多样性

2.1 基于形态分类的喀斯特土壤丛枝菌根真菌组成

菌根是真菌与植物根系形成的共生体,通过根系外延菌丝交换土壤养分和植物碳水化合物实现共生,丛枝菌根真菌(arbuscular mycorrhizal fungi,AMF)是陆地生态系统中最为重要的菌根类型,在宿主植物抗旱性和养分吸收方面具有重要的促进功能(Smith and Read,1997),能促进植物生长和植被恢复(赵紫薇,2014;张中峰等,2013)。据报道,丛枝菌根真菌物种已发现有214种,在不同的生态系统类型中,AMF的优势属、优势种、物种数量具有较大的差异(刘润进,2009)。AMF物种多样性受地上植被组成的影响(McGuire et al.,2008;Johnson et al.,2004;Van der Heijden et al.,1998)。Van der Heijden(1998)认为,AMF物种多样性决定了植物多样性,并且AMF的种类组成会随着植物群落组成和结构改变;Liu(2003)则认为AMF物种多样性与植物物种多样性是相辅相成的。AMF促进植物摄取营养,能快速促进先锋植物在生境的定居,植物根系之间形成的公用菌丝网能交换植物个体之间的养分资源(He et al.,2009;梁宇等,2002),从而实现地上植物群落个体间的养分平衡。因此,AMF能够对植物群落物种多样性和群落生产力产生直接或间接的影响,如对植物群落物种间的竞争、物种多样性维持、群落演替等均能起到重要的调节作用(Van der Heijden et al.,2008;Klironomos,2002)。喀斯特地区岩石的主要组成成分是碳酸盐,碳酸盐岩在陆地上的分布面积达2200万km^2(Liu and Zhao,2000)。中国是世界上喀斯特面积分布最大的国家,达130万km^2,西南地区分布了最为典型的石灰岩发育的喀斯特地理景观(Liu,2009;Wang et al.,2004),贵州是中国喀斯特分布的中心区域。当前喀斯特地区菌根生态学的研究主要集中在菌根植物光合生理(Chen et al.,2014)、AMF与宿主植物的抗旱性(Zhang et al.,2014;何跃军和钟章成,2011)、AM植物的氮磷营养利用(何跃军等,2012a,2011),喀斯特土壤AMF多样性的研究涉及相对较少,如魏源等(2011)对喀斯特原生林生境土壤AMF遗传多样性的研究,Liang等(2016,2015)对喀斯特草地植被与森林植被AMF组成的研究,然而,喀斯特植被从草本到灌木再到乔木阶段的演替序列中,关于AMF的组成及多样性的研究还未涉及。AM真菌多样性是研究与应用丛枝菌根的基础,以AM真菌形态特点进行菌种鉴定是目前最广为使用的分类方法,如可以由连孢菌丝以及辅助细胞的特点来确定AM真菌的类别(屈雁朋,2009)。本章通过湿筛倾注-蔗糖离心法对贵阳花溪、花江、织金三个典型喀斯特地区乔、灌、草植物演替阶段土壤中的AM真菌孢子进行形态鉴定,同时采用Illumina HiSeq第二代高通量测序法研究相同土壤中的 AM 真菌,以期能够了解喀斯特土壤中 AM 真菌的分布、多样性等特征以及不同喀斯特地段或不同植被演替阶段的 AM 真菌群落组成,从而为贵州典型喀斯特地区应用 AM 真菌进行生态恢复和发展提供理论依据。

2.1.1 样地概况及方法

本研究选择贵州省贵阳市花溪区(N: 26°25′54″, E: 106°40′53″, H: 1178m)、关岭县花江板贵乡(N: 25°38′46″, E: 105°38′43″, H: 917m)、毕节市织金县珠藏镇(N: 26°38′44″, E: 105°42′17″, H: 1479m),以空间替代时间的方式选择三个喀斯特典型地段的乔、灌、草植被土壤作为研究对象(图 2-1)设置样地,每个地段设置 3 个群落样方(乔木 10m×10m;灌木 5m×5m;草本 2m×2m),共计样方 27 个。对样方植被进行群落学调查,按样方对角线五点取样法进行土壤垂直剖面取样,三个地段共计 135 个取样点。采样时除去土层表面枯枝落叶及杂物,垂直挖取土壤坡面,按土壤发生层次分为腐殖质层、淋溶层和母质层,分层取样,取样后将三个层次土壤样品等量充分混合均匀后装入保鲜袋,带回实验室备用。样地概况详见表 2-1。

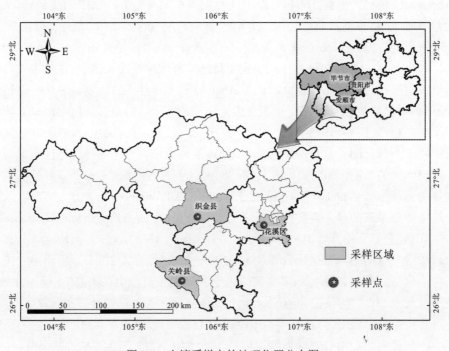

图 2-1 土壤采样点的地理位置分布图

表 2-1 样地概况

	HX			HJ			ZJ		
	乔木	灌木	草木	乔木	灌木	草木	乔木	灌木	草木
海拔/m	1165	1263	1106	951	844	957	1564	1437	1437
纬度	26°25′55.1″N	26°25′54.7″N	26°25′51.1″N	25°38′47.2″N	25°41′05.6″N	25°38′46.5″N	26°30′58.3″N	25°38′44.6″N	26°38′44.6″N
经度	106°39′22.3″E	106°40′53.8″E	106°40′10.5″E	105°38′40.3″E	105°38′43.3″E	105°38′41.1″E	105°42′17.6″E	105°38′37.0″E	105°38′37.0″E
土层厚度/cm	20~30	20~30	20~30	20~30	20~30	20~30	30~50	20~30	20~30
坡位	下坡	中上	平地	中上	中坡	中上	中坡	中上	中上
坡度/(°)	60	65	0	60	60	35	60	60	60
枯枝落叶厚度/cm	3	3	5	3	2	1	4	3	1
石砾含量	20%~30%	50%~60%	20%~30%	<20%	20%~30%	40%~50%	20%~30%	5%	10%
岩石裸露度	<5%	20-30%	<5%	20%	20%~30%	70%~80%	<50%	<5%	20%~30%
植被覆盖率	100%	70%~80%	80%~90%	90%	70%~80%	40%~50%	100%	100%	20%
样地编号	HXQ	HXG	HXC	HJQ	HJG	HJC	ZJQ	ZJG	ZJC
年均温/℃	15.3	15.6	15.9	16.2	16.8	16.5	14.1	14.3	14.8
年均降雨量/mL	1100	1100	1200	1200	1200	1200	1400	1400	1500
年均湿度	77%	76%	75%	70%	72%	75%	80%	79%	77%
主要物种	香樟、青冈、桦木	鼠刺、红梅、栎灌	五节芒、茅草根	臭椿树、山桐子、贯众	白栓杆、乌桕、芒草、地瓜藤	芒草、蓼草、白酒草、艾蒿贯众	光皮桦、杉木柳杉、马尾松	云南鼠刺、光皮桦木、火棘、铁芒萁、白酒草、芒草	蓼草、三叶草、野锦花、茉莱、茅、贯众薄荷

研究方法：采用湿筛倾注-蔗糖离心法，分离出每个样品中的 AM 真菌孢子，在光学显微镜下观察孢子的形状、大小、颜色、孢壁以及连孢菌丝特点和孢子壁纹饰、内含物等，再观察 Melzer's 试剂染色后的颜色变化，用成像显微镜(Olymups BX51)拍照记录。采用 Walker 和 Schüßler 的 AM 真菌分类系统，如表 2-2 所示(Walker et al.，2007)，菌种的鉴定参考近年来的新种记录(杨安娜等，2004；李涛等，2004；张英，2005；蔡邦平等，2008，2009)、《菌根鉴定手册》以及国际 AM 菌种保藏中心(http://invam.wvu.edu/)的菌种图片、描述。

表 2-2　AM 真菌形态鉴定分类系统(Walker et al.，2007)

目	科	属
球囊霉目(Glomales)	球囊霉科(Glomaceae)	球囊霉属(*Glomus*)
多样囊霉目(Diversisporales)	巨孢囊霉科(Gigsporaceae)	巨孢囊霉属(*Gigspora*)
		盾巨孢囊霉属(*Scutellospora*)
	无梗囊霉科(Acaulosporaceae)	无梗囊霉属(*Acaulospora*)
		环孢囊霉属(*Kuklospora*)
	内养囊霉科(Entrophosporaceae)	内养囊霉属(*Entrophospora*)
	和平囊霉科(Pacisporaceae)	和平囊霉属(*Pacispora*)
	多样囊霉科(Diversisporaceae)	多样囊霉属(*Diversispora*)
类球囊霉目(Paraglomerales)	类球囊霉科(Paraglomeraceae)	类球囊霉属(*Paraglomus*)
原囊霉目(Archaeosporales)	地管囊霉科(Geosiphonaceae)	地管囊霉属(*Geosiphon*)
	两性囊霉科(Ambisporaceae)	两性囊霉属(*Ambispora*)
	原囊霉科(Archaeosporaceae)	原囊霉属(*Archaeospora*)

注：本分类系统从属于球囊菌门(Glomeromycota)、球囊菌纲(Glomeromycete)。

2.1.2　喀斯特土壤 AM 真菌种类与分布

本书从花江、织金、花溪三个采样地点的乔、灌、草恢复阶段的 135 个样地采集了土壤样本，共分离出 68 种 AM 真菌，其中已有记录信息的有 59 种，暂不能确定种名的有 9 种，本书统一编号为"XSp.X"，这 9 个未能确定种有 4 个属于球囊霉属、4 个属于无梗囊霉属、1 个属于巨孢囊霉属。分离出的 68 个 AM 真菌种包含球囊霉属 35 种、无梗囊霉属 17 种、内养囊霉属 3 种、原囊霉属 1 种、巨孢囊霉属 1 种、盾巨孢囊霉属 4 种、多样囊霉属 2 种、两性囊霉属 2 种、类球囊霉属 1 种、环孢囊霉属 2 种，各种分布见表 2-3。在众多的种中，*G.lamellosum* 分布于 17 个样地，*G.constrictum* 和 *G.fragile* 分布于 14 个样地，*G.etunicatum* 分布于 13 个样地，*A.elegans* 分布于 12 个样地，*A.laevis* 分布于 11 个样地，*G.verruculosum* 和 *G.macrocarpum* 分布于 10 个样地，*D.eburnea* 和 *G.multiforum* 分布于 9 个样地，这些属于分布较广种；如 *Gigspora.Sp.1* 仅分布在花江乔木阶段土壤中，巴西类球囊霉(*Paraglomus.brasilianum*)与催氏原囊霉(*Archaeospora.trappei*)均仅分布在花江灌木阶段和花溪草本阶段土壤中，*G.S.sinosum*、*G.epigeaum*、*G.spinuliferum* 等 22 个 AM

真菌种仅在 1 个样地中出现, 18 个 AM 真菌种仅在 2～3 个样地中出现, 均为分布较窄种。

表 2-3 样地土壤 AM 真菌的分布

编号	种名	HJQ	HJG	HJC	ZJQ	ZJG	ZJC	HXQ	HXG	HXC	总计
1	G.verruculosum		+	+		+	+	+		+	10
2	G.constrictum	+		+		+		+	+	+	14
3	G.clarum.	+	+			+			+	+	5
4	G.tenebrosum	+					+	+		+	4
5	G.ambisporum	+			+				+	+	8
6	G.macrocarpum				+	+		+	+	+	10
7	G.S.sinosum								+		1
8	G. geosporum	+	+	+				+		+	8
9	G.coronatum	+					+		+	+	4
10	G.desserticola		+					+			3
11	G.reticulatum	+	+	+					+	+	7
12	G. luteum	+		+				+	+		7
13	G. etunicatum	+	+					+	+	+	13
14	G.lamellosum	+	+	+		+	+	+	+		17
15	G.claroideum	+						+	+	+	4
16	G.epigeaum							+			1
17	G. fragile	+	+	+		+			+		14
18	G.trimurales		+	+					+	+	8
19	G. fasciculatum		+			+					3
20	G.spinuliferum								+		1
21	G. glomerulatum				+		+		+		6
22	G.globiferum		+				+	+			7
23	G.aggregatum								+		1
24	G.dolichosporum					+	+		+		3
25	G. multicaule					+					4
26	G.multiforum	+			+	+	+		+		9
27	G.caledonium		+				+				1
28	G.microcarpum	+				+					6
29	G.insculptum	+				+					6
30	G.clavisporum					+					1
31	G.hoi				+						1
32	G.Sp.1		+					+			2
33	G.Sp.2							+			1
34	G.Sp.3	+									1
35	G.Sp.4					+					1
36	A.denticulate	+	+							+	5
37	A.elegans	+	+	+	+				+	+	12
38	A.koskei								+		1

续表

编号	种名	HJQ	HJG	HJC	ZJQ	ZJG	ZJC	HXQ	HXG	HXC	总计
39	A.gedanensis	+			+			+	+		7
40	A.dilatata	+	+		+			+			5
41	A.colossica		+				+	+	+		5
42	A.laevis	+			+	+		+	+		11
43	A.bireticulata				+				+		3
44	A.mellea			+					+		3
45	A.nicolsonii				+				+		2
46	A.delicata	+			+						5
47	A. paulinae						+				3
48	A.rehmii				+						3
49	A.Sp.1	+		+	+						3
50	A.Sp.2		+								1
51	A.Sp.3	+									1
52	A.Sp.4	+									1
53	En.infrequens	+							+	+	3
54	En.kentinensis								+		1
55	En.flavisporu								+		2
56	Ar. trappei		+						+		2
57	Gi.Sp.1	+									1
58	Scut.persica								+	+	2
59	Scut.nigra			+	+			+			6
60	Scut.gergaria							+			1
61	Scut.erythropa			+					+		3
62	D.spurca	+	+	+		+					6
63	D.eburnea	+	+	+					+	+	9
64	Am.callosa				+				+		2
65	Am.synanamorph		+								1
66	Para.brasilianum		+						+		2
67	Ku.kentinensis			+							1
68	Ku.spinosa			+							1

注：①表内种名缩写："G"代表球囊霉属（Glomus），"A"代表无梗囊霉属（Acaulospora），"En"代表内养囊霉属（Entrophospora），"Ar"代表原囊霉属（Archaeospora），"Gi"代表巨孢囊霉属（Gigspora），"Scut"代表盾巨孢囊霉属（Scutellospora），"D"代表多样囊霉属（Diversispora），"Am"代表两性囊霉属（Ambispora），"Para"代表类球囊霉属（Paraglomus），"Ku"代表环孢囊霉属（Kuklospora）。

②样地编号缩写：HJQ、HJG、HJC 分别代表花江的乔木、灌木、草本植物恢复阶段，ZJQ、ZJG、ZJC 分别代表织金的乔木、灌木、草本植物恢复阶段，HXQ、HXG、HXC 分别代表花溪的乔木、灌木、草本植物恢复阶段。

③表内"总计"代表分离到该 AM 真菌的样地数量。

④表内"＋"代表此样地中分离到了该 AM 真菌种。

2.1.3 AM 真菌形态种描述

1. 球囊霉属

(1) 疣突球囊霉 (*Glomus verruculosum* Blaszkowski), 见图 2-2-1。

孢子单生于土壤; 黄色至橙色; 球形或椭球形, 或卵形, (145~170)μm×(170~220)μm。孢子壁两层: L1 为透明壁, 厚 0.8~1.7μm; L2 为层状壁, 黄色至橙色, 饰有均匀的疣突, 厚 5.1~12.5μm, 疣突高 0.8~1.7μm。连孢菌丝: 单生, 管状至球形, 是孢壁内层的连续, 与其同色。连点由内壁层部分分层层状壁阻塞, 但也有不封壁的情况。在 Melzer's 试剂中, 孢子、连孢菌丝各层均无显色反应。

(2) 缩球囊霉 (*Glomus constrictum* Trappe), 见图 2-2-2。

孢子单生于土壤, 深黄棕色至深红棕色或黑色, 光滑, 有光泽, 球形或长球形, 直径 97~220μm。孢壁一层, 厚 4~10μm, 连点处孢壁不增厚。连孢菌丝在连点处常缢缩, 由壁封闭或不封闭, 留有一狭小孔道, 在连点下方膨大至 15~33μm, 颜色也渐变至黄棕色, 并常向孢子一侧弯曲, 连点下渐变细, 偶有一横隔, 隔以下菌丝常两叉分枝, 呈现淡黄或是无色。

(3) 明球囊霉 (*Glomus clarum* Nicolson and Schenck), 见图 2-2-3。

孢子单生于土壤, 一般土壤中形成的孢子较大, 而在根内形成的孢子大小一般较为均匀。孢子多为透明至淡黄色, 近球形至球形, 直径 60~260μm。孢子壁两层: L1 厚 5~20μm, 透明至淡黄; L2 膜状壁, 常透明, 厚 1~1.5μm。连孢菌丝, 微成漏斗或圆柱状单根, 连点以下渐薄。幼孢连点不阻塞, 成熟孢子被一突起的隔阻塞。

(4) 阴性球囊霉 (*Glomus tenebrosuum* (Thaxter) Berch), 见图 2-2-4。

孢子近球形或球形, 直径 180~270μm; 黄棕、红棕或是深红色。孢壁两层: L1 无色, 厚度小于 1μm, 但常缺失; L2 厚 13~26μm。连孢菌丝: 单根, 与孢子基部加宽, 随长度呈深棕色、黄色、无色渐变。连点开放。

(5) 双型球囊霉 (*Glomus ambisporum* Smith and Schenck), 见图 2-2-5。

孢子常见于根内; 圆形或椭圆形, 直径 15~24μm, 透明或乳白色, 表面光滑。孢子壁两层或三层: 当为两层时, L1 透明, 层状壁, 厚 5~10μm; L2 淡黄, 厚 1.0~2.0μm。当孢壁为三层时, L1 透明, 厚 5~10μm, 有时与 L2 等厚; L2 半透明至透明; L3 淡黄, 厚 1.5~3μm, 有时为膜状。连孢菌丝: 单根, 少为 2 根, 透明, 厚 6~7μm。在连点下方的菌丝内部, 有的有隔或为双隔, 有的无隔。孢壁在连点处增厚, 连孔变窄。

(6) 大果球囊霉 (*Glomus macrocarpum* Tulasne and Tulasne), 见图 2-2-6。

孢子单生于土壤, 黄色, 近球形至球形, 偶见不规则形, 直径 90~130μm。孢子两层: L1 透明, 较薄, 厚 1~2μm, 表面光滑或粗糙; L2 黄色层状, 厚 6~12μm。连孢菌丝: 竖直或似漏斗状, 自连点处菌丝持续增厚至约 90μm 处, 孔口有时有隔有时无隔。

(7) 刺球囊霉 (*Glomus Spinosum* Hu sp.nov), 见图 2-2-7。

孢子单生于土壤或根内, 浅棕色至棕色, 直径 100~210μm, 近球形、球形或不规则形。孢壁一层：被菌丝严密包裹，淡橘色或棕色，在成熟孢子中孢子顶端或两侧有增厚。连孢菌丝白色或灰色，弯曲，连点宽10～20μm。

(8) 地球囊霉（*Glomus geosporum* (Nicolson and Gerdemann) Walker），见图2-2-8。

孢子圆形或椭圆形，成年孢子直径223～273μm，黄棕色至红棕色。孢子壁两层：L1透明易脱落，厚3.5～4.5μm，与Melzer's试剂反应为浅红色；L2层状，黄棕到红棕色，厚6～7.5μm，与Melzer's试剂反应为黄色。连孢菌丝宽15～23μm，连点下方稍近处菌丝粗而硬不易弯曲，菌丝壁常为两层。连点宽21～24μm，连孢菌丝在连点处有扩张，菌丝壁亦有增厚。

(9) 副冠球囊霉（*Glomus coronatum* Giovannetti and Salutini），见图2-2-9。

孢子近球形至球形，淡黄色至黄棕色，直径110～170μm。孢子壁两层：L1透明易逝，厚0.5～1.5μm，孢子成熟后常脱落；L2与孢子颜色一致，层状，厚3～5μm。具漏斗形连孢菌丝，在距连点约25μm处，常有隔。

(10) 沙荒球囊霉（*Glomus desserticola* Trappe，Bloss and Menge），见图2-2-10。

孢子棕色，单生或是松散簇生于土壤，椭球形至球形，直径50～120μm。孢子壁一层，厚2～6μm。连孢菌丝圆柱或稍漏斗状，浅红色。连点常不阻塞，但有时也会被不易观察到的膜隔阻塞。

(11) 网状球囊霉（*Glomus reticulatum* Bhattacharjee and Mukerji, Sydowuia），见图2-2-11。

孢子单生于土壤，棕色、淡红棕色或黄色，近球形，直径90～130μm。孢子壁三层：L1无色透明，孢子成熟后脱落；L2无色，层状，有时与成熟孢子的L1层一起脱落；L3棕色，表面具有突起的网状结构。

(12) 纯黄球囊霉（*Glomus luteum* Kennedy，Stutz and Morton），见图2-2-12。

孢子单生于土壤，淡黄色至黄色，70～90μm，球形或近球形，常伴有光晕。孢壁四层：L1无色，成熟孢子常脱落；L2无色，较均匀，成熟孢子常脱落；L3淡黄色，厚3～10μm，层状；L4膜状，近黄棕色，孢子破裂后常褶皱，常与L3紧贴，不易分辨。连孢菌丝有四层孢壁形成，与孢壁有相同特性。

(13) 幼套球囊霉（*Glomus etunicatum* Beccker and Gerdemann），见图2-2-13。

孢子黄色或棕黄色，单生于土壤，球形、近球形或不规则形，直径86～200。孢壁两层：L1白色透明，厚1～3.2μm，此层在幼孢中紧贴，在孢子成熟后常脱落；L2层状，棕黄色，厚3～8μm。连孢菌丝的连点常有隔。

(14) 层状球囊霉（*Glomus lamellosum* Dlpé，Koske and Tews），见图2-2-14。

孢子单生于土壤，黄色或深黄色，近球形至球形或不规则性，直径90～200μm。孢壁三层：L1无色透明或淡黄色，厚2～4μm，随孢子的成熟而逐渐脱落呈现出不规则薄片状；L2浅黄色，厚4～6μm，层状；L3透明，膜状，厚度一般<1μm，与L3紧贴，较难辨别。连孢菌丝无色透明，常脱落，连点保留，连点宽6～12μm，常有隔。

(15) 近明球囊霉（*Glomus claroideum* Schenck and Smith），见图2-2-15。

孢子单生于土壤，浅黄色至黄色，近球形至球形，直径90～140μm。孢壁三层：L1无色，与Melzer's试剂反应稍带粉红色；L2淡黄色，与L1紧贴，厚0.5～1μm；L3层膜状，透明，与Melzer's试剂无反应。连孢菌丝为黄色，常有隔状结构。

(16) *Glomus epigeaum* Daniels and Trappe，见图 2-2-16。

孢子单生于土壤，黄色至亮黄色，球形或椭球形，直径 60～100μm。孢壁两层：L1 无色透明，膜状，厚 1～5μm；L2 黄色，层状，厚 5～10μm。连孢菌丝淡黄色。

(17) 脆球囊霉(*Glomus fragile* Berk and Broome，Trappe and Gerd)，见图 2-2-17。

孢子单生于土中，无色或黄色、棕色，近球形至球形，直径 55～79μm。孢壁两层：L1 无色，厚 1～2μm，易逝，在成熟孢子不常见；L2 无色或黄棕色，常为层状，厚 2～3μm。连孢菌丝淡黄色，连点宽 6～10μm。

(18) 三壁球囊霉(*Glomus trimurales* Koske and Havorson)，见图 2-2-18。

孢子单生于土壤，直径 56～180μm，黄色至棕黄色，近球形至球形或椭球形，不规则形。孢壁三层：L1 层状，浅黄色至棕黄色，厚 0.5～2μm，表面呈现泡泡状；L2 较均匀，浅黄色至黄棕色，厚 3μm 左右；L3 层状透明无色至浅黄色。连孢菌丝与三层壁相连，常断裂。

(19) 聚生球囊霉(*Glomus fasciculatum* (Thaxter) Gerd and Trappe)，见图 2-2-19。

孢子单生、聚生或根内束生、聚生，黄色，近球形至球形，直径 60～110μm。孢壁两层：L1 无色透明，易逝，在成熟孢子中不常见；L2 层状，黄色或亮黄色，厚 3～5μm，两层壁与 Melzer's 试剂反应均稍带红色。连孢菌丝淡黄色，连点宽 10～20μm，无隔。

(20) 细齿球囊霉(*Glomus spinuliferum* Sieverding and Oehl)，见图 2-2-20。

孢子单生于土壤，橘色或深橘色，近球形至球形，直径 110～170μm。孢壁四层：L1 无色或乳白色，易逝，在成熟孢子中脱落；L2 无色，厚<0.5μm，覆盖着小刺；L3 橘色，常在孢子基部增厚；L4 无色，浅橘色或橘色，紧贴 L3，与 L3 分离时常形成褶皱。连孢菌丝无色或淡黄色，基部常缢缩，常有隔。

(21) 肿涨球囊霉(*Glomus glomerulatum* Severding)，见图 2-2-21。

孢子单生于土壤中，偶见簇生，无色透明至淡黄色，近球形至球形，直径 86～120μm。孢壁五层，相互紧贴，与 Melzer's 试剂均无反应。L1 无色，在孢子成熟后脱落；L2 无色至淡黄色，厚 1～3μm；L3 无色，层状；L4 与 L5 紧贴，均为膜状、无色透明，厚 0.5～1.5μm。连孢菌丝有隔，与 L3 相延续。

(22) 球泡球囊霉(*Glomus globiferum* Koske and Walker)，见图 2-2-22。

孢子单生于土壤，偶见菌丝包裹 2～4 个在一起，棕色至深棕色，近球形至球形，直径 100～160μm。孢壁四层：L1 浅棕色，由菌丝组成，厚 5～13μm，表面有囊状鼓起；L2 无色至浅棕色，厚 1～2μm；L3 棕色，层状，厚 5～12μm；L4 膜状，无色透明，与 Melzer's 试剂反应略带红色。连孢菌丝壁稍有增厚，常有隔。

(23) 聚丛球囊霉(*Glomus aggregatum* (chenck and Smith) Koske)，见图 2-2-23。

孢子在土壤中丛生或单生，近球形至球形或不规则形，淡黄至深棕色或红棕色，直径 48～88μm。孢壁一层，厚 1～4μm。连孢菌丝棕色，漏斗状，常无隔，偶见连点孔有隔。

(24) 长孢球囊霉(*Glomus dolichosporum* Zhang and Wang)，见图 2-2-24。

孢子土壤中单生，棕色至红棕色，椭球形、卵形或不规则形，直径 68～100μm，孢子于一根菌丝上分叉。孢壁三层：L1 无色或淡棕色，厚 1～1.5μm，成熟孢子外壁或脱落；L2 棕色层状，顶部与基部厚度不均匀，一般为顶部薄基部厚；L3 淡黄色，厚 0.5～1μm，与 L2 紧贴。连孢菌丝棕色或黄色，两层比，距连点 10~70μm 出分支，颜色逐渐变淡。菌丝与孢子连点处呈漏斗状，有隔或无隔。

(25) 多梗球囊霉(*Glomus multicaule* Gerdemann and Bakshi)，见图 2-2-25。

孢子单生于土壤，深红棕色至近黑色，近球形至球形或卵形，100~180μm。孢壁一层：L1 层状，淡黄色或棕色，厚 5~15μm，孢子表面有泡状突起。连孢菌丝 1~4 根，常为 3 根，连孢菌丝有分支，菌丝壁厚 2~5μm。

(26) 凹坑球囊霉 *Glomus multiforum* Tadych and Blaszkowski)，见图 2-2-26。

孢子单生于土壤，黄色至棕色，近球形至球形，直径 100~150μm。孢壁三层：L1 无色透明，易逝；L2 无色透明，与 L1 紧贴，成熟后常降解，常整体呈现起伏的波浪状；L3 层状，黄色至棕色，此层表面饰有小凹坑。连孢菌丝棕色，与三层壁延续，连孔有隔。

(27) 苏格兰球囊霉(*Glomus caledonium*(Nicolson and Gerdemann)Gerdemann and Trappe)，见图 2-2-27。

孢子单生于土壤中，淡黄色，直径 80~140μm。孢壁四层：L1 无色，在 Melzer's 试剂中稍稍染红，成熟孢子中易消解；L2 无色，紧贴于 L3，厚 0.5~2μm；L3 黄色，厚 2~6μm；L4 无色或淡黄色。连孢菌丝黄色，常有 L3 形成的隔。

(28) 小果球囊霉(*Glomus microcarpum* Tulasen)，见图 2-2-28。

孢子单生或簇生，近球形或球形，黄色至黄棕色，直径 26~50μm。孢壁一层，光滑层状外壁，厚 2~4μm。连孢菌丝漏斗形，连点宽 6~8μm，封闭或不封闭。

(29) 内凹球囊霉(*Glomus insculptum* Blaszkowski)，见图 2-2-29。

孢子单生于土壤，近球形或球形，黄色至棕色，直径 80~100μm。孢壁两层：L1 层状，白色透明；L2 膜状壁，白色，光滑，极薄，分布有向内的小凹点，成熟孢子常占有杂质。两层壁与 Melzer's 试剂均无反应。连孢菌丝白色透明，漏斗状，连点 5~8μm。

(30) 棒孢球囊霉(*Glomus clavisporum* Almeida and Schenck)，见图 2-2-30。

孢子单生于土壤，棕色到褐色，近球形、球形或椭球形，直径 30~100μm。孢壁一层，为层状，顶端与基部较厚，为 5~15μm，两个侧面较薄，厚 3~8μm，壁与 Melzer's 试剂无反应，棒孢基部柱状连孢菌丝常卷曲，连点常无隔。

(31) 何氏球囊霉(*Glomus hoi* Berch and Trappe)，见图 2-2-31。

孢子单生、簇生于土中或植物根内，椭球形或球形，灰白色或黄色。孢壁两层：L1 外层浅黄；L2 膜状，透明。两层壁常较难分离，且与 Melzer's 试剂无反应。连孢菌丝圆柱形，无色至淡黄色，常有隔，连点处宽 13μm 左右。

(32) *G.Sp.*1，见图 2-2-32。

孢子单生与土壤，淡黄至棕色，直径 28~50μm。孢子壁三层：L1 透明，膜状；L2 层状，淡黄色；L3 似絮状物。连孢菌丝漏斗状，连点宽 8~10μm，在连点下方渐窄。在孢子内部，有较多似逗号状物，尚不明为何物。

(33) *G.Sp.*2，见图 2-2-33。

孢子单生于土壤中，褐色，直径 50~100μm，球形。孢壁三层：L1 无色透明，厚度 <1μm，层状，与 Melzer's 试剂无反应；L2 厚 2~10μm，褐色；L3 膜状，与 Melzer's 试剂染成淡黄色，黏质，附有菌丝及土壤杂质，表面上有不规则分布卵形或球形小斑点。

(34) *G.*Sp.3，见图 2-2-34。

孢子单生，球形，黄色或棕色，直径 80~100μm。孢壁三层：L1 透明膜状，L2 棕色层状，L3 黄色层状，与 Melzer's 试剂无反应。连孢菌丝缢缩，透明，与 L2 相连。

(35) *G.*Sp.4，见图 2-2-35。

孢子单生于土壤，球形，灰色至淡黄色，直径 30~80μm。孢壁两层：L1 透明膜状；L2 层状淡黄色，与 Melzer's 试剂呈现棕红色。连孢菌丝单根，形状扁平，与 Melzer's 试剂反应从淡灰色变成棕红色，在 6μm 处渐渐变淡，无隔。

2. 无梗囊霉属

(1) 细齿无梗囊霉（*Acaulospora denticulate* Sieverding and Toro），见图 2-2-36。

孢子黄色至暗棕色，直径 125~180μm。孢子壁一层，厚 2~6μm，外延饰有不规则多边形。无连孢菌丝。

(2) 丽孢无梗囊霉（*Acaulospora elegans* Trappe and Gerdemann），见图 2-2-37。

孢子棕色至浅褐色，单生于土壤中，无柄，近球形至球形，直径 90~140μm。孢子壁一层，为层状，黄棕色，厚 5~9μm，表面饰有双层密集细刺纹理。孢子破裂后在 Melzer's 试剂中染成玫红色。产孢子囊，球形或椭球形。

(3) 柯氏无梗囊霉（*Acaulospora koskei* Błaszk），见图 2-2-38。

孢子黄棕色至黑色，单生于土壤中，多近球形至球形，直径 120~240μm。孢壁三层；L1 透明，光滑，幼年孢子厚 1.3~2.2μm，表面颗粒物随孢子的年龄失去；L2 表面光滑层状，黄色，厚 1.3~2.6μm；L3 厚 1.2~1.6μm，与 Melzer's 试剂反应由橙棕色到深棕红色，成熟孢子和球囊颈部之间的孔隙是由 L2 和 L3 阻塞，形成"芽孢"。

(4) 格但无梗球囊霉（*Acaulospora gedanensis* Blaszkowski），见图 2-2-39。

孢子单生于土壤中，近球形或球形，黄色至黄棕色，直径 50~85μm。孢子内含物在水中为白色透明油状物，与 Melzer's 试剂反应为淡黄色。孢子壁两层：L1 透明易逝，与 L2 紧贴，厚 0.5~1μm；L2 层状，浅黄色至黄棕色，厚 2~4μm。产孢子囊在孢子成熟后脱落，在孢子上留下圆环状脱落痕，直径 4~9μm。

(5) 膨胀无梗囊霉（*Acaulospora dilatata* Walker，Pfeiffer and Bloss），见图 2-2-40。

孢子淡黄至黄棕色，球形或近球形，直径 100~160μm。孢子壁两层，总厚 2.5~5μm。L1 膜状，透明；L2 层状，淡黄色。孢子受挤压后常褶皱，内部与 Melzer's 试剂呈紫红色。

(6) 大型无梗囊霉（*Acaulospora colossica* Schultz，Bever and Morton），见图 2-2-41。

孢子单生于土壤中，红棕色，球形或近球形，直径 200~350μm。孢子壁三层：L1 易逝，无色透明，厚 1.5~3μm，成熟孢子常无；L2 层状，橘色，厚 2~5μm，与 Melzer's 试剂反应呈黄棕色；L3 层状，浅黄色，厚 1.5~3.5μm。孢子压破后在 Melzer's 试剂中黄色。产孢子囊球形，透明，在孢子成熟后脱落留下一个瘢痕，脱落痕直径 10~15μm。

(7) 光壁无梗囊霉（*Acaulospora laevis* Gerdemann and Trappe），见图 2-2-42。

孢子单生于土壤，球形顶端易逝，孢子近球形至球形，直径 80~200μm，浅黄至棕色。孢壁三层：L1 透明，层状；L2 层状，黄色光滑，厚 2~5μm；L3 膜状白色透明。所有孢壁均与 Melzer's 试剂不反应。

(8) 双网无梗囊霉（*Acaulospora bireticulata* Rothwell and Trappe），见图 2-2-43。

孢子单生于土壤中，椭球形或球形，直径 80~150μm，透明至黄色或红棕色，随着孢子的成熟，颜色逐渐加深。孢壁两层，两层壁厚度基本一样，不易分开，均与 Melzer's 试剂不反应。孢面饰有双层网状结构，网孔多呈卵圆形，或有不规则形，孢内有油滴状内含物。

(9) 蜜色无梗囊霉（*Acaulospora mellea* Spain and Schenck），见图 2-2-44。

孢子单生于土壤，近球形或球形，淡黄色至棕色，直径 96~120μm。孢壁三层：L1 层无色透明，紧贴 L2，厚 0.5~1μm；L2 黄色，层状，厚 2~4μm；L3 膜状，厚<1μm。孢子在被挤压破裂后常有褶皱，与 Melzer's 试剂反应孢内含物染成紫红色。孢面有明显脱落痕，直径为 10~20μm。

(10) 尼氏无梗囊霉（*Acaulospora nicolsonii* Walker, Reed and Sabders），见图 2-2-45。

孢子单生于土壤，近球形或球形，直径 68~120μm，无色至淡黄色。孢壁两层：L1 层状，淡黄色，厚 3~10μm；L2 无色，膜状，易逝，厚 0.5~2μm，两层壁均与 Melzer's 试剂无反应。孢子含有油滴状内含物。

(11) 脆无梗囊霉（*Acaulospora delicate* Walker and Pfeiffer），见图 2-2-46。

孢子单生于土壤，透明或淡黄色，球形或近球形，直径 70~90μm。孢壁两层：L1 层状壁，白色透明；L2 淡黄色，层状，孢子受挤压后常与 L1 分离，两层壁在 Melzer's 试剂中呈现亮黄色。

(12) 疏线无梗囊霉（*Acaulospora paulinae* Blaszkowski），见图 2-2-47。

孢子土壤中单生，透明至淡黄色，球形或近球形，直径 60~90μm。孢壁三层：L1 易逝，透明，L2 层状，无色或淡黄色，L3 层极薄，0.5μm，与 L2 紧贴，孢子受压后 LI 与 L2 分离，在 Melzer's 试剂中呈现红色反应。

(13) 瑞氏无梗囊霉（*Acaulospora rehmii* Sieverding and Toro），见图 2-2-48。

孢子单生，黄色至棕色，在孢子成熟后呈现红棕色或是黑棕色，近球形至球形，直径 60~100μm。孢壁两层：L1 为网状，黄色或红棕、近黑色，通常将其看作 L2 层的纹饰，厚 3~8μm，迷宫状；L2 膜状，黄色或红棕色，孢壁与 Melzer's 试剂均无反应。

(14) Sp.1，见图 2-2-49。

孢子单生于土壤，白色透明，近球形、球形或不规则形，直径 200~300μm。孢壁两层：L1 膜状，白色透明，厚 2~4μm，表面常占有土壤颗粒杂质；L2 膜状，光滑，白色透明，厚 1~3μm，孢内含物与 Melzer's 试剂反应呈正黄色。

(15) Sp.2，见图 2-2-50。

孢子单生或群生于土壤，球形或椭球形，直径 50~100μm。孢壁两层：L1 膜状，褐色；L2 膜状，白色透明，孢子受压后内含物为黄色油状，L1 层褶皱，孢壁均与 Melzer's 试剂无反应。

(16) Sp.3，见图 2-2-51。

孢子单生，白色透明，椭球形、近球形或不规则形，直径 50~80μm。孢壁一层：L1 膜状，孢子受压后有褶皱，孢内含物与 Melzer's 试剂反应呈黄色。

(17) Sp.4，见图 2-2-52。

孢子单生于土壤，黄色、红棕色至褐色，球形，直径 50~60μm。孢壁一层，为膜状，黄色至棕色，与 Melzer's 试剂无反应。孢壁外有花瓣状突起，黄色或红棕色，花瓣宽 2～3μm，长 1～5μm。

3. 内养囊霉属

(1) 稀有内养囊霉(*Entrophospora infrequens* Ames and Schneid)，见图 2-2-53。

孢子浅黄色至棕色，单生于土壤中，有短柄，直径 85～120μm。孢子壁两层，L1 与 L2 紧贴，易逝，厚 2～3μm，常与产孢子囊相连；L2 为层状壁，浅黄色或棕色，厚 2～3μm。孢子挤压后内层与 Melzer's 试剂反应呈深紫红色。孢子有淡黄色颗粒状内含物。产孢子囊球形或近球形，壁无色透明至半透明。

(2) 屏东内养囊霉(*Entrophosporakentinensis* Wu and Liu)，见图 2-2-54。

孢子单生于土壤中或根内，着生在产孢子梗上，幼孢透明，成熟孢子浅黄色，球形或近球形，直径 85～210μm。孢子壁两层：L1 易逝，无色，0.5μm，与孢子囊壁相连；L2 层状，棕色，厚 1.5～3μm，有凹坑细纹。孢子内部受压破裂后与 Melzer's 试剂反应呈紫红色。产孢子囊无色，球形，100～150μm。

(3) 黄孢内养囊霉(*Entrophospora flavisporu* (Lange and Lund) Trappe and Gerdemann)，见图 2-2-55。

孢子单生于土壤，椭球形，黄色至红棕色，直径 80～200μm。孢壁三层：L1 无色，厚 1～3μm，在成熟孢子中脱落；L2 黄色，层状，厚 3～5μm；L3 黄色，层状，厚 5～10μm。连孢菌丝淡黄色，基部收缩，单层壁。

4. 原囊霉属

崔氏原囊霉(*Archaeospora trappei* (Ames and Linderman) Morton et Redecker)＝(*Acaulospora trappei*)(Ames and Linderman)，见图 2-2-56。

孢子近球形、球形或不规则形，灰白或无色透明，直径 40～80μm。孢子壁三层，有韧性有褶皱。L1 有孢囊梗延伸而来，约 1μm，在孢子受到挤压后易分离；L2 厚<0.7μm，紧贴里层；L3 厚 1.3～2.5μm。产孢子囊球形或椭球形，已被孢子挡住不易察觉，脱落后在孢子上留下 6～8μm 大小的瘢痕。

5. 巨孢囊霉属

Gi.Sp.2，见图 2-2-57。

孢子单生于土壤，黄棕色至褐色，卵形，直径 300～452μm。孢壁一层，为膜状，棕色，厚 1～2μm。孢子内含物为棒形颗粒，棕色。孢子有柄，与 L1 层相连，开口处宽 3～4μm。孢壁与内含物均与 Melzer's 试剂无反应。

6. 盾巨孢囊霉属

(1) 桃形盾巨孢囊霉(*Scutellospora persica* (Koske, Miller and Wakler) Walker and Sanders)，见图 2-2-58。

孢子红棕色至黑色，球形或近球形，直径 320～430μm。孢子壁三层：L1 红棕色至黑色，厚 0.5～1μm；L2 层黄色或透明，厚 5～11μm，与 L3 层紧贴；L3 较薄。具辅助细胞 7～15 个。

(2) 黑色盾巨孢球囊霉（*Scutellospora nigra*（Redheead）Walker and Sanders），见图 2-2-59。

孢子单生以土壤，红棕色至黑色，球形或椭球形，直径 250～500μm。孢壁两层：L1 红棕至黑色，有时有伴有小窝，并相互重叠；L2 浅棕色，近透明，层状。辅助细胞：深棕色，球形或近球形，直径 20～40μm，壁上有疣状突起。

(3) 群生盾巨孢囊霉（*Scutellospora gergaria*（Schenck and Nicolson）Walker and Sanders），见图 2-2-60。

孢子单生于土壤，球形或近球形，直径 200～400μm，红棕色至近黑色。孢壁两层：L1 白色，厚 1～4μm，易碎；L2 层状，黄色易碎，饰有疣状突起，厚 5～12μm。

(4) 红色盾巨孢囊霉（*Scutellospora erythropa*（Koske and Walker）Walker and Sonders），见图 2-2-61。

孢子在土壤或根内单生，多为椭球形，直径 200～220μm，黄色至深棕色或深红棕至近黑色。孢壁两层：L1 黄棕色，厚 2～6μm；L2 棕色，厚＜1μm。

7. 多样囊霉属

(1) 沾屑多样囊霉（*Diversispora spurca*（Walker, Pfeiffer and Bloss）Walker and Schüßler），见图 2-2-62。

孢子单生或丛生于土壤，白色至淡黄色，近球形或球形，直径 56～110μm。孢壁三层：L1 无色，厚 0.5～1μm，其外部常粘连碎屑，在 Melzer's 试剂中无反应；L2 层状，无色；L3 膜状，无色，厚＜1μm。

(2) 象牙白球囊霉（*Diversispora eburneum* Kennedy, Stutz and Morton），见图 2-2-63。

孢子单生于土壤，白色或透明，常见卵形或不规则球形，少见球形或近球形。孢壁两层：L1 层状，白色透明，厚 0.5～1μm；L2 膜状，白色透明，厚 2～4μm。孢子在 Melzer's 试剂中染成淡黄色或无显色反应。

8. 两性囊霉属

(1) 厚皮两性囊霉（*Ambispora callosa* Walker, Vestberg and Schuessle），见图 2-2-64。

孢子单生或聚生于土壤，白色至浅黄色，近球形或球形，直径 100～230μm。孢壁两层：L1，白色，厚 0.5～2μm，孢子成熟后常脱落，外壳黏质，表面附有菌丝；L2，白色或浅黄色，厚 2～10μm。孢子在 Melzer's 试剂中染成橘色或橙色。

(2) 詹氏原囊霉（*Ambispora gerdemannii*（acaulosporoid synanamorph），Rose, Daniels and Trappe），见图 2-2-65。

孢子单生于土壤，白色至灰色，球形，直径 60～90μm。孢壁两层：L1 膜状，有不规则纹饰；L2 膜状，白色，光滑。孢壁与 Melzer's 试剂反应只有在褶皱处稍有淡黄色。

9. 类球囊霉属

巴西类球囊霉（*Paraglomus brasilianum*（Spain and Miranda）Morton and Redecker），见

图 2-2-66。

孢子单生于土壤，白色至浅灰色，近球形至球形，直径 56～120μm。孢壁三层：L1 无色透明，厚 0.5～1μm，在孢子成熟后常脱落，黏上土壤杂质，在 Melzer's 试剂中无变化；L2 无色或浅灰色，厚 1～1.5μm，在 Melzer's 试剂中染成淡黄色；L3 白色或灰色，有参差不齐的小突起纹饰，在 Melzer's 试剂中染成淡黄色。

10. 环孢囊霉属

(1) 肯氏环孢囊霉（*Kuklospora kentinensis* Sieverding and Oehl），见图 2-2-67。

孢子土壤中单生，从产孢子囊中间膨大处产生，幼年孢子透明，成熟后淡黄色至黄色，球形，直径 100～120μm。孢壁一层，为膜状，厚 1～2μm，表面附有凹坑状纹饰，似单独一层壁，孢壁与 Melzer's 试剂反应呈现黄色。产孢子囊有柄，一端膨大，直径 10～20μm，产孢后常空瘪。

(2) 刺环孢囊霉（*Kuklospora spinosa*），见图 2-2-68。

孢子单生于土壤，由膨大的产孢子囊产生，灰色至棕色，球形，直径 100～180μm。孢壁三层：L1 灰色或淡黄色，层状；L2 膜状，表面附有杂质；L3 黄色，膜状，此层与 Melzer's 试剂反应呈现紫红色，孢子受压后 L1 层常与其他两层分离。

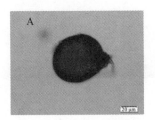 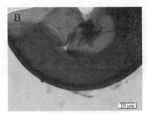 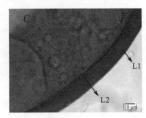

2-2-1 疣突球囊霉（*Glomus verruculosum*）

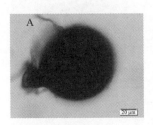 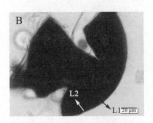 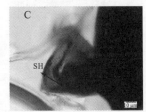

2-2-2 缩球囊霉（*Glomus constrictum*）

 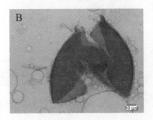 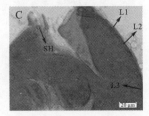

2-2-3 明球囊霉（*Glomus clarum*）

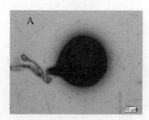 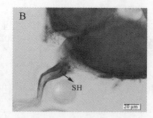 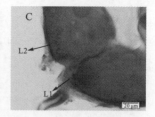

2-2-4 阴性球囊霉（*Glomus tenebrosuum*）

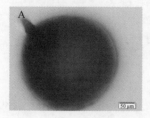 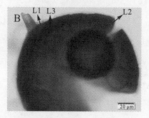 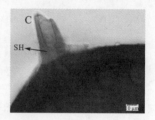

2-2-5 双型球囊霉（*Glomus ambisporum*）

2-2-6 大果球囊霉（*Glomus macrocarpum*）

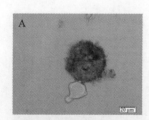 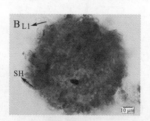 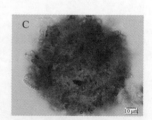

2-2-7 刺球囊霉（*Glomus Spinosum*）

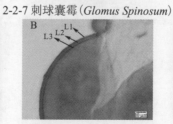 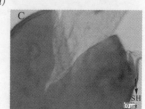

2-2-8 地球囊霉（*Glomus geosporum*）

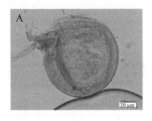 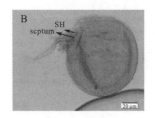 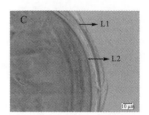

2-2-9 副冠球囊霉（*Glomus coronatum*）

 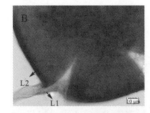 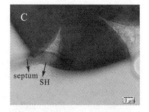

2-2-10 沙荒球囊霉（*Glomus desserticola*）

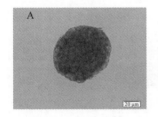 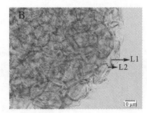 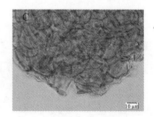

2-2-11 网状球囊霉（*Glomus reticulatum*）

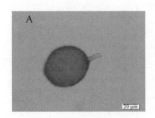 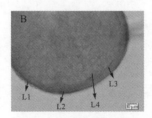 

2-2-12 纯黄球囊霉（*Glomus luteum*）

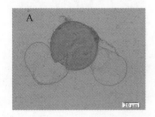 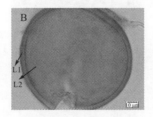 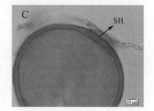

2-2-13 幼套球囊霉（*Glomus etunicatum*）

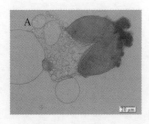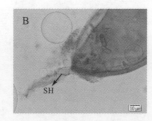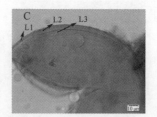

2-2-14 层状球囊霉(*Glomus lamellosum*)

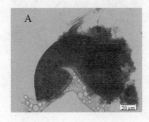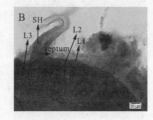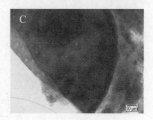

2-2-15 近明球囊霉(*Glomus claroideum*)

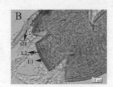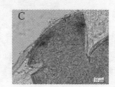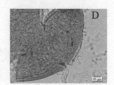

2-2-16 (*Glomus epigeaum*)

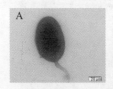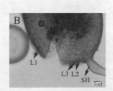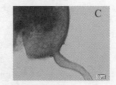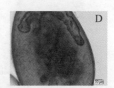

2-2-17 脆球囊霉(*Glomus fragile*)

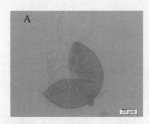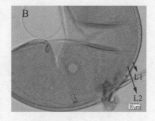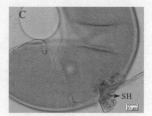

2-2-18 三壁球囊霉(*Glomus trimurales*)

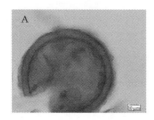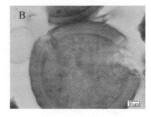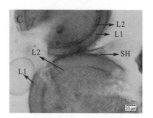

2-2-19 聚生球囊霉（*Glomus fasciculatum*）

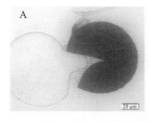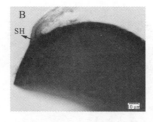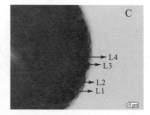

2-2-20 细齿球囊霉（*Glomus spinuliferum*）

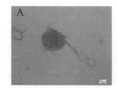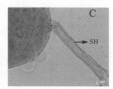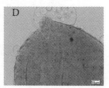

2-2-21 肿涨球囊霉（*Glomus glomerulatum*）

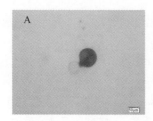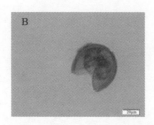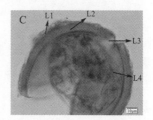

2-2-22 球泡球囊霉（*Glomus globiferum*）

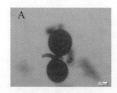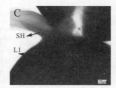

2-2-23 聚丛球囊霉（*Glomus aggregatum*）

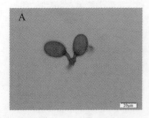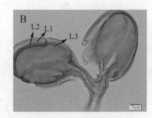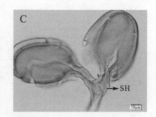

2-2-24 长孢球囊霉(*Glomus dolichosporum*)

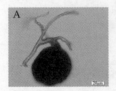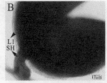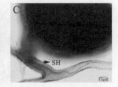

2-2-25 多梗球囊霉(*Glomus multicaule*)

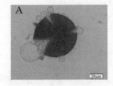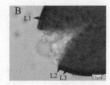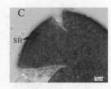

2-2-26 凹坑球囊霉(*Glomus multiforum*)

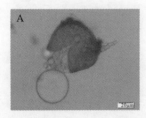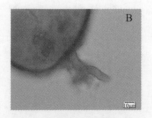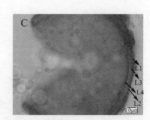

2-2-27 苏格兰球囊(*Glomus caledonium*)

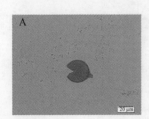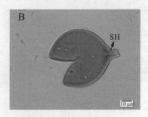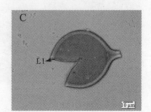

2-2-28 小果球囊霉(*Glomus microcarpum*)

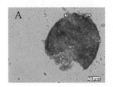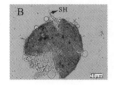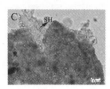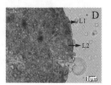

2-2-29 内凹球囊霉（*Glomus insculptum*）

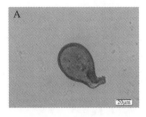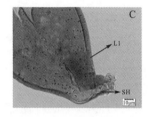

2-2-30 棒孢球囊霉（*Glomus clavisporum*）

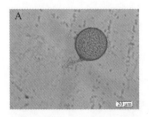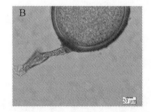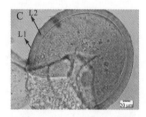

2-2-31 何氏球囊霉（*Glomus hoi*）

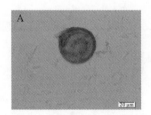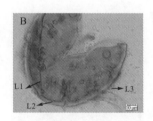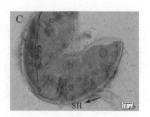

2-2-32 *G*.Sp.1

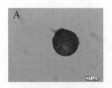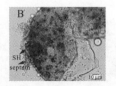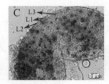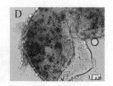

2-2-33 *G*.Sp.2

 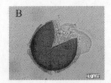  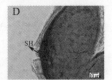

2-2-34 *G*.Sp.3

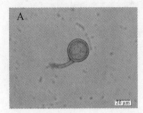 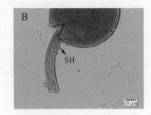 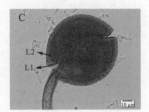

2-2-35 *G*.Sp.4

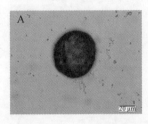 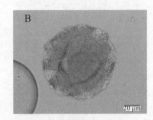 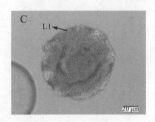

2-2-36 细齿无梗囊霉(*Acaulospora denticulate*)

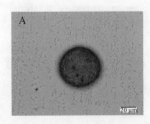 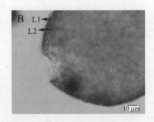 

2-2-37 丽孢无梗囊霉(*Acaulospora elegans*)

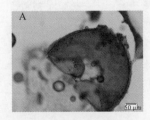 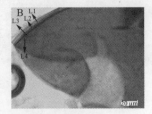 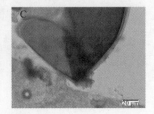

2-2-38 柯氏无梗囊霉(*Acaulospora koskei*)

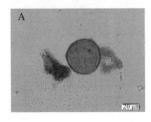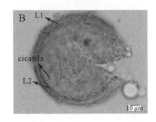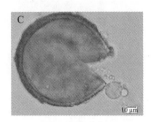

2-2-39 格但无梗球囊霉（*Acaulospora gedanensis*）

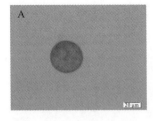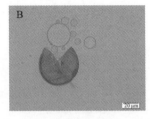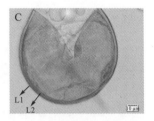

2-2-40 膨胀无梗囊霉（*Acaulospora dilatata*）

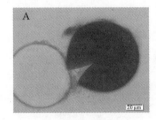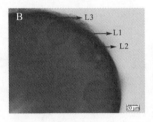

2-2-41 大型无梗囊霉（*Acaulospora colossica*）

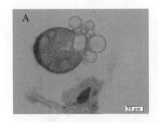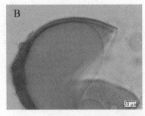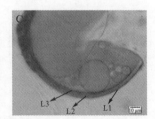

2-2-42 光壁无梗囊霉（*Acaulospora laevis*）

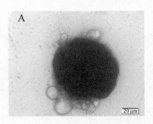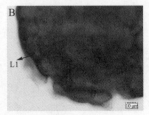

2-2-43 双网无梗囊霉（*Acaulospora bireticulata*）

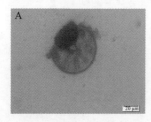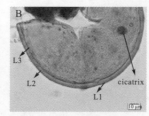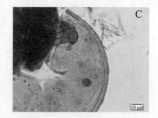

2-2-44 蜜色无梗囊霉(*Acaulospora mellea*)

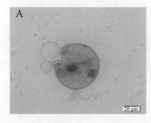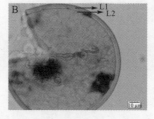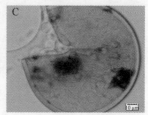

2-2-45 尼氏无梗囊霉(*Acaulospora nicolsonii*)

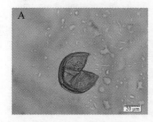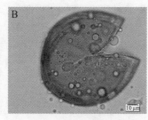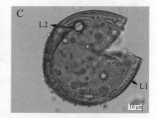

2-2-46 脆无梗囊霉(*Acaulospora delicata*)

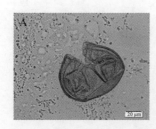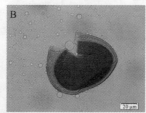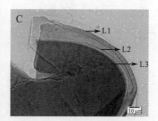

2-2-47 疏线无梗囊霉(*Acaulospora paulinae*)

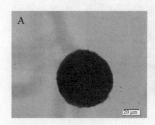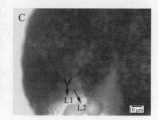

2-2-48 瑞氏无梗囊霉(*Acaulospora rehmii*)

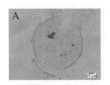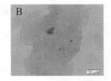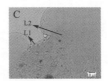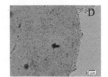

2-2-49 Sp.1

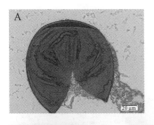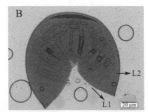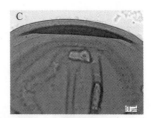
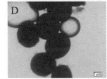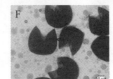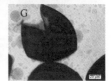

2-2-50 Sp.2

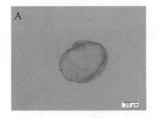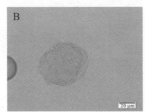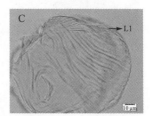

2-2-51 Sp.3

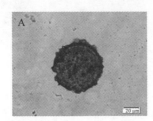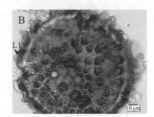

2-2-52 Sp.4

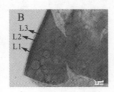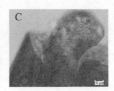

2-2-53 稀有内养囊霉 (*Entrophospora infrequens*)

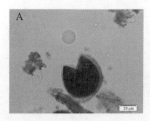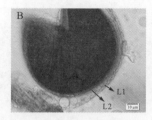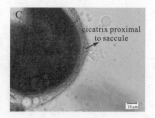

2-2-54 屏东内养囊霉（*Entrophospora kentinensis*）

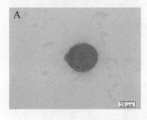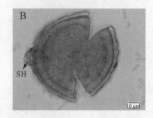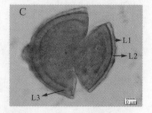

2-2-55 黄孢内养囊霉（*Entrophospora flavisporu*）

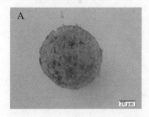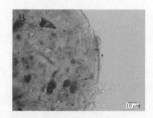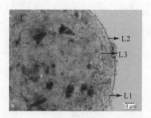

2-2-56 崔氏原囊霉（*Archaeospora trappei*）

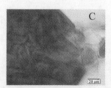

2-2-57 *Gi*.Sp.2

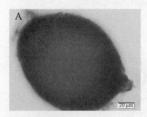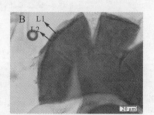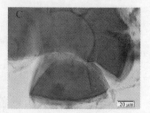

2-2-58 桃形盾巨孢囊霉（*Scutellospora persica*）

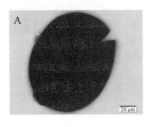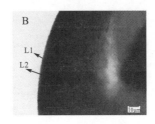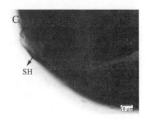

2-2-59 黑色盾巨孢球囊霉(*Scutellospora nigra*)

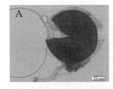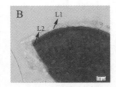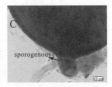

2-2-60 群生盾巨孢囊霉(*Scutellospora gergaria*)

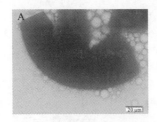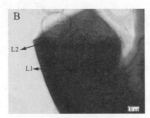

2-2-61 红色盾巨孢囊霉(*Scutellospora erythropa*)

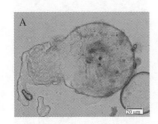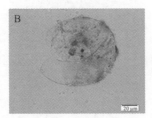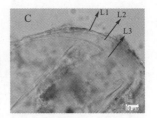

2-2-62 沾屑多样囊霉(*Diversispora spurca*)

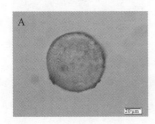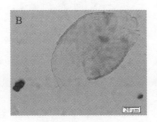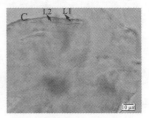

2-2-63 象牙白球囊霉(*Diversispora eburneum*)

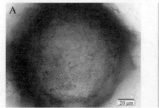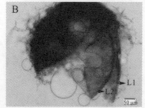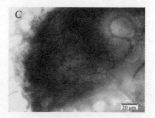

2-2-64 厚皮两性囊霉（*Ambispora callosa*）

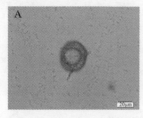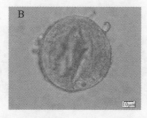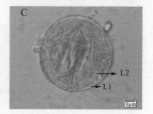

2-2-65 詹氏球囊霉（*Ambispora gerdemannii*）

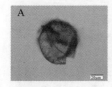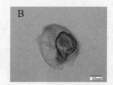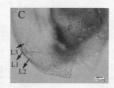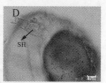

2-2-66 巴西类球囊霉（*Paraglomus brasilianum*）

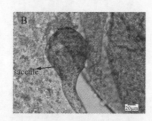

2-2-67 肯氏环孢囊霉（*Kuklospora kentinensis*）

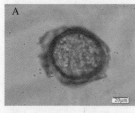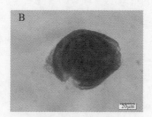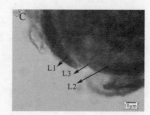

2-2-68 刺环孢囊霉（*Kuklospora spinosa*）

注：所有图版均以全貌到细节的顺序展示；图片 A 为在清水中，B、C、(D、E) 为在 Melzer's 试剂中的颜色（除图 2-2-43 和图 2-2-52 失去水中样本外）；图片标尺标注在图片右下角。其中：cicatrix 指脱落痕，SH 指孢子隔，L1、L2、L3、L4 为孢子壁层数，saccule 指球囊，sporogenous cell 指造孢细胞，septurn 指隔膜。

图 2-2 丛枝菌根真菌孢子形态及其结构

2.1.4 结论与讨论

本书从贵州典型喀斯特地段的不同植被恢复阶段土壤中，通过形态鉴定，获得了丰富的 AM 真菌物种，共分离出 68 个种，其中已有记录的为 59 个，还未确定种名的有 9 个，涵盖了 AM 真菌形态分类水平的 4 个目、8 个科、10 个属。所有分离种中，球囊霉属拥有 35 个种，为优势属，这与魏源等(2011)的研究结果一致。另外，无梗囊霉属与盾巨孢囊霉属 AM 真菌种也较为丰富。*G.lamellosum*、*G.constrictum*、*G.fragile*、*G.etunicatum*、*A.elegans*、*A.laevis*、*G.verruculosum*、*G.macrocarpum*、*D.eburnea* 和 *G.multiforum* 等 AM 真菌种分布样地均在 9 个以上，属于分布较广种，在样本中的分离频率也较高，这充分说明以上种为贵州喀斯特地区土壤中的优势 AM 真菌种，但有 22 个 AM 真菌种仅在 1 个样地中出现，18 个 AM 真菌种仅在 2 个或 3 个样地中出现，均属于分布较窄种。

2.2 基于形态鉴定的丛枝菌根真菌多样性及其分布特征

2.2.1 研究方法

样地概况见 2.1.1 节。将野外采集的土壤样品取 200g 用于 AMF 孢子形态分析，AMF 形态分类采用 Morton 和 Source(2001)的分类系统，AMF 菌种形态特征参考 Schenck 和 Perez(1990)的《菌根鉴定手册》、近年来的新种记录种以及 INVAM(http://invam.wvu.edu)发布的 AMF 菌种形态特征信息进行综合分析研判。根据孢壁、孢柄、外壁纹饰以及显色反应等特征进行菌种检索，确定 AMF 菌种。计算 AMF 种的孢子密度(spore density，SD)、多样性指数(shannon-wiener index，H)、种丰度(species richness，SR)、种均匀度指数(species evenness index，J)、种相对丰度(relative abundance，RA)以及相对分离频率(relative isolation frequency，RF)、重要值(important value，IV)。其中，SD=孢子密度，为 10g 风干土壤中 AMF 的孢子数量；SR=种丰度，为每个土样中 AMF 种的数量；RA=种的相对丰度，为某个土样中某个 AMF 种的孢子数量占该土样所有 AMF 种孢子数量的百分比；RF=种的相对分离频度，为某种 AMF 的分离频度与所有样本 AMF 种分离频度之和的百分比；$H = -\sum_{i}^{S} P_i \ln P_i$($S$ 为某样地 AMF 种数，P_i 为该样地 AMF 种 i 的孢子密度占该样点总孢子密度的百分比)；$J = H / \ln S$(H 为 Shannon-Wiener 多样性指数，S 为某个样地中 AMF 的物种数)；$IV = (RA + RF) / 2$。

2.2.2 结果与分析

1. 喀斯特土壤中 AMF 目、科、属、种的构成及其在不同植被恢复阶段中的分布

如表 2-4 所示，本研究共分离出 AMF 菌种 4 目、8 科、10 属共 68 种，其中球囊霉属

(*Glomus*)数量最大,达 35 种;其次是无梗囊霉属(*Acaulospora*),为 17 种;巨孢囊霉属(*Gigspora*)、类球囊霉属(*Paraglomus*)、原囊霉属(*Archaeospora*)各 1 个种。如表 2-5 所示,AMF 目、科、属分类水平上的丰度在花江地段 AMF 目、科、属均是灌木阶段最大,草本阶段最低,在种水平上的丰度为乔木>灌木>草本阶段;织金目、科、属、种在灌木阶段的目最大,乔木阶段最低;花溪目、科、属最大出现在草本阶段,乔木阶段最低,在种水平上的 AMF 丰度则是灌木阶段>乔木阶段>草本阶段。对相同阶段不同地段的目、科、属比较发现,乔木阶段花江、织金和花溪目丰度均为 2,科和属水平上丰度均为花江>花溪>织金;灌木阶段 AMF 所属目丰度为花江大于织金和花溪,而织金与花溪相等,均为 3,科、属水平上均是花江>花溪>织金;草本阶段目水平上丰度为花溪>织金>花江,AMF 所属科、属水平的丰度均为花溪>花江>织金;乔木阶段种水平的 AMF 丰度为花江>花溪>织金,灌木阶段种水平的 AMF 丰度为花溪>花江>织金;草本阶段的种水平的 AMF 丰度为花溪>花江>织金。

表 2-4 实验土壤中基于形态分类的 AMF 目、科、属、种构成

目	科	属	种
球囊霉目(Glomales)	球囊霉科(Glomaceae)	球囊霉属(*Glomus*)	35
	巨孢囊霉(Gigsporaceae)	巨孢囊霉属(*Gigspora*)	1
		盾巨孢囊霉属(*Scutellospora*)	4
多孢囊霉目(Diversisporales)	无梗囊霉科(Acaulosporaceae)	无梗囊霉属(*Acaulospora*)	17
		环孢囊霉属(*Kuklospora*)	2
	内养囊霉(Entrophosporaceae)	内养囊霉属(*Entrophospora*)	3
	多样囊霉科(Diversisporaceae)	多样囊霉属(*Diversispora*)	2
类球囊霉目(Paraglomerales)	类球囊霉科(Paraglomeraceae)	类球囊霉属(*Paraglomus*)	1
	两性球囊霉科(Ambisporaceae)	两性球囊霉属(*Ambispora*)	2
原囊霉目(Archaeosporales)	原囊霉科(Archaeosporaceae)	原囊霉属(*Archaeospora*)	1
合计	4	8	10	68

表 2-5 喀斯特不同植被恢复阶段(乔木、灌木、草本)土壤 AMF 在目、科、属、种水平上的构成

分类水平	花江(HJ)			织金(ZJ)			花溪(HX)		
	乔木	灌木	草本	乔木	灌木	草本	乔木	灌木	草本
目	2	4	2	2	3	3	2	3	4
科	5	7	4	2	5	3	3	6	8
属	5	7	4	2	5	3	3	6	8
种	33	28	15	22	34	24	18	19	17

2. 喀斯特不同植被恢复阶段土壤的 AMF 物种丰度和孢子密度比较分析

AMF 物种丰度和孢子密度如图 2-3 所示,就 AMF 种丰度而言,花江(HJ)地段为乔木>灌木>草本,而织金(ZJ)和花溪(HX)在灌木阶段最高;相同演替阶段不同地段的种丰度表

现为：在乔木阶段 HJ>ZJ>HX，灌木阶段 ZJ>HJ>HX，草本阶段 ZJ>HX>HJ［图 2-3(a)］。对孢子密度而言，花江 HJ 乔木阶段显著低于灌木和草本，但灌木和草本阶段差异不显著，然而织金样地各阶段之间孢子密度差异不显著，花溪样地各恢复阶段土壤 AMF 孢子密度彼此差异显著，表现为灌木>乔木>草本；从相同恢复阶段不同采样地段的孢子密度差异性来看，乔木恢复阶段 3 个样地之间差异不显著，灌木阶段的花溪显著高于织金和花江，但织金和花江之间差异不显著，草本阶段表现为 HJ>ZJ>HX，且两两差异显著［图 2-3(b)］。

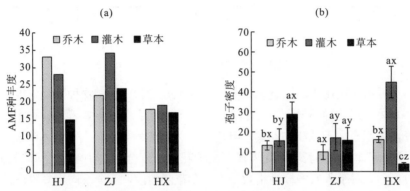

图 2-3　不同喀斯特地段植被恢复阶段土壤的 AMF 物种丰度(a)和孢子密度(b)

注：字母 a、b、c 不同表示相同采样地不同恢复阶段间的差异显著，

字母 x、y、z 不同表示相同恢复阶段不同采样点间的差异显著。

3. 喀斯特不同植被恢复阶段 AMF 优势种的相对多度、相对分离频度和重要值

表 2-6 为花江、织金和花溪三个喀斯特地段乔、灌、草阶段按重要值大小排列的优势种名录，9 个优势种中球囊霉属 Glomus 包含的种类最多，表明 Glomus 是喀斯特地区优势属，其次是无梗囊霉属 Acaulospora。花江最大 RA 是灌木阶段的 G.lamellosum，织金最大 RA 是草本阶段的 A. paulinae，花溪最大的 RA 则为乔木阶段的 G.etunicatum，该结果表明，所有优势种中 G.lamellosum 具有最大的相对丰度。就分离频度 RF 而言，织金灌木阶段的 G.macrocarpum 的 RF 最大，花江灌木阶段的 G.lamellosum 的 RF 最大，织金和花溪则为草本阶段的 A.paulinae 和 D.eburnea 的 RF 最大；对于重要值 IV 而言，在花江灌木阶段的 G.lamellosum 具有最大的 IV，织金则是 G.macrocarpum 具有最大的 IV，花溪则是乔木阶段的 G. etunicatum 具有最大的 IV，对于所有阶段的优势种而言，重要值最大均是球囊霉属 Glomus。该结果表明，不同植被恢复阶段喀斯特土壤中 AMF 优势种不同，各优势种在不同阶段的相对丰度、分离频度以及重要值有差异，球囊霉属是喀斯特地区 AMF 的优势属。

表 2-6　喀斯特不同植被恢复阶段土壤中 AMF 种的相对多度(RA)、相对频度(RF)以及重要值(IV)

样地	恢复阶段	优势种	相对丰度	分离频度	重要值
花江	乔木	G.microcarpum	16.22	4.65	10.44
	灌木	G.lamellosum	38.55	10.87	24.71
	草本	G.lamellosum	25.77	10.53	18.15

续表

样地	恢复阶段	优势种	相对丰度	分离频度	重要值
织金	乔木	*A. delicata*	16.22	13.04	14.63
	灌木	*G. macrocarpum*	27.66	13.33	20.50
	草本	*A. paulinae*	28.17	10.34	19.26
花溪	乔木	*G. etunicatum*	15.69	9.09	12.39
	灌木	*G. fragile*	14.10	5.66	9.88
	草本	*D. eburnea*	12.00	12.12	12.06

注：表中优势种名首字母 *G= Glomus*，*A= Acaulospora*，*D=Diversispora*。

4. 喀斯不同植被特恢复阶段土壤 AMF 的多样性

如图 2-4 所示，在花江、织金和花溪，不同恢复阶段 AMF 物种的均匀度指数表现为乔木>灌木>草本，但差异不显著，在花溪地段，表现为草本>乔木>灌木。乔木阶段，AMF 的均匀度表现为织金大于花江和花溪，但花江和花溪的差异不显著；灌木阶段，三个地段的差异不显著；草本阶段，表现为花溪显著高于花江和织金，但后两者之间的差异不显著。如图 2-4(b) 所示，对于香农多样性指数而言，在花江地段，三个不同恢复阶段的差异不显著；在织金，乔木>灌木>草本，三者之间差异显著；在花溪则是灌木阶段显著大于乔木阶段和草本阶段。同样，对于香农多样性指数而言，在灌木阶段花江显著高于织金，草本阶段则是织金显著低于花江和花溪，乔木阶段三个地段之间差异不显著。该结果表明，不同植被恢复阶段土壤 AMF 菌种的均匀度指数和多样性指数在花江和织金多表现为乔木>灌木>草本。

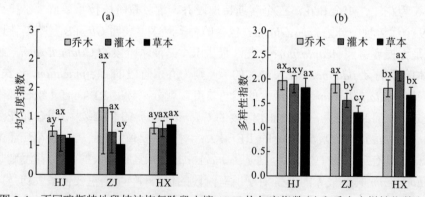

图 2-4　不同喀斯特地段植被恢复阶段土壤 AMF 均匀度指数(a)和香农多样性指数(b)

注：字母 a、b、c 不同代表同一样地不同恢复阶段间差异显著，字母 x、y、z 不同表示相同恢复阶段不同样地间的差异显著。

2.2.3　讨论

Zhu 等(2012)研究认为，土壤理化性质和土壤微生物多样性伴随植物进展演替而提高；Liang 等(2015)研究喀斯特地区 AMF 的多样性时发现，AMF 丰度与植物多样性指数和土壤养分含量呈负相关关系。本研究结果表明，AMF 种分类水平上花江表现为乔木>

灌木>草本，织金表现为灌木>草本>乔木，花溪表现为灌木>乔木>草本，该结果并不完全支持 Zhu 等（2012）和 Liang 等（2015）的研究结论。喀斯特生态系统包含了一系列不同的微生境，如石面、石沟、石缝和岩石露头等（Zhang et al.，2007），因此，喀斯特生态系统具有较大的生境异质性，这种异质性影响了物种的空间分布（Zhang et al.，2014），正如 Martínez-García 和 Pugnaire（2011）所认为的高度异质的喀斯特生境可以为微生物（如 AMF）提供许多适宜分布的资源生态位，因此，AMF 物种丰度及多样性的变化不一定完全按照地上植物群落的演替方向线性改变，但是本研究结果仍然支持 Liang 等（2015）认为的 AMF 的组成和多样性受植物群落影响的观点，如本实验中乔木或灌木阶段的丰度、均匀度指数和香农多样性指数高于草本阶段，这可能与喀斯特草本群落早期阶段生境条件严酷降低了 AMF 的丰富度和多样性有关。AMF 广泛分布于喀斯特生境中，如 Wei 等（2012）分析贵州茂兰喀斯特原生林中的 AMF 遗传多样性发现，有 68 个 AMF 分子种存在于该喀斯特生境中；Likar 等（2013）研究喀斯特土壤中的 AMF 多样性及其分布发现，球囊霉属（*Glomus*）是喀斯特生境中稳定存在的优势属，AMF 在喀斯特土壤中的存在影响了地上植物的生长和植物群落的演替。我们的研究结果显示，在花江、织金和花溪典型喀斯特生境中共分离了 68 个 AMF 菌种，*Glomus* 是本研究中的优势属，广泛存在于花江、织金和花溪典型喀斯特地段，该结果与 Wei 等（2012）、魏源等（2011）和 Likar 等（2013）的研究结果一致。球囊霉属 AMF 能够较好地抵御喀斯特严酷的生境（Wei et al.，2012），许多研究表明，在喀斯特土壤中接种球囊霉属 AMF 对提高宿主植物脯氨酸、可溶性糖含量（何跃军和钟章成，2011），植株氮、磷养分的摄取（何跃军等，2007），以及促进土壤枯落物营养转化（何跃军等，2012）等具有较大的促进功能，因此，球囊霉属 AMF 对维持喀斯特生态系统的稳定性以及植被恢复具有重要意义。

2.3 基于高通量测序的喀斯特土壤丛枝菌根真菌组成

AM 真菌是土壤真菌的重要组成部分，因其能与 80%的陆地植物形成菌根共生体系，因此，它在植被恢复的功能性方面表现出了比其他土壤真菌更优越的利用价值。如今，随着分子生物学的不断向前发展，对 AM 真菌多样性的研究有了更多更有效的方法，如 454 焦磷焦测序检测出了不同地区棕榈根内的 73 个 AM 真菌分类单元（Moora et al.，2011）。随着引物的特异性越来越高（Krüger et al.，2012），新一代的分子手段将极大地推动 AM 真菌的多样性研究，如目前最新的高通量测序法能够从野外土壤中获得更多的 AM 真菌分类单元，但对喀斯特背景下的 AM 真菌研究，目前报道较多的研究方法为巢式 PCR 结合变性梯度凝胶电泳相的方法（魏源等，2011；李昕竺，2013）。那么利用高通量检测贵州喀斯特土壤 AM 真菌多样性会是怎样，本书在 4.3 节及 4.4 节将探讨这个问题。

2.3.1 高通量测序实验方法及数据分析

将装有土壤鲜样的离心管取出，立即干冰包裹送至北京诺禾致源生物信息科技有限公司进行 Illumina HiSeq 第二代高通量测序，测序流程：土壤 DNA 提取与检测；PCR 扩增；产物纯化；文库制备与库检；Hiseq 上机检测。本研究引物参照 Liang 等（2015）提出的土壤 AM 真菌特异性引物，序列为 AMV4.5NF（F）-AAGCTCGTAGTTGAATTTCG）/AMDGR（R）-CCCAACTATCCCTATTAATCAT，由诺禾致源公司合成。

1. 测序数据处理

根据 Barcode 序列和 PCR 扩增引物序列从下机数据中拆分出各样品数据，截去 Barcode 和引物序列后使用 FLASH 对每个样品的 reads 进行拼接，得到的拼接序列为原始 Tags 数据（Raw Tags）；拼接得到的 Raw Tags，需要经过严格的过滤处理得到高质量的 Tags 数据（Clean Tags）。参照 Magočet 的 Tags 质量控制流程，进行如下操作：①Tags 截取：将 Raw Tags 从连续低质量值（默认质量阈值≤19）碱基数达到设定长度（默认长度值为 3）的第一个低质量碱基位点截断；②Tags 长度过滤：经过截取后得到 Tags 数据集，进一步过滤掉其中连续高质量碱基长度小于 75%Tags 长度的 Tags。

2. OTU 聚类和物种注释

利用 Uparse 软件对所有样品的全部 Effective Tags 进行聚类，默认以 97%的一致性（identity）将序列聚类成为 OTU（Operational Taxonomic Units），同时选取 OTU 的代表性序列，依据其算法原则，筛选 OTU 中出现频数最高的序列作为 OTU 的代表序列。对 OTU 代表序列进行物种注释，用 RDP Classifier 方法与 Silva 数据库（http://www.arb-silva.de/）进行物种注释分析（设定阈值为 0.6~1），并分别在各个分类水平[kingdom（界），phylum（门），class（纲），order（目），family（科），genus（属），species（种）]统计各样本的群落组成。使用 MUSCLE 软件进行快速多序列比对，得到所有 OTU 代表序列的系统发生关系。最后对各样品的数据进行均一化处理，以样品中数据量最少的为标准进行均一化处理，后续的 Alpha 多样性分析和 Beta 多样性分析都是基于均一化处理后的数据。

3. 样品复杂度分析（Alpha Diversity）

使用 Qiime 软件计算 Chao1、Shannon、Simpson 指数，使用 R 软件绘制稀释曲线、物种累积曲线，并使用 R 软件进行 Alpha 多样性指数组间差异分析，进行 Tukey 检验。用 Qiime 软件（Version 1.7.0）计算 Unifrac 距离、构建 UPGMA 样品聚类树。使用 R 软件（Version 2.15.3）绘制 PCA 图。PCA 分析使用 R 软件的 ade4 包和 ggplot2 软件包。使用 R 软件进行 Beta 多样性指数组间差异分析，进行 Tukey 检验，使用 Excel、SPSS19.0（Chicago, IL, USA）软件对数据进行统计。

2.3.2 AM 真菌最新分子分类

目前，人们已发现的 AM 真菌分子种为 259 个（刘敏等，2016），且均属于球囊霉门、球囊霉纲，参照最新分类系统（Redecker et al., 2013；Schüßler and Walker, 2010），共分为 4 目、11 科、22 属，见表 2-7。值得注意的是，目前全球 AM 真菌的分子分类中，内养囊霉属拥有 3 个种，此属虽然有分子学的鉴定证据证明其存在，但其 DNA 序列类型混乱，无法确定该属系统发育地位，还未正式列入分子分类系统中。内养囊霉属由 Ames 等 (1983) 依据形态学特征建立，其与球囊霉属形态学特征相似，是否要取消内养囊霉属，还需要更充分的证据。

表 2-7　AM 真菌最新分子分类系统 (Redecker et al., 2013; Schüßler and Walker, 2010)

目(4)	Glomeromycota、Glomeromycetes		种(256)
	科(11)	属(22)	
Glomerales	Glomeraceae	*Glomus*	81
		Dominikia	4
		Funneliformis	9
		Kamienskia	2
		Rhizophagus	12
		Sclerocystis	10
		Septoglomus	5
	Claroideoglomeraceae	*Claroideoglomus*	7
Diversisporales	Gigasporaceae	*Cetraspora*	0
		Dentiscutata	2
		Gigaspora	8
		Racocetra	13
		Scutellospora	27
	Acaulosporaceae	*Acaulospora*	41
	Pacisporaceae	*Pacispora*	7
	Diversisporaceae	*Diversispora*	9
		Otospora	1
		Redeckera	3
Paraglomerales	Paraglomeraceae	*Paraglomus*	3
Archaeosporales	Geosiphonaceae	*Geosiphon*	1
	Ambisporaceae	*Ambispora*	9
	Archaeosporaceae	*Archaeospora*	2

2.3.3　土壤 AM 真菌测序结果

在对所有土壤样品进行测序后，获得了大量的土壤真菌的信息，本书通过将代表 AM 真菌的 OTU 以及在各级分类水平上的注释信息提炼出来分析，得到在球囊霉门的 OUT 数为 275 个，其中所含球囊霉纲 OTU 为 274 个，球囊霉目 248 个、原囊霉目 10 个、多样囊霉目 14 个、类球囊霉目 2 个。通过与 Silva 数据库的比对，从 274 个 AM 真菌 OTU 中得到了 4 个目、7 个科、12 个属和 18 个分子种，见表 2-8。

表 2-8 AM 真菌分子种分类情况

目	科	属	种
Glomerales	Glomeraceae	*Funneliformis*	*moseae*
		Rhizophagus	*intraradices*
		Sclerocystis	Sp.1
		Septoglomus	*constrictum*
	Claroideoglomeraceae	*Claroideoglomus*	Sp.MIB8381
			Sp.NBR_*PP*1
			Sp.W3234
Diversisporales	Gigasporaceae	*Gigaspora*	*infrequens*
			margarita
		Scutellospora	*dipurpurescens*
	Acaulosporaceae	*Acaulospora*	*brasliensis*
			Sp.w2423
	Diversisporaceae	*Diversispora*	Sp.w4568
			celata
Paraglomerales	Paraglomeraceae	*Paraglomus*	*brasilianum*
			occultum
Archaeosporales	Ambisporaceae	*Ambispora*	*fennica*
	Archaeosporaceae	*Archaeospora*	Sp.MIB8442

如表 2-9 所示，在花溪各恢复阶段的 AM 真菌 OTU 数量大小关系为乔木>草本>灌木，花江为草本>乔木>灌木，织金为灌木>草本>乔木。而在相同的恢复阶段的不同采样点，花江在乔、灌、草 3 个阶段的 AM 真菌 OTU 数均分别高于其他 2 个采样点，样地 AM 真菌的 OTU 数整体上呈现：草本恢复阶段>乔木恢复阶段>灌木恢复阶段，花江>花溪>织金。

表 2-9 各样点的 AM 真菌 OTU 数

样地	HXQ	HXC	HXG	HXQ	HJC	HJG	HJQ	ZJC	ZJG
AMFOTUs	20907	11774	9223	25725	34039	22857	5106	10245	18844

2.4 基于高通量测序的丛枝菌根真菌多样性与生境因子的关系

2.4.1 高通量测序实验方法及数据分析见

高通量测序实验方法及数据分析见 2.3.1 节。

2.4.2 喀斯特土壤 AM 真菌多样性

1. 基于 OTU 的 AM 真菌相对丰度

通过对 274 条 AM 真菌的 OTU 与土壤真菌的 OTU 作比较,可以得知 AM 真菌种在所测样品中的相对丰度,如表 2-10 所示,在花溪乔木阶段的 AM 真菌相对丰度显著高于灌木阶段;在花江,3 个恢复阶段的 AM 真菌相对丰度差异不显著,呈现草本>乔木>灌木的趋势;在织金的 3 个恢复阶段的 AM 真菌相对丰富度差异不显著,整体趋势为灌木>草本>乔木。在乔木与灌木恢复阶段,3 个采样点的 AM 真菌相对丰度无显著差异,但在草本阶段,花江的 AM 真菌相对丰度显著高于花溪与织金。

表 2-10 AM 真菌 OTU 相对丰度

样地	乔木	灌木	草本
花溪 HX	0.146Aa	0.064Ba	0.082ABb
花江 HJ	0.179Aa	0.159Aa	0.237Aa
织金 ZJ	0.036Aa	0.131Aa	0.071Ab

注:小写字母代表相同恢复阶段的不同采样点 AM 真菌 OTU 数相对丰度间差异性,大写字母代表相同采样点中各个恢复阶段 AM 真菌 OTU 数相对丰度的差异性,$P<0.05$。

2. 属水平上的 AM 真菌相对丰度

将土壤真菌 OTU 的物种注释信息进行分类,本书土壤中含 12 个属的 AM 真菌,其中各属在样地中的相对丰度如表 2-11 所示,其中,*Rhizophagus* 的相对丰度最大,为优势属,*Funneliformis* 的相对丰度次之,*Archaeospora* 的相对丰度最低。在不同采样点中,花溪乔木阶段的 AM 真菌相对丰度最高,各恢复阶段属水平上的 AM 真菌相对丰富大小为乔木>草本>灌木;在花江,则是草本阶段的相对丰度最大,趋势为草本>乔木>灌木;在织金是灌木阶段最大,趋势为灌木>草本>乔木。在相同的恢复阶段的不同采样点,花江在 3 个恢复阶段的 AM 真菌相对丰度均分别高于其他两个采样点。

表 2-11 不同样地各恢复阶段土壤 AM 真菌属水平的相对丰度

分类	HXQ	HXC	HXG	HJQ	HJC	HJG	ZJQ	ZJC	ZJG
Rhizophagus	9.96	4.23	4.1	13.28	19.93	12.87	2.51	6.23	11.33
Funneliformis	2.53	2.82	1.13	2.69	2.26	2.45	0.46	0.43	0.3
Claroideoglomus	0.47	0.07	0.49	1.14	0.31	0.17	0.18	0.21	0.04
Sclerocystis	0.1	0.24	0.02	0	0	0	0	0	0
Diversispora	0.02	0	0	0.12	0	0.02	0.02	0.01	0
Paraomus	0	0	0	0	0	0.01	0.08	0.01	0
Ambispora	0	0	0	0	0	0.01	0.04	0	0
Acaulospora	0	0	0	0	0	0.03	0.01	0.01

续表

分类	HXQ	HXC	HXG	HJQ	HJC	HJG	ZJQ	ZJC	ZJG
Scutellospora	0.03	0	0.01	0	0	0	0.01	0.01	0
Gigaspora	0	0	0	0	0	0.01	0.01	0	0
Septoglomus	0.01	0	0	0.05	0.07	0.02	0	0	0
Archaeospora	0	0	0	0	0	0	0	0	0
合计	13.12	7.36	5.75	17.28	22.57	15.56	3.34	6.91	11.68

3. 属水平上的 AM 真菌物种差异性分析

所有检测样品土壤真菌两两的相似度反映不同采样点相同恢复阶段的土壤中的真菌的相异程度，通过对属水平下组间差异物种的统计分析，样品组间 AM 真菌 t 检验结果如表 2-12 所示，在不同采样点的相同恢复阶段中，乔木恢复阶段的花溪与织金属水平上的 AM 真菌物种差异性显著，在灌木恢复阶段则是花江与花溪属水平上的 AM 真菌物种差异性显著，而在草本恢复阶段各采样点之间属水平的 AM 真菌物种彼此差异不显著，呈现花江>织金>花溪的趋势。在不同恢复阶段相同采样点中，花江与织金的 3 个植物恢复阶段之间的 AM 真菌物种差异均不显著，而在花溪，乔木恢复阶段的 AM 真菌属水平的物种差异显著高于灌木恢复阶段。

表 2-12 AM 真菌属水平下差异物种的显著性

恢复阶段	乔木	灌木	草本
花江	0.133abA	0.129aA	0.199aA
花溪	0.142aA	0.041bB	0.042cAB
织金	0.025bA	0.113abA	0.062bA

注：小写字母代表相同恢复阶段间 T-test 差异显著性，大写字母代表相同采样点间的 T-test 差异显著性，$P<0.05$。

4. 不同喀斯特土壤中 AM 真菌分子种的丰度及分布

如表 2-13 所示，AM 真菌在样地土壤中含量丰富，其中以 *Septoglomus constrictum* 的 OTU 数最多（2142 个），其次是 *Rhizophagus intraradices*（1437 个），最少的为 *Paraglomus Occultum*（6 个）。而在各个样地中，花江乔木阶段拥有 2344 个 AM 真菌分子种的 OTU，为样地最多，其次是花溪乔木阶段（1447 个），最少的为织金草本阶段，其 AM 真菌 OTU 数仅为 186。另外，*Funneliformis moseae* 与 *Sclerocystis*.Sp.1 仅在花溪采样点分布，为花溪特有 AM 真菌物种；*Septoglomus constrictum*、*Claroideoglomus* Sp.MIB8381 以及 *Claroideoglomus infrequens* 在所有样地中均有分布，属于分布较为广泛种。

表 2-13 各样地 AM 真菌分子种 OTU 丰度及分布

	HJQ	HJG	HJC	ZJQ	ZJG	ZJC	HXQ	HXG	HXC	合计
Moseae	—	—	—	—	—	—	30	42	16	88
intraradices	344	35	70	3	210	25	586	63	101	1437
Sclerocystis.Sp.1	—	—	—	—	—	—	146	28	338	512

续表

	HJQ	HJG	HJC	ZJQ	ZJG	ZJC	HXQ	HXG	HXC	合计
constrictum	616	392	815	2	42	18	212	24	21	2142
Sp.MIB8381	666	25	—	61	3	2	61	310	13	1142
Sp.NBR_*PP*1	—	—	8	1	1	—	59	1	5	75
Sp.W3234	25	8	—	7	3	1	62	103	17	226
infrequens	505	11	85	17	1	32	140	3	6	800
margarita	—	9	—	—	14	—	3	—	—	26
dipurpurescens	—	3	—	11	—	5	23	6	3	51
brasliensis	—	2	—	25	—	—	—	—	—	27
Sp.w2423	178	13	—	16	—	4	35	—	—	246
Sp.w4568	—	9	3	18	7	6	1	7	2	53
celata	10	—	—	—	—	—	89	13	11	123
brasilianum	—	15	—	119	—	7	—	—	—	141
occultum	—	—	—	2	4	—	—	—	—	6
fennica	—	10	—	57	—	6	—	—	—	73
Sp.MIB8442	—	15	—	120	—	80	—	—	—	215
合计	2344	547	982	459	285	186	1447	600	533	

5. 基于 OTU 的 AM 真菌分子种 α 多样性指数

如图 2-5 所示，在基于 OTU 数的 AM 真菌分子种 α 多样性指数分析中，各个样地中的 α 多样性指数差异均不显著，尤其是各地的 Shannon 指数均接近 1。在乔木与灌木阶段，花江的 Simpson 指数均要大于其他两地，在草本阶段则是花溪的 Simpson 指数最大，而 3 个不同的采样点内，乔木阶段的 Simpson 指数大于其他两个阶段。

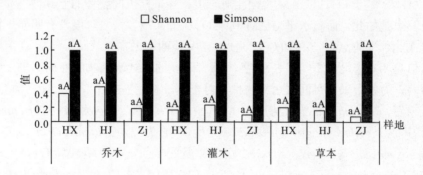

图 2-5　各样地间 AM 真菌分子种 α 多样性指数比较

注：小写字母代表相同采样点的不同恢复阶段 AM 真菌 OTU 数相对丰度间差异性，
大写字母代表相同恢复阶段的不同采样点 AM 真菌 OTU 数相对丰度的差异性，$P<0.05$。

6. 基于 OTU 的 AM 真菌与环境因素的关系

在基于 OTU 的 AM 真菌与环境因素相关性分析中，AM 真菌的 Shannon 指数与样地类型显著相关，Simpson 指数与土壤全磷显著相关(表 2-14)。

表 2-14 不同样地 AM 真菌 OTU 数相对丰度、分子种 α 多样性指数与环境因素的 Pearson 相关性分析

	Shannon 指数	Simpson 指数	OUT
样地类型	−0.68*	0.48	0.06
年均温	0.40	−0.39	0.61
年均降水量	−0.58	0.31	−0.42
年均湿度	−0.60	0.74	−0.55
pH	0.35	−0.31	0.39
全磷	0.61	−0.75 *	−0.06
有效磷	0.58	−0.54	0.10
速效钾	0.62	−0.48	−0.02
全氮	−0.28	0.09	−0.28
水解氮	0.60	−0.54	0.08
有机质	−0.46	0.42	−0.19

注：*表示在 0.05 水平具有显著相关性。

2.4.3 结论与讨论

AM 真菌是土壤真菌的重要组成部分，由于 AM 真菌能与植物形成共生体系，因此越来越被人们所熟知和应用。本书从 AM 真菌 OTU 和物种注释信息的角度研究了 AM 真菌在典型喀斯特土壤中的不同植被恢复类型的多样性，结果显示，喀斯特土壤中含有丰富 AM 真菌资源，依照最新的分类系统，本实验获得了 12 个属的 18 个分子种，共计 274 条 AM 真菌 OTU，基于 OTU 的 AM 真菌相对丰度，各采样点间整体的差异性不显著，在各恢复阶段间也是如此，而属水平上 AM 真菌 OTU 分布在各恢复阶段没有明显规律，但花江采样点在此水平的 AM 真菌相对丰度要大于其他两个采样点。基于 AM 真菌属水平上物种注释信息相对丰度分析结果显示，各个演替阶段的 AM 真菌物种在属水平上整体趋势差异不显著，而各个采样点间属水平物种相对丰度没有明显规律。从 AM 真菌 OTU 物种注释信息来看，*Rhizophagus* 为优势属，AM 真菌分子种中 *Septoglomus constrictum* 的 OTU 数最多，其次是 *Rhizophagus intraradices*，最少的为 *Paraglomus Occultum*；另外，*Funneliformis moseae* 与 *Sclerocystis*.Sp.1 仅在花溪采样点分布，为花溪特有 AM 真菌物种；*Septoglomus constrictum*、*Claroideoglomus* Sp.MIB8381 以及 *Claroideoglomus infrequens* 在所有样地中均有分布，属于分布较为广泛种。在基于 OTU 数的 AM 真菌分子种 α 多样性指数分析中，各个样地中的 α 多样性指数差异均不显著，这与土壤真菌整体多样性指数趋势一致。在基于 OTU 的 AM 真菌与环境因素相关性分析中，AM 真菌的 Shannon 指数与样地类型显著相关，Simpson 指数与土壤全磷显著相关。

通过高通量方法的实验结果表明，喀斯特土壤中 AM 真菌资源丰富，花江是 AM 真菌含量最大的采样点，草本阶段是 AM 真菌含量最大的恢复阶段，花江属水平上的 AM

真菌 OTU 相对丰度大于其他两个采样点。可以看出，首先，AM 真菌物种量并不是遵从于土壤真菌在各个采样点的数量变化，这可能与 AM 真菌的功能性有关，AM 真菌能够在生境较为恶劣的花江采样点具有较大的物种数和相对丰度正说明了这一点。其次，草本恢复阶段作为喀斯特背景下的植被恢复初始阶段，其 AM 真菌物种量为 3 个恢复阶段之最，这可能说明了 AM 真菌在喀斯特植被恢复初始阶段伴随着 AM 真菌的大量定殖，这与 Barni 和 Siniscallo(2000)所述的 AM 真菌有助于植物群落演替发生和发展的结论一致；而乔木恢复阶段的物种量大于灌木恢复阶段，则说明 AM 真菌物种在植被演替发生后，其数量的多少可能与群落植被数量有关，但是植被数量是否决定了 AM 真菌数量需要进一步的研究证实。最后，所有的样地 AM 真菌的 α 多样性指数均无显著差异，符合土壤真菌整体多样性差异不显著的趋势，这可能与样地间相似的背景和相近的土壤全磷含量有关。

第3章 丛枝菌根真菌对喀斯特适生植物的生长效应

3.1 构树幼苗对接种不同丛枝菌根真菌的生长响应

菌根研究是当前生态学研究的热点。AM真菌是一类能够与大多数植物形成共生关系的真菌。菌根与土壤的交互作用形成菌根际，由有生命的真菌、植物和非生命的土壤形成微生态系统。由于石灰岩具有土层干旱瘠薄、水分亏缺的特殊生境，该地区植被在自然演替过程中恢复起来比较困难，但仍有恢复的潜力(朱守谦和何纪星，2003)。目前，在石灰岩土壤上生长的植物中已发现AM真菌(李建平等，2003；雷增普等，1991)，但对该生境下菌根的形成及其生态学意义尚缺乏充分认识。干旱地区菌根的作用主要表现为增加植物抗旱性和提高水分的传递速率，AM菌根因与宿主植物共生而达到高度平衡的联合体，具有扩大宿主植物根的吸收面积、增加宿主植物对磷及其他养分的吸收、提高宿主植物的抗逆性等作用(弓明钦等，1997)。石灰岩地区植被恢复与树种本身根系较发达、叶片具蜡质层等生物学特性和抗干旱、耐瘠薄的生态学特性有关，另外，植物在瘠薄的土壤上生长是否与根际微生物和真菌对植物侵染后形成的特殊共生关系有关？菌根的形成是不是该地区植物演替恢复的重要对策？要解决这些问题，需要进行石灰岩基质上菌根真菌接种实验。近年来，应用AM真菌菌根促进植物生长的研究较多(Gehring, 2003；何兴元等，2002；Janos et al., 2001；阎秀峰等，2002，2004；冯固等，1999)，但从菌根水平上进行石灰岩地区适生种群生态学的研究还未见报道，因此，开展石灰岩地区石漠化基质上适生种群和菌根真菌关系的生态学研究，是石灰岩植被恢复的一条重要途径。构树(*Broussonetia papyrifera*)是我国南方石灰岩地区广泛分布的适生物种之一，适合生长在海拔1400m以下、年平均气温6~22℃、年均降水量400~1600mm的环境中，喜光、耐旱瘠薄，对土壤条件的适应能力强。为此，本研究选取构树进行菌根真菌接种实验，测定其生长指标，以期了解AM真菌对植物生长的促进效应，为石灰岩退化生态系统的恢复提供科学依据。

3.1.1 材料与方法

1. 供试材料

采用球囊霉属的摩西球囊霉(*G. mosseea*，简称GM，新疆的韭根际分离，约300个孢子/20g土壤)、地表球囊霉(*G.versiforme*，简称GV，北京的高粱根际分离，约1000个孢子/20g 土壤)和透光球囊霉(*G.diaphanum*，简称 GD，新疆的水稻根际分离，约 900 个孢子/20g 土壤)。3 个菌种均购自北京市农林科学院植物营养与资源研究所。供试植物种子和土样：植物种子于 2003 年 8 月采于贵阳花溪石灰岩山上同一植株的构树。土壤基质是 2003 年 11 月取自重庆北碚鸡公山石灰岩山上的石灰土，该实验土壤 pH 为 6.18，有机质含量 2.68%，减解氮 68.35mg·kg^{-1}，速效钾 108.41mg·kg^{-1}，交换性钙 2326.40mg·kg^{-1}，全钾 14.62mg·kg^{-1}，全磷 0.46mg·kg^{-1}，全氮 1.34mg·kg^{-1}。构树种子采用 10%的 H_2O_2 灭菌 20min，土壤喷施 5%苯酚溶液灭菌后在高压灭菌锅下连续灭菌 1h。将灭菌基质按每盆 1.5kg 装入规格为 190mm×150mm 的塑料花盆内，备用。

2. 接种处理

分接种组(M+)和对照组(不接种 AM 菌，M-)2 种处理，各组处理又分成混合接种(co-inoculation，CI)和单独接种(single-inoculation，SI)。在接种组处理中，混合接种为等量称取 GM、GV、GD 3 种菌剂共 20g 混合均匀，平铺于已装盆的灭菌土表面，播入灭菌构树种子，重复 5 次；单独接种是以同样的方法称取各菌种 20g，分别单独接种。在对照组中，混合接种是等量称取 GM、GV、GD 菌剂共 20g 均匀混合，高压灭菌 20min 后，加入 200mL 无菌水浸泡 10min，过滤，滤液取 10mL 加于灭菌接种物上，再播入灭菌构树种子；单独接种是称取各菌种 20g 高压灭菌 20min 后，加入 200mL 无菌水浸泡 10min 过滤，分别取滤液 10mL 加于接种物上再播入灭菌构树种子。以上各处理重复 5 次，在培养室进行常规培养。

3. 指标测定

幼苗培养 3 个月后进行生长及生理指标测定。①生物量测定：将幼苗单株从培养盆取出，小心去除其根系泥土，洗净，在 105℃烘箱中烘干，采用称量法进行测定。根冠比=单株地下部分生物量/地上部分生物量。②菌根侵染率测定：酸性品红染色，然后用感染长度计算法测定菌根侵染率(Harler and Smith，1983)。③叶面积测定：使用叶面积仪(MK2 Area Meter System，英国 Delta-T Devices，LTD)测定。

4. 数据处理

所有数据处理均在 SPSS 11.0 统计软件下完成，采用单因素方差分析(One-Way ANOVA)和 LSD 进行多重处理。

3.1.2 结果与分析

1. 构树幼苗菌根依赖性对 AM 真菌的响应

植物对 AM 菌根真菌的依赖性是反映植物与 AM 真菌相互关系的指标(林先贵和郝文英，1989)，可以表示为菌根依赖性(%)=(接种处理干重-不接种处理干重)/接种处理干重×100%(冯固等，1999；林先贵和郝文英，1989)。通过生物量测定数据计算的结果表明：GM、GV、GD 和 CI 处理依赖性分别为 60.80、79.16、66.94、84.56。在混合接种中宿主植株的依赖性最高,表明苗木的生长更加依赖于菌根真菌;其次为 GV 和 GD。生长量大、依赖性低的 GD 接种处理反映了在菌剂中除目的菌种以外,其他杂菌对幼苗生长也有一定影响。该结果说明混合接种较单独接种的菌根真菌促进效应更大。

2. 构树幼苗菌根侵染率对接种 AM 真菌的响应

由表 3-1 可以看出,幼苗生长 3 个月后,其混合接种处理侵染率最高,达到 83.41%,GD 处理最低(68.05%)。在未接种处理中,各处理侵染率均为 0。CI 处理与其余各处理间侵染率差异性显著($P<0.05$),单独接种 3 个菌种处理间存在一定差异,但不显著($P>0.05$)。

表 3-1　构树幼苗侵染率对接种处理的响应

处理	侵染率/%	
	接种组 M+	对照组 M-
GM	76.5±4.61a	0
GV	71.63±3.30a	0
GD	68.05±5.12a	0
CI	83.41±4.37a	0

3. 构树幼苗生物量对接种 AM 真菌的响应

构树接种 GM、GD、GV 和 CI 处理后,其生物量与对照之间呈显著差异(图 3-1)。构树幼苗单株地上生物量较 CK 组显著提高,GM、GV、GD 和 CI 接种处理分别是对照的 2.57 倍、6.56 倍、2.74 倍和 5.20 倍。其中,混合接种的幼苗单株地上生物量和地下生物量最大,分别为每株 0.6162g 和 0.2848g,而对照仅为每株 0.1184g 和 0.0324g。在图 3-1(b)中,GM、GV、GD 和 CI 接种处理分别是对照的 2.49 倍、4.73 倍、4.26 倍和 8.79 倍,其中,混合接种处理中幼苗单株地下生物量最高。就构树全株生物量而言,各接种组与非接种组之间差异显著,接种 AM 菌根菌的构树幼苗生物量大小依次是混合接种 K 单独接种,单独接种处理中 GD>GM>GV(图 3-2),这说明接种 AM 真菌能够促进构树幼苗生物量的积累,同时,不同 AM 真菌对同一宿主植物生长的促进作用有差异,侧面说明构树对不同菌种的依赖性不同。这对菌根化育苗中菌种的筛选具有一定的指导意义。

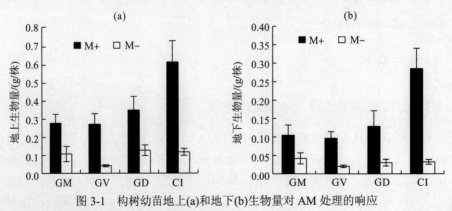

图 3-1　构树幼苗地上(a)和地下(b)生物量对 AM 处理的响应

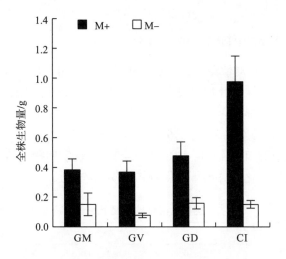

图 3-2　构树幼苗全株生物量对 AM 处理的响应

4. 构树幼苗根冠比对接种 AM 真菌的响应

由图 3-3 可以看出,接种 3 种 AM 菌根真菌后,构树根冠比在 GM($P=0.061$)和 GV($P=0.113$)接种组与对照组差异不显著,而在 GD 和 CI 条件下其根冠比接种组较对照组显著提高,表明 GD 较其他 2 种真菌更能够提高植株抗旱性,而在混合接种条件下,各目标真菌之间由于对构树苗的协同效应而使幼苗生物量的积累达到最大值。同时,在宿主植株的根冠比上,4 个接种组中根冠比最大的为 CI 处理(0.4661),其次是 GD 处理(0.4576)。而非接种组中,GD 和 CI 处理分别是对照的 2.26 倍和 2.68 倍,GM 和 GV 处理则较对照组低,但两者差异性不显著。这表明 GD 对根系生长的促进作用更大,且混合接种较单独接种处理的效应更明显。这是否提高了根系的抗旱性还有待于进一步研究。

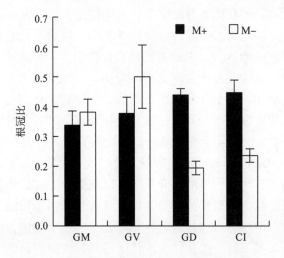

图 3-3　构树幼苗根冠比对 AM 处理的响应

5. 构树幼苗形态可塑性对接种 AM 真菌的响应

由表 3-2 可以看出，与对照组相比，混合接种处理构树幼苗生长 3 个月后，其形态分化出现了明显差异。除单株总叶片数没有显著差异外，其地茎、苗高、总叶面积、地上生物量和地下生物量均出现显著差异。其中，混合接种组构树幼苗的地径、苗高和总叶面积最大，分别是对照组的 1.5 倍、2.2 倍、6.0 倍、4.2 倍和 3.0 倍；在单独接种下，地径、苗高和总叶面积分别是对照组的 1.6 倍、2.3 倍和 4.0 倍。这表明接种 AM 真菌能够引起宿主植物幼苗形态构件上的分化，并显著地促进构树幼苗的生长。

表 3-2　构树幼苗接种处理下的表型特征

菌种类型	构树	地径/cm	苗高/cm	总叶面积/cm²	总叶片数
GM	M+	0.1238±0.0546 a	8.653±1.038 a	39.165±2.972 a	6.3±0.1 a
	M-	0.1024±0.0170 b	3.591±0.394 b	9.472±2.314 b	6.1±0.1 a
GV	M+	0.1269±0.0793 a	8.357±0.765 a	37.452±3.278 a	6.1±0.2 a
	M-	0.0986±0.0638 b	3.284±0.251 b	8.695±1.003 b	6.4±0.1 a
GD	M+	0.1442±0.0521 a	9.576±1.471 a	45.683±3.629 a	5.9±0.2 a
	M-	0.0924±0.0137 b	4.102±0.395 b	11.213±1.492 b	6.2±0.1 a
CI	M+	0.15075±0.0287 a	10.35±1.197 a	65.375±4.863 a	6.2±0.1 a
	M-	0.10075±0.0471 b	4.625±0.068 b	10.875±1.856 b	5.8±0.2 a

注：表中数据为平均值±标准误，同一列不同字母表示不同处理间差异达到显著水平。下同。

3.1.3　讨论

Harler 和 Smith(1983)认为，AM 菌根植物的生长是取决于真菌对宿主植物提供的营养物质的增加(促进因素)和真菌本身对碳水化合物的消耗(减弱因素)之间的平衡。本实验结果显示，菌根化处理提高了构树幼苗对土壤中 N、P 营养元素的吸收，同时增强了构树幼苗叶绿素 a 和叶绿素 b 及总叶绿素的提高。由于营养元素的积累和光合强度的增加，接种处理的构树幼苗较非接种处理生物量增加，并在形态上产生差异：苗高增加、地茎增大、总叶面积增加、地上部分和地下部分干重增加，这与毛永民和鹿金颖(2000)以及齐国辉等(1997)的研究结果一致。在混合接种处理下，各菌种对宿主植株的共同作用表现出较单独接种更大的生物量促进效应。最近研究发现，混合接种 AM 菌根真菌和 2 种固氮细菌的苜蓿(*Medicago sativa*)在重量、根瘤数、大量和微量元素的含量等方面较单一接种有显著增加，表现出明显的协同效应，这从另一方面说明混合接种下菌根真菌可以通过协同作用来提高宿主植物的资源利用，从有利于宿主植物生物量的积累来看，表现为增加其生物量。可能的原因是各菌种相互调节，从土壤中摄取更多的养分资源供给宿主植株，植株获取养分后使得体内生理代谢活跃，进而提高光合产物，以生物量的形式表现出来。宿主植物把一些光合产物(如糖分或碳水化合物)运输于根系供 AM 菌丝繁殖生长之用，这样就使得菌丝体在土壤中更快地增长，从而又为宿主摄取营养，供宿主植物生长。混合接种较单独接种具有更强的依赖性，说明接种处理的生物量增加更是菌根真菌的促进效应的结果。

3.2 接种丛枝菌根菌剂对盆栽和大田苗木根系性状和生物量分配的影响

喀斯特地区岩性主要以石灰岩为主(李瑞玲等，2003)，其土壤是石灰性土壤(发育于石灰质岩的岩成土)，pH 呈微碱性，速效氮、速效磷含量低，适生树种不多，加之土层薄且有效水分缺乏，植物常受干旱胁迫。光皮树(*Cornus wilsoniana* Wanger)又名油树、狗骨木、光皮木等，为山茱萸科梾木属，是我国重要的生态经济树种和优良的木本油料树种(李昌珠等，2010)。该树种喜钙耐碱，耐干旱瘠薄，属石灰岩地区适生树种。光皮树油作为食用油，可降低胆固醇，防治高血脂；还可作为生物柴油，其燃烧特性和动力性能接近 0#柴油，是一种优良的代用燃料。丛枝状菌根是一种内生菌根，可与被子植物、裸子植物、蕨类植物和藻类植物形成互惠共生体，90%的维管植物有此现象(刘润进和李晓林，2000)。研究表明，丛枝菌根不仅能促进植物的生长(Wang et al., 2011；常河等，2009；陈志超等，2008)、提高植物养分吸收的能力(Veresoglou et al., 2011；冯海艳等，2003)、增强植物的抗逆性(朱先灿等，2010；赵金莉和贺学礼，2007)(例如：抗干旱、耐瘠薄和重金属污染等)和抗病性，还能提高土壤活性、改善土壤结构和改良土壤理化性质，促进生态系统向平衡的方向演化(刘润进和李晓林，2000)。本实验选取石灰岩地区生长的光皮树为研究对象，以石灰岩土壤基质为材料进行 AM 菌剂的接种实验，测定光皮树幼苗形态特征指标和生物量指标，以期了解光皮树对 AM 真菌接种的生长发育响应，这对研究石灰岩地区适生植物的适应机理、菌根化育苗技术以及石灰岩退化生态系统恢复具有重要的理论和实践意义。

3.2.1 材料与方法

1. 研究材料

种子于 2009 年购于江西九江林科所。于 2010 年 1 月上旬将光皮树种子与河沙混合后放置在室外苗圃地内低温沙藏处理，于 3 月上旬取出。菌种采用德国生产的 Amykor 内生菌根菌剂(>200000 菌根单位/升)。

2. 实验处理

实验分大田栽培(cultured in field，CF)和盆栽(cultured in pot，CP)两种处理，在两种栽培方式下又分为接种 AM 菌剂(AMF^+)处理和非接种(AMF^-)处理，共四种组合，每种组合设置 5 个重复。①大田栽培处理：于 2010 年 3 月上旬对苗圃地深翻土壤，土壤类型为石灰土，整理成 1.5m 宽苗床，播种前 7d 用 5%的福尔马林溶液按照 $50mL/m^2$ 均匀喷施苗床，然后用塑料膜覆盖 5d，翻晾无气味后播种。播种时将苗床整理成 15cm(宽)×10cm(深)×

150cm(长)的播种沟，沟间距 20cm。3 月中旬进行菌根菌剂接种，先将 Amykor 内生菌根菌剂播入播种沟，每沟放入 100mL 菌剂，播 50 粒光皮树种子，播种完毕用塑料薄膜覆盖。对照非接种处理不放入菌根菌剂，其他操作与前相同。待光皮树幼苗长出后，揭去塑料薄膜，并进行常规浇水、除草处理，但不施任何肥料。2011 年 5 月进行苗木形态和生理指标测定。②盆栽育苗处理：2010 年 3 月将石灰土在 0.14MPa，124~126℃下连续灭菌 1h，塑料花盆灭菌 30min。接种前将灭菌土按 2.5kg/盆装入规格为 190mm×150mm 的塑料花盆内备用。将低温沙藏处理的种子放入 0.5% $KMnO_4$ 溶液中浸泡 10min，用无菌水冲洗 3 次后放入花盆，实验组按 20mL/盆的剂量接种 AM 菌剂，对照组不接种，放在室外露天培养。2011 年 5 月进行苗木形态和生理指标的测定。

3. 指标测定

菌根侵染率的测定参照 Phillips 和 Hayman 方法(Phillips and Hayman，1970)，以侵染根段占总根段的百分比为菌根侵染率。形态指标和生物量的测定：①实验结束后，用直尺测量株高，用游标卡尺测量基径。②小心地将整个植株挖出，用自来水洗净泥土，将根、茎和叶分开，所有叶片用扫描仪扫描以获得叶片数和总叶面积。③之后，根、茎、叶于 80℃烘干至恒定质量，称量各部分干重并计算参数：根生物量比(root mass ratio，RMR，根质量/总生物量)、茎生物量比(stem mass ratio，SMR，茎质量/总生物量)、叶生物量比(leaf mass ratio，LMR，叶质量/总生物量)、根冠比(root to shoot ratio，R/S，根质量/地上生物量)和比叶面积(specific leaf area，SLA，总叶面积/叶质量)。

4. 数据处理

以上数据用 SPSS11.5 软件进行统计分析，采用单因素方差分析(One-way ANOVA)和 Duncan 多重比较接种处理之间各项生物量和光合生理指标的差异性，用双因素分析(Two-way ANOVA)栽培方式与接种方式对光皮树幼苗的影响($P<0.05$)。

3.2.2 结果与分析

1. 丛枝菌根真菌的侵染率

光皮树幼苗生长 1 年后，测定其菌根侵染(表 3-3)。盆栽和大田栽培未接种植株侵染率分别为 0%和 14%，接种后，分别提高到 73%和 61%。

表 3-3　光皮树幼苗菌根侵染率

处理	CF-AMF$^+$	CF-AMF$^-$	CP-AMF$^+$	CP-AMF$^-$
侵染率	61%	14%	73%	0

2. 接种 AM 菌剂对光皮树幼苗生长发育的影响

大田栽培(CF)未接种植株与接种植株的株高、基茎、叶片数和总叶面积均存在显著性差异,接种植株分别是未接种植株的 1.4 倍、1.5 倍、1.9 倍和 2.6 倍(表 3-4)。接种后的盆栽植株的株高和基茎显著高于未接种植株,分别为未接种植株的 1.8 倍和 2.1 倍,而叶片数与总叶面积的差异不显著(表 3-4)。大田栽培与盆栽在接种 AM 菌剂条件下的生长指标存在显著性差异,大田栽培植株的株高、基茎、叶片数和总叶面积分别达到盆栽植株的 1.7 倍、1.9 倍、3.2 倍和 7.4 倍。没有接种 AM 菌剂的大田栽培植株与盆栽植株的株高和基茎差异显著,而叶片数和总叶面积则差异不显著。

表 3-4 接种丛枝菌根真菌对光皮树形态特征的影响

处理	株高/cm	基径/cm	叶片数	总叶面积/cm²
CF-AMF⁺	52.87±0.99 a	0.66±0.01 a	134.67±36.03 a	1264.20±340.44 a
CF-AMF⁻	39.00±0.88 b	0.44±0.02 b	70.75±10.95 b	489.69±104.17 b
CP-AMF⁺	31.18±1.72 c	0.34±0.04 c	42.50±3.20 b	171.15±23.20 b
CP-AMF⁻	17.55±3.57 d	0.16±0.03 d	23.50±5.12 b	83.02±11.33 b

3. 接种 AM 菌剂对光皮树生物量积累和分配的影响

从图 3-4 可以得出,大田栽培(CF)接种的枝菌根的植株的根、茎、叶生物量和总生物量都显著高于未接种的植株。盆栽(CP)接种与未接种植株之间根生物量和总生物量有显著差异,而茎生物量和叶生物量无显著性差异。从图 3-4 可以看出,无论是盆栽还是大田栽培,接种植株的根生物量比例都比未接种植株的小,茎生物量比例都比未接种植株的大;大田栽培接种植株比未接种植株的叶生物量比例大,盆栽接种植株比未接种植株小,但是大田栽培和盆栽的接种与未接种植株的根、茎和叶生物量比都无显著性差异。大田栽培和盆栽接种植株的根冠比和比叶面积都低于未接种植株,但无显著性差异。

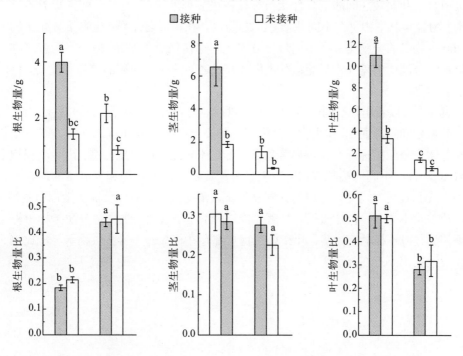

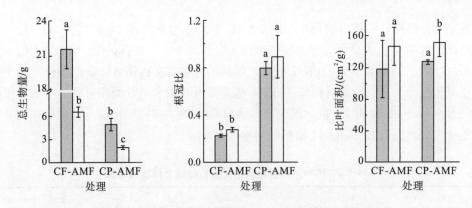

图3-4 接种丛枝菌根真菌对光皮树生物量分配的影响

大田栽培接种植株的根、茎、叶生物量、总生物量和叶生物量比例都显著大于盆栽接种植株，茎生物量比例也大于盆栽植株，但差异不显著；大田栽培接种植株的根生物量比例和根冠比显著小于盆栽接种植株；大田栽培植株和盆栽植株的比叶面积差异不显著。

大田栽培未接种植株和盆栽未接种植株的根生物量、茎生物量、茎生物量比例和比叶面积差异不显著，叶生物量、总生物量和叶生物量比例显著大于盆栽未接种植株；大田未接种植株的根生物量比例和根冠比显著小于盆栽未接种植株。

4. 不同栽培方式和AM菌剂对光皮树幼苗生长发育和生物量积累的双因素方差分析

对光皮树生长发育和生物量积累指标进行双因素方差分析得出(表3-5)，不同栽培方式(大田栽培和盆栽)条件下，植株的生长性状指标(株高、基径、叶片数和总叶面积)$P=0$，说明大田栽培和盆栽之间的生长性状指标存在极显著差异；生物量分配指标$P=0$，说明根、茎、叶生物量和总生物量在不同栽培方式之间也存在极显著差异；生物量分配比例中根生物量和叶生物量的分配比例在不同栽培方式之间存在极显著差异，但是不同栽培方式之间茎生物量的分配比例差异不显著；不同栽培方式之间的比叶面积的差异不显著，根冠比存在极显著差异。

从表3-5可以看出，不同的接种方式(接种和不接种)下，植株的生长性状指标(株高、基径、叶片数和总叶面积)和生物量分配指标的$P=0$，说明在不同的接种方式下生长性状指标和生物量分配指标都存在极显著差异；而各部分生物量分配比例、比叶面积和根冠比为$P>0.05$，说明不同的接种方式下生物量分配比例、比叶面积和根冠比的差异不显著。在接种方式和栽培方式交互作用的共同影响下，光皮树幼苗的生长性状指标中基径、株高和叶片数差异不显著，总叶面积有显著差异，但不是极显著；生物量分配指标中根生物量有显著差异，但不极显著，茎、叶和总生物量都存在极显著差异；生物量分配比例、比叶面积和根冠比都不存在显著差异。

表 3-5　不同栽培方式和 AM 菌剂对光皮树生长和生物量的影响

指标		栽培方式		接种方式		栽培方式×接种方式	
		F	P	F	P	F	P
形态特征	株高	267.668	0.000**	108.696	0.000**	0.008	0.928
	基径	120.676	0.000**	51.563	0.000**	0.550	0.473
	叶片数	24.160	0.000**	8.553	0.013*	2.514	0.139
	总叶面积	32.378	0.000**	10.712	0.007**	6.782	0.023*
生物量分配	根生物量	25.272	0.000**	65.281	0.000**	7.019	0.021*
	茎生物量	55.233	0.000**	40.772	0.000**	17.523	0.001**
	叶生物量	190.734	0.000**	89.611	0.000**	60.450	0.000**
	总生物量	176.384	0.000**	125.163	0.000**	55.118	0.000**
生物量分配比例	根生物量比	73.684	0.000**	0.623	0.445	0.080	0.781
	茎生物量比	3.631	0.081	2.312	0.154	0.532	0.480
	叶生物量比	25.647	0.000**	0.078	0.784	0.368	0.555
比叶面积		0.149	0.706	1.848	0.199	0.009	0.926
根冠比		38.001	0.000**	0.586	0.459	0.067	0.780

注：*表示差异显著（$P<0.05$），**表示差异极显著（$P<0.01$）。

3.2.3　讨论

自然界中 90%的维管植物的根能够与菌根真菌形成丛枝菌根（刘润进和陈应龙，2007）。研究表明，这些菌根真菌能够通过在土壤中形成的菌丝网络来增加植物根系的吸收面积，从而增加根系对养分元素的吸收，以促进植物生长（Smith and Read，1997）。真菌对植物形态特征和生物量分配的影响已被大量报道，例如：接种 AM 真菌提高了植物幼苗生物量（赵昕等，2009，2006；何跃军等，2007）；丛枝菌根真菌促进积实生苗的生长（吴强盛等，2004）；接种菌根的喜树幼苗的根冠比大于不接种幼苗（赵昕等，2009）等。笔者于 2007 年和 2008 年两年对构树的研究得出，AM 真菌促进构树幼苗的苗高和地径的生长，观察到接种菌根能够促进构树幼苗根系发育，提高植株的根冠比（何跃军等，2008，2007；吴强盛等，2004）。本研究通过对大田栽培和盆栽光皮树植株幼苗进行接种和不接种处理，研究丛枝菌根真菌对光皮树幼苗生长性状指标和生物量分配的影响。本书对光皮树的研究得出，大田栽培未接种植株的株高、基径、叶片数和总叶面积均显著低于接种植株，这说明大田接种 AM 菌剂促进了光皮树幼苗组织分化。在接种 AM 菌剂的条件下，大田栽培与盆栽植株各生长指标存在显著性差异，在没有接种 AM 菌剂的条件下，大田栽培植株与盆栽植株的株高和基径差异显著，而叶片数和总叶面积则差异不显著，这是不是因为盆栽基质是灭菌基质，而大田基质没有灭菌，大田栽培条件下土壤里含有其他微生物和 AM 菌剂的协同作用（盛江梅和吴小芹，2007）促进了光皮树幼苗叶片的分化，还有待于进一步研究。无论是大田栽培还是盆栽，接种植株的根、茎、叶和总生物量都大于未接种植株，但是根冠比却小于未接种植株；盆栽植株的叶生物量比未接种的小，这说明接种 AM 菌剂促进了光皮树幼苗各部分组织发育，大田栽培条件下对茎、叶分化的促进作用更大，盆栽条件下对茎分化的促进作用更大。大田栽培植株的根冠比显著小于盆栽植株，这说明容器育苗更能促进根系的发育。大田栽培植株的茎、叶生物量在接种与未接种之间差异显著；而盆栽植株的茎、叶生物量在接种与未接种之间却无显著性差异，这是不是因为大田栽培条件下土壤里含有其他微生物和 AM 菌剂的协同作用促进了光皮树幼苗茎叶的分化，也有待于进一步研究。

3.3 接种丛枝菌根菌剂对大田樟树幼苗生长效应及抗病性的影响

菌根(mycorrhiza)是真菌与植物根系结合形成的共生体，是一种自然界中普遍存在的植物共生现象。菌根可分为外生菌根、内生菌根和内外生菌根。丛枝菌根属于无隔膜内生菌根(asptate-endotrophic mycorrhiza)，其不在根内产生泡囊，但形成丛枝的菌根，故称之为丛枝菌根(AM)。整个自然界大约有 90%的维管植物可以形成丛枝菌根(刘润进和陈应龙，2007)。菌根真菌的研究是目前的研究热点之一。研究涉及兰科、松科和杜金娘科的桉树(弓明钦等，2004；徐大平等，2004；陈应龙和弓明钦，1999)，以及珙桐科喜树(赵昕等，2006；赵昕和阎秀峰，2006)、桑科的构树(何跃军等，2008，2007a、b、c；宋会兴等，2007)、园艺作物(刘平，2010；吴强盛等，2004；姚青等，1999)、蔬菜作物(孟祥霞等，2001；秦海滨等，2007)等。樟树(*Cinnamomum camphora*(L.) Presl)具有四季常绿、树形优美等特点(田大伦等，2004)，现已成为西南喀斯特地区的重要造林树种和植被恢复树种之一(王丁等，2009)。目前，国内对樟树接种菌根的研究甚少，主要是铝胁迫研究(闫明和钟章成，2007)。这些研究主要是在室内控制条件下进行的，然而自然条件复杂多变，尤其是通过菌根苗木的规模化繁育来提高苗木质量和造林成活率在林业生产实践上显得更有意义，因此有必要采用菌根菌剂进行野外育苗技术实验，为林业生产和喀斯特生态系统的恢复和重建提供必要的基础理论和技术实践依据。

3.3.1 材料与方法

1. 实验材料

于 2009 年 11 月采自贵阳市花溪贵州大学南区同一香樟母树。播种前将香樟种子浸于 0.5%的高锰酸钾溶液中 2h，处理完毕后用清水冲洗 4 次，进行苗床接种。菌种：采用德国生产的 Amykor 内生菌根菌剂(>200000 菌根单位/升)。圃地：实验在贵州大学南区林学院苗圃地进行，土壤类型为石灰土。

2. 接种处理

于 2010 年 4 月上旬对苗圃地土壤进行深翻，整理成 1.5m 宽苗床，播种前 7d 用 5%的福尔马林溶液按照 50mL/m^2 均匀喷施苗床，然后用塑料膜覆盖 5d，翻晾无气味后播种。

播种时将苗床整理成 15cm(宽)×10cm(深)×150cm(长)的播种沟,沟间距 20cm。4 月中旬进行菌根菌剂接种,先将 Amykor 内生菌根菌剂播入播种沟,每沟放入 100mL 菌剂,播 50 粒香樟种子,播种完毕用塑料薄膜覆盖。对照处理不放入菌根菌剂,其他操作与前相同。45d 后香樟种子萌发出土,揭去塑料薄膜,并进行常规浇水、除草处理,但不施任何肥料。幼苗生长 40d 后对苗木进行每月一次的苗高和地径跟踪调查,5 月对苗木进行生物量和光合检测。

3. 指标测定

于幼苗培养 5 个月后对幼苗的生长和光合特性指标及感病情况进行测定。①光合日变化测定(净光合速率):采用美国生产的 LI-6400 便携式光合仪,在晴朗的天气下,分别从接种组和对照组幼苗中各选取 5 株具有代表性的幼苗进行测定并标记,再选出和所测幼苗长势相似的 5 株幼苗标记,待测。早晨 8 点开始进行测量,每隔 1h 循环测量一次。②生物量测定:采用称量法。将测定了光合日变化的幼苗从土壤取出,小心去除根系所带泥土,洗净,在烘箱中烘干,温度控制在 80℃,用电子天平进行称量。③叶绿素含量测定:采取标记了的幼苗的功能叶,采用浸提法对叶绿素 a 和叶绿素 b 以及总叶绿素含量进行测定。④香樟幼苗病害分级标准:Ⅰ级,新梢发病率 5%以下(不包含没发病幼苗),代表值 0;Ⅱ级,新梢发病率 6%~25%,代表值 1;Ⅲ级,新梢发病率 26%~50%,代表值 2;Ⅳ级,新梢发病率 51%~75%,代表值 3;Ⅴ级,新梢发病率 76%以上,代表值 4。感病率=(感病株数/调查总株数)×100%;感病指数=[∑(各病级代表数值×该级株数)/(调查总株数×最高病级代表数值)]×100。

4. 数据处理

所测定的数据用 SPSS17.0 统计软件和 Excel 完成。用 SPSS 软件对幼苗生物量及叶绿素含量数据进行独立样本 t 检验;苗高、地径及光合日变化数据进行配对样本 t 检验;对感病率进行二项分布检验。

3.3.2 结果与分析

1. 接种丛枝菌根真菌对香樟幼苗高和地径的影响

7 月时选择苗高差不多的幼苗进行跟踪测量,从图 3-5 中可以看出,接种丛枝菌根真菌促进了香樟幼苗高生长,7 月到 9 月接种组幼苗高生长较对照组迅速,9 月以后无论是接种组还是对照组的高生长都趋于平缓。从樟树幼苗地径的生长情况(图 3-5)看出,接种组和对照组幼苗的地径生长速度在 7 月到 8 月差不多,8 月以后接种组幼苗地径生长速度大于对照组地径生长速度。对接种组和对照组苗高、地径进行配对 t 检验结果如表 3-6 所示。结果为 $P_{苗高}=0.0034<0.05$,$P_{地径}=0.0111<0.05$,即接种组与对照组的苗高和地径均有显著性差异,表明接种丛枝菌根真菌促进了香樟幼苗高与地径的生长。

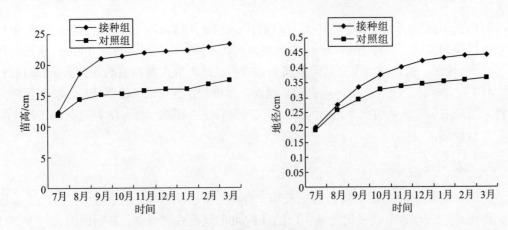

图 3-5　接种丛枝菌根真菌对樟树幼苗苗高和地径的影响

表 3-6　接种组与对照组苗高、地径配对 t 检验结果

	配对差值			t	df	P
	均值/cm	标准差	标准误			
苗高	4.8902	2.2981	0.9382	5.212	5	0.0034
地径	0.0529	0.0330	0.0135	3.9290	5	0.0111

2. 接种丛枝菌根真菌对香樟幼苗生物量的影响

从樟树幼苗生物量(表 3-7)可看出，接种组香樟幼苗单株根、茎、叶生物量显著高于对照组。接种组根、茎、叶分别是对照组的 6.02 倍、3.48 倍和 3.40 倍，说明接种丛枝菌根真菌能够促进香樟幼苗各部分的生物量积累。接种丛枝菌根真菌对香樟幼苗的促进效应从大到小为根>叶>茎。表 3-7 中，根、茎、叶独立样本 t 检验的 $P=0$，说明接种组和对照组的根、茎、叶和全株生物量之间存在极显著差异，也就是说，接种丛枝菌根能够促进香樟幼苗生物量的积累。

表 3-7　接种丛枝菌根菌剂樟树的幼苗生物量

处理	根	茎	叶	全株
接种组	1.4692±0.09522	0.9870±0.03757	2.0792±0.13756	4.5290±0.23756
对照组	0.2429±0.10540	0.2837±0.04472	0.6101±0.10193	1.2317±0.23131
df	8	8	8	8
t	7.964	12.042	8.544	9.945
P	0.000	0.000	0.000	0.000

3. 接种丛枝菌根真菌对香樟幼苗光合特性的影响

1) 对叶绿素含量的影响

从接种丛枝菌根菌剂樟树幼苗的叶绿素含量(表 3-8)看出，相对于对照组，接种丛枝菌根菌剂后樟树幼苗叶片叶绿素 a 的含量提高 47.02%，叶绿素 b 的含量提高 43.61%，总叶绿素的含量提高 46.27%。从表 3-8 还可看出，叶绿素 a、叶绿素 b 及总量的 P 值均小于 0.05，说明接种组与对照组叶绿素含量之间有显著性差异，因此，接种丛枝菌根菌剂可促进樟树幼苗光合色素的积累。

表 3-8 接种丛枝菌根菌剂樟树幼苗的叶绿素含量

处理	叶绿素含量/(mg/g)		
	叶绿素 a	叶绿素 b	总叶绿素
接种组	0.5816±0.04164	0.1653±0.01528	0.7470±0.05581
对照组	0.3956±0.02222	0.1151±0.00657	0.5107±0.02521
df	8	8	8
t	3.941	3.019	3.858
P	0.004	0.017	0.005

2) 对光合日变化的影响

从两处理的光合日变化(以净光合速率表示)的变化趋势(图 3-6)可以看出，接种组的净光合速率总体上高于对照组。8:00 接种组的净光合速率与对照组的差异不大；8:00～17:00 接种组的光合产物积累速率大于对照组；11:00～12:00 两组的净光合速率均有下降趋势，然后又上升，这可能是这段时间天空有云，光照强度减弱导致；接种组在 13:00 时达最大值，此后净光合速率逐渐降低；15:00～17:00 接种组的净光合速率与对照组相比差异不明显，接种组净光合速率略高，可能与下午光照强度减弱有关；17:00 后两组的净光合速率持平；18:00 两组的净光合速率都为负值，且处于同一水平，这可能是因为此时光照很弱致使植物光合作用不再进行，呼吸作用消耗有机物的量大于光合作用产物的量，呼吸作用变化不大，导致此时净光合速率持平。从净光合速率 t 检验结果看出，接种组和对照组的净光合速率之间有显著性差异($P=0.0027<0.05$)。由此可知，接种丛枝菌根菌剂可提高樟树幼苗的净光合速率。

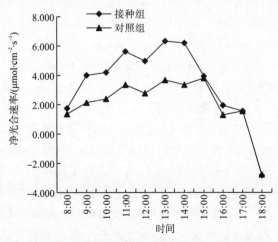

图 3-6 接种丛枝菌根菌剂樟树幼苗的净光合速率

4. 幼苗感病情况

2010 年 10 月调查发现，幼苗对照（非接种处理）叶片出现萎缩，并出现白斑，这是由香樟子囊菌中的白粉菌类所引起的，而接种菌剂处理的幼苗则不明显。从幼苗感病情况（表 3-9）看出，接种组的总感病率为 6.074%，感病指数为 1.819；对照组的总感病率为 36.318%，感病指数为 23.798。对照组感病率大约为接种组感病率的 6 倍，对照组感病指数约为接种组感病指数的 13 倍。

从各级病害感病率及 P 值（表 3-9）看出，接种组 I 级病害的感病率虽大于对照组，但 Ⅱ~Ⅳ 级病害感病率接种组显著小于对照组。由此可知，接种丛枝菌根菌剂总体上提高了樟树幼苗的抗病性。

表 3-9 樟树幼苗感病情况

处理	总幼苗数	总感病幼苗数	病级代表值（该级幼苗数/株）	感病率/%	总感病率/%	感病指数	P
接种组	1136	69	0(23)	2.02	6.07	1.8190	$P(0)=0.003$；$P(1)=0$；$P(2)=0$；$P(3)=0$；$P(总)=0$
			1(33)	2.91			
			2(10)	0.88			
			3(3)	0.26			
对照组	402	148	0(1)	0.25	36.82	23.798	
			1(38)	9.45			
			2(78)	19.40			
			3(31)	7.71			

3.3.3 结论与讨论

在恢复生态学中，菌根真菌的研究已渗透到各个方面：改善植物对养分的吸收（陈梅梅等，2009；宋会兴等，2007；何跃军等，2007；赵昕和阎秀峰，2006）、提高植物抗性（弓明钦等，2004；任安芝等，2005；赵平娟等，2007）等生理功能；系统养分循环（Read and Perez-moreno，2003）、影响群落结构（Casper and Castelli，2007；Scheublin et al.，2007；Van der Heijden et al.，1998）、介导植物竞争（Facelli and Facelli，2002；Ayres et al.，2006）、生物入侵防治（阎秀峰和王琴，2002）等生态功能。就本实验而言，接种丛枝菌根真菌促进香樟幼苗各部分组织的分化，表现在促进苗高和地径的生长（图 3-5），促进幼苗根、茎、叶和全株生物量积累（表 3-7）。这与许多研究结论相符（陈梅梅等，2009；何跃军等，2008，2007；赵昕和阎秀峰，2006），例如，有学者研究发现外生菌根能够促进辽东栎幼苗生长（阎秀峰和王琴，2002）；丛枝菌根真菌能够促进喜树幼苗生物量的积累（何跃军，2006）；摩西球囊霉、透光球囊霉等促进构树幼苗的苗高、地径的生长（何跃军等，2008）；在不同水分件下丛枝菌根真菌能够促进枳实生苗的生长（吴强盛等，2004）。植物通过叶绿素等光合色素利用光能把 CO_2 和水制造成有机物，植物叶片中叶绿素的含量高低影响光合速率。

赵昕等(2009)发现,蜜色无梗囊霉菌根能够提高喜树幼苗叶片的净光合速率(Pn),丛枝菌根能够提高喜树幼苗叶片叶绿素 a 含量、总叶绿素含量、叶绿素 a/b 和类胡萝卜素含量;何跃军等(2008)和赵忠等(2003)也得出一致的结果。抗病性实验结果表明:接种组Ⅰ级病害的感病率大于对照组,Ⅱ~Ⅳ级病害感病率显著小于对照组。由此可知,接种丛枝菌根菌剂能提高香樟幼苗抗病性,接种后使香樟幼苗的感病程度不再加深,而对照组幼苗的感病程度则加深为Ⅱ~Ⅳ级。黄京华等(2003)提出,丛枝菌根提高植物抗病性的机制主要在于植物营养得到改善、竞争作用、根系形态结构的改变、根际微生物区系变化、诱导抗性及诱导系统抗性。本实验的结果显示,接种丛枝菌根菌剂后抗病性显著提高,但是哪一种机制起到了主要作用也是正在逐步探索的课题。

第4章　丛枝菌根对喀斯特适生植物光合生理调节

4.1　喀斯特土壤中光皮树接种丛枝菌根菌剂的光合生理响应

4.1.1　材料与方法

1. 实验材料

实验材料见 3.2.1 节。

2. 实验处理

实验处理见 3.2.1 节。

3. 指标测定

叶片气体交换参数的测定时间是 9:00~11:00。植株在饱和光强下完成光诱导后，选取从上到下数的第 4 片对叶，使用 Li-6400 便携式光合系统直接测定叶片气体换系数。每次在 400μmol/L CO_2 和 1000μmol/($m^2 \cdot s$)光强下测定叶片的光合生理指标。测定参数包括净光合速率(Pn)、蒸腾速率(Tr)、气孔导度(Gs)、气温(Ta)、叶温(Tl)、空气相对湿度(RHi)、胞间 CO_2 浓度(Ci)。水分利用效率(WUE)=Pn/Tr(Nijs et al.，1997)、光能利用效率(LUE)=Pn/PAR(Penuelas et al.，1998)、CO_2 利用效率(CUE)=Pn/Ci(何维明和马风云，2000)。光合色素含量的测定：采用"浸提法"(刘萍和李明军，2007)用岛津 5220 分光光度计测定叶绿素含量。菌根侵染率的测定：参照 Phillips 和 Hayman(1970)的方法测定菌根侵染率，以侵染根段占总根段的百分比为菌根侵染率。总生物量测定：收获植株于 80℃烘干至恒重，称重。

4. 数据处理

实验数据用 SPSS11.5 软件进行统计分析，采用单因素方差分析(One-way ANOVA)和 Duncan 多重比较接种处理之间各项生物量和光合生理指标的差异性，用双因素分析(Two-way ANOVA)栽培方式与接种方式对光皮树幼苗的影响($P<0.05$)。

4.1.2 结果与分析

1. 丛枝菌根真菌的侵染率

光皮树幼苗生长 1 年后测定其菌根侵染率，结果见表 4-1。盆栽和大田栽培未接种植株侵染率分别为 0% 和 14%，接种后，分别提高到 73% 和 61%。

表 4-1 光皮树幼苗菌根侵染率

处理	CF-AMF$^+$	CF-AMF$^-$	CP-AMF$^+$	CP-AMF$^-$
侵染率	61%	14%	73%	0

2. 接种丛枝菌根真菌后光皮树的生物量

从图 4-1 可以看出，接种 AMF 菌剂后，无论大田栽培还是盆栽方式，光皮树的总生物量都显著增大，增幅分别达到 227% 和 163.8%，可见 AMF 菌剂对增加石灰土基质中光皮树的生物量作用非常明显。

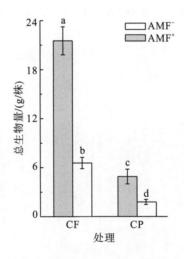

图 4-1 接种丛枝菌根真菌对光皮树表型的影响

3. 接种丛枝菌根真菌对光皮树气体交换的影响

接种 AMF 菌剂后，无论是大田栽培还是盆栽，光皮树的净光合速率、蒸腾速率和气孔导度都显著增大，且 2 种栽培方式的差异也达到显著水平（图 4-2）。与对照组相比，大田栽培和花盆栽培接种 AMF 菌剂后，光皮树的净光合速率、蒸腾速率和气孔导度分别提高了 39.9%、26.2%、35.7% 和 81.1%、54.8%、47.7%。

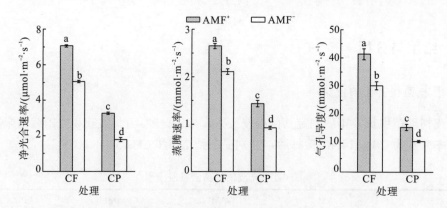

图 4-2　光皮树幼苗不同栽培方式接种 AM 菌剂后净光合速率、
蒸腾速率和气孔导度的变化(平均值±标准误)

4. 接种丛枝菌根真菌对光皮树资源利用效率的影响

接种 AMF 菌剂后，大田栽培和盆栽光皮树的 3 种资源利用效率均显著提高，且 2 种栽培方式中光能利用效率和 CO_2 利用效率差异也达到显著水平(图 4-3)。大田栽培和盆栽中光皮树水分利用效率、光能利用效率和 CO_2 利用效率较对照分别提高 10.2%、39.9%、35.6%和 24.6%、81.1%、85.7%，且盆栽光皮树接种 AMF 菌剂后，其水分利用效率与大田栽培的比较接近。

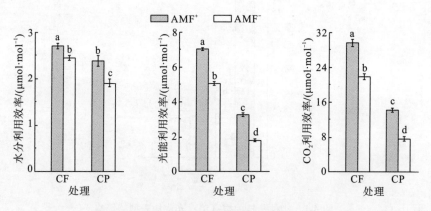

图 4-3　光皮树幼苗不同栽培方式接种 AM 菌剂后水分利用效率、
光能利用效率和 CO_2 利用效率的变化(平均值±标准误)

5. 接种丛枝菌根真菌对光皮树叶绿素的影响

由表 4-2 可以看出，大田栽培光皮树的叶绿素 a、叶绿素 b 和总叶绿素的含量，在接种 AMF 菌剂后，较对照组增大了 13%左右，差异达到显著水平；接种 AMF 盆栽光皮树的叶绿素 a、叶绿素 b 和总叶绿素的含量较对照组增大了约 19%；大田栽培的含量均显著高于盆栽的。叶绿素 a 与叶绿素 b 的比值在两种栽培方式下均有所提高，但与对照组比无

第4章 丛枝菌根对喀斯特适生植物光合生理调节

显著性差异。

表 4-2 接种丛枝菌根真菌对光皮树叶绿素的影响

	叶绿素 a/g	叶绿素 b/g	总叶绿素/g	叶绿素 a/b
CF-AMF$^+$	1.83±0.09 a	0.69±0.04 a	2.52±0.12 a	2.69±0.02 a
CF-AMF$^-$	1.62±0.12 b	0.61±0.04 b	2.23±0.16 b	2.65±0.05 ab
CP-AMF$^+$	1.34±0.09 c	0.52±0.03 c	1.86±0.12 c	2.60±0.03 bc
CP-AMF$^-$	1.12±0.06 d	0.44±0.02 d	1.56±0.08 d	2.54±0.03 c

注：表中数据为平均值±标准误，同一列不同字母标记表示不同处理间差异达到显著水平（$P<0.05$，采用 Duncan 法进行多重差异性比较）。下同。

6. 栽培方式和接种对光皮树光合指标的双因素方差分析

由表 4-3 可以看出，栽培方式（大田和盆栽）和接种方式（接种与非接种）对光皮树的生物量、净光合速率、蒸腾速率、气孔导度、水分利用效率、光能利用效率和 CO_2 利用效率有极显著的影响；栽培方式对叶绿素 a 和总叶绿素的影响极显著，对叶绿素 b 的影响显著；接种对叶绿素 a、叶绿素 b 和总叶绿素影响显著；栽培方式与接种双因素互作仅对生物量、净光合速率和光能利用效率影响极显著，对气孔导度和叶绿素 a/b 影响显著；栽培方式和接种方式对叶绿素 a/b 影响均不显著。

表 4-3 光皮树光合指标的双因素方差分析

	栽培方式		接种方式		栽培方式×接种方式	
	F	P	F	P	F	P
生物量	436.9218	0.0000**	307.2772	0.0000**	46.1848	0.0000**
净光合速率	1911.2300	0.0000**	81.7278	0.0000**	2.0528	0.0009**
蒸腾速率	506.7164	0.0000**	100.1466	0.0000**	0.2167	0.6425
气孔导度	277.0891	0.0000**	35.9710	0.0000**	4.9264	0.0286*
水分利用效率	28.1359	0.0000**	20.2791	0.0000**	1.8969	0.1714
光能利用效率	1911.2300	0.0000**	81.7278	0.0000**	2.0528	0.0009**
CO_2 利用效率	614.4665	0.0000**	144.7866	0.0000**	0.8704	0.3530
叶绿素 a	13.6445	0.0006**	6.209892	0.0207*	1.3323	0.2546
叶绿素 b	5.5510	0.0229*	3.0287	0.0806*	0.4758	0.4939
叶绿素 a+b	11.4089	0.0015**	7.1514	0.0415*	0.0200	0.8880
叶绿素 a/b	3.3189	0.0753	2.0462	0.1597	5.0187	0.0302*

注：*表示差异显著（$P<0.05$），**表示差异极显著（$P<0.01$）。

4.1.3 结论与讨论

叶绿素是植物进行光合作用的主要色素，在光能吸收、传递、转换中起着重要作用，其含量的增加则有利于叶片捕获更多的光能,为光合作用所利用(冯玉龙等,2002),因而叶绿素含量的高低与植物光合作用水平的强弱密切相关。叶绿素中有一部分叶绿素 a 在光反应中负责将光能转变为化学能,叶绿素 b 则负责光能的捕获和传递。本实验中接种过 AMF 菌剂的光皮树叶绿素 a、叶绿素 b 和总叶绿素的含量较对照均显著提高,所以接种 AMF 菌剂后,光皮树通过提高叶绿素含量进而提高净光合速率,增强光合效率,类似的结果在 Sheng 等(2008)的研究中也有揭示。叶绿素 a 与叶绿素 b 的比值反映了植物利用弱光的能力,比值低者比高者更耐阴(张秋英等,2005),接种 AMF 菌剂后,光皮树叶绿素 a/b 有所提高,这与赵金莉和贺学礼(2007)的研究相似。在光照充足的喀斯特地区提高叶绿素 a/b 的值是有利的,因为接种菌剂后,有利于提高光能利用效率。接种 AMF 菌剂对促进植物的生长和光合作用在一些物种上已有报道。Wu 和 Xia(2006)在研究地表球囊霉(*Glomus versiforme*)对柑橘(*Citrus tangerine*)的影响中发现,接种后,净光合速率、蒸腾速率和气孔导度均显著增大。Sánchez-Blanco 等(2004)发现,沙漠球囊霉(*Glomus deserticola*)提高了迷迭香(*Rosmarinus officinalis*)叶片的光合速率、增加了气孔导度,水分胁迫下促进作用更加显著。Morte 等(2000)在向日葵上也得出接种菌根能提高蒸腾速率、气孔导度和净光合速率等结论。一般情况下,接种 AMF 真菌的植物净光合速率、蒸腾速率和气孔导度比不接种植物高(朱先灿等,2010;何跃军等,2008;Augé,2001),本实验结果也证明了这一点。由此可知,AMF 菌剂增强寄主植物的光合作用是非常普遍的现象。

Sheng 等(2008)在研究盐胁迫和摩西球囊霉(*Glomus mosseae*)对玉米(*Zea mays*)光合作用的影响中指出,AMF 能提高宿主植物叶片的净光合速率和水分利用效率,促进植物的生长。Cowan(1977)认为,植物对环境的适应使得水分利用效率达到最高,即气孔的开度在植物得到 CO_2 和失去水分的调节中符合最优控制原则。在有利于 CO_2 同化时,气孔导度增加;在有利于蒸腾作用时,气孔导度减小,使叶片在一天中以有限的水分散失来获得最大的 CO_2 同化量。本研究发现,接种 AMF 菌剂后,石灰土基质上大田栽培和盆栽光皮树的水分利用效率均显著提高,而土壤水分亏缺是石灰岩地区的典型特征,接种 AFM 菌剂能够提高光皮树水分利用效率,增强其抗旱能力,这无论对菌根化育苗,还是石灰岩生态恢复都具有极其重要的实践意义。生物量的大小是植物种群净光合作用能力的直接体现(任安芝和高玉葆,2005),生物量的变化是反映菌根效应的最直观的指标(常河等,2009)。有研究表明,菌根共生体形成过程中能够产生多种生长刺激物质,从而刺激根部的生长(蒋家淡等,2001)。此外,外生菌丝的存在扩大了宿主根系的吸收面积,促进了根系对根际以外氮、磷的吸收(陈志超等,2008;冯海艳等,2003),提高了宿主体内的氮、磷含量,改善了宿主体内养分状况,从而增加了宿主干物质产量。本实验中,由于接种 AMF 菌剂,植株菌根侵染率大大提高,显著地影响着净光合速率(表 4-3),光合能力的相应提高、光皮树幼苗在单位时间内同化的干物质增加,从而导致接种株的总生物量显著提高。本实验中选用 2 种栽培方式培育一年生光皮树幼苗,大田菌根化育苗在生物量、净光合速率和水分利用效率等方面都表现出比盆栽方式更为明显的优势,但实际应用到石灰岩治理中还应视具体情况选择更加适合于当地生境和气候条件的幼苗。

4.2 构树幼苗接种不同丛枝菌根真菌的光合特征

构树是我国南方石灰岩地区广泛分布的适生物种之一,其适合在海拔 1400m 以下的山地及平原地区生长,年平均气温要求 6~22℃、年均降水量 400~1600mm、喜光、耐旱瘠薄、对土壤条件的适应能力强,是石灰岩地区植被生态系统演替过程中的一个重要物种,同时也是南方喀斯特地区植被恢复的重要造林树种之一。在石灰岩土壤上生长的许多植物(如鬼针草等)中发现了 AMF 的存在(李建平等,2003;雷增普等,1991),也有人发现在金沙江干热河谷地带构树被 AMF 侵染形成 AM,且每 100g 根际土壤中 AMF 孢子数量为 2220 个(Li et al.,2004),但是对石灰岩生境下构树丛枝菌根形成及其石灰岩生态系统中的生态学意义尚缺乏充分的认识和研究。近年来,应用菌根促进植物生长的研究较多(Gehring,2003;何兴元等,2002;阎秀峰和王琴,2002,2004),AMF 改变植物根际环境的研究已有不少报道(黄艺等,2000;冯固等,1999,1997;弓明钦,1997),菌根是否是石灰岩系统中植物演替恢复的重要对策成为探索石灰岩生态系统植被恢复的重要问题。开展石灰岩地区石漠化基质上适生种群和菌根真菌关系的生态学研究,是石灰岩地区进行菌根化育苗造林和植被恢复的一条重要途径。本实验选取石灰岩地区生长的适生植物构树为研究对象,以石灰岩土壤基质为材料进行 AMF 的接种实验,测定构树幼苗生长、生理指标,以期了解 AMF 对植物光合生理响应,这对研究石灰岩地区适生植物的适应机理以及石灰岩退化生态系统恢复具有重要的理论和实践意义。

4.2.1 材料与方法

1. 实验材料

菌种(北京市农林科学院植物营养与资源研究所购得):摩西球囊霉(*Glomus-mosseae*,GM),新疆的新疆韭根际分离,约 300 个孢子/20 克;地表球囊霉(*Glomus-versiforme*,GV),北京的高粱根际分离,约 1000 个孢子/20 克;透光球囊霉(*Glomus-diaphanum*,GD),新疆的水稻根际分离,约 900 个孢子/20 克。构树种子采于贵阳花溪石灰岩山上同一构树(*Broussonetia papyrifera*)。土壤基质取自重庆北碚鸡公山石灰岩山上石灰土。其样地土壤剖面理化性质:土壤 pH 为 6.18,有机质含量 2.68%,碱解氮 68.35mg·kg^{-1},速效钾 108.41mg·kg^{-1},交换性钙 2326.40mg·kg^{-1},全钾 14.62g·kg^{-1},全磷 0.46g·kg^{-1},全氮 1.34g·kg^{-1}。

2. 实验处理

实验分接种组(M+)和对照组(M-),每一个组内分单独接种(single-inoculation,SI)和混合接种(co-inoculation,CI)处理,每个处理 5 个重复。将构树种子在 10%的 H_2O_2 内浸泡 20min,用无菌水冲洗 3 次进行种子灭菌处理。同时,将野外取回的石灰土喷 5%苯酚溶液 4mL/m^2 后在 0.14MPa、124~126℃条件下连续灭菌 1h 后作为幼苗培养基质备用。

在同样条件下将塑料花盆高压灭菌 30min。将灭菌基质称取 1.5kg/盆装入规格为 190mm×150mm 的塑料花盆内，备用。

接种处理：

(1)接种组(M+)。①混合接种：等量称取以上菌剂 GM、GV、GD 共 20g 均匀混合，平铺于已装盆的灭菌土表面，播入灭菌构树种子，再放入一层疏松的表土覆盖种子及菌剂(一方面使种子保湿，另一方面隔离外界杂菌的污染)。每个处理各 5 个重复，该接种处理为 CI。②单独接种：以同样的方法称取以上菌种各 20g 于已装土的备用盆内，均匀铺平后放入构树种子，然后放上疏松表土，每个菌种处理 5 个重复，该接种处理为 SI。①、②处理后放入培养室，每天用无菌水浇注，待幼苗出土后一个月换用蒸馏水。

(2)对照组 CK(M-)。该组不接种 AM 菌。①混合接种对照：等量称取以上菌剂 GM、GV、GD 共 20g 均匀混合，进行 0.14MPa、124~126℃灭菌 20min 后均匀铺于灭菌土上，同样称取等量混合菌剂共 20g 加入 200 mL 无菌水浸泡 10min 后用双层滤纸过滤，取其滤液 10mL 加于灭菌接种物上以保证除了目的菌种以外的其他微生物的区系一致，然后播入灭菌构树种子，覆盖灭菌土以作为混合接种对照处理。每个处理 5 个重复。②单独接种对照：同样称取各菌种 20g，进行 0.14MPa、124~126℃灭菌 20 min 后均匀铺于灭菌土上，再将各未灭菌菌剂称取 20g 分别加入 200mL 无菌水浸泡 10min 后用双层滤纸过滤，分别取其滤液 10mL 加于灭菌接种物上，然后播入灭菌构树种子，覆盖灭菌土以作为单独接种对照。每个处理 5 个重复。

3. 指标测定

幼苗培养 3 个月后进行生长及生理指标测定。光合速率、蒸腾速率、气孔导度测定：选取顶叶向下第三叶片(功能叶)，采用美国 CID 公司生产的 CI-310 便携式光合测定系统直接进行测定，外加 1000lx 稳定光源，在开路系统下测定。测定时外置一 50L 的气流稳定器以保证数据采集的稳定性。每个处理测定 5 个重复。光合色素用浸提法(张志良和瞿伟菁，2004；王晶英和敖红，2003)测定。菌根侵染率的测定采用酸性品红染色，然后用感染长度计算法测定菌根侵染率(阎秀峰等，1994)。

4. 数据处理

SPSS 13.0 统计分析软件，Excel。

4.2.2 结果与分析

1. AMF 接种处理对构树幼苗菌根侵染率的影响

幼苗生长 3 个月后测定其菌根侵染率结果，见表 4-4。在 GM、GV、GD 和 CI 四种处理中，侵染率最高的为 CI 混合接种处理，达到 83.41%，最低的为透光球囊霉 GD(68.05%)。在 M-未接种处理中，各处理侵染率均为 0%。

表 4-4 接种 AMF 处理对构树幼苗侵染率的影响

处理	侵染率/%	
	M+	M-
GM	76.5±4.61	0
GV	71.63±3.30	0
GD	68.05±5.12	0
CI	83.41±4.37	0

2. 接种 AMF 对构树幼苗表形特征的影响

统计分析表明，CI 处理构树幼苗 3 个月后，其形态分化出现了明显差异。除单株总叶片数没有显著差异外，其地径、苗高、总叶面积均出现显著差异。在所有接种处理中混合接种组构树幼苗表现了最大的地径、苗高和总叶面积。CI 处理下，地径接种处理是对照组的 1.5 倍，苗高是对照组的 2.2 倍，总叶面积是对照组的 6 倍，地上生物量是对照组的 4.2 倍，地下生物量是对照组的 3 倍。在单独接种下，地径接种处理是对照组的 1.6 倍，苗高为对照组的 2.3 倍，总叶面积为对照组的 4 倍。无论何种接种处理，M+与 M-之间总叶片数没有显著差异(表 4-5)。

表 4-5 构树幼苗接种处理下的表型特征

菌种类型	构树	地径/cm	苗高/cm	总叶面积/cm^2	总叶片数
GM	M+	0.1238±0.0546 a	8.653±1.038 a	39.165±2.972 a	6.3±0.1 a
	M-	0.1024±0.0170 b	3.591±0.394 b	9.472±2.314 b	6.1±0.1 a
GV	M+	0.1269±0.0793 a	8.357±0.765 a	37.452±3.278 a	6.1±0.2 a
	M-	0.0986±0.0638 b	3.284±0.251 b	8.695±1.003 b	6.4±0.1 a
GD	M+	0.1442±0.0521 a	9.576±1.471 a	45.683±3.629 a	5.9±0.2 a
	M-	0.0924±0.0137 b	4.102±0.395 b	11.213±1.492 b	6.2±0.1 a
CI	M+	0.15075±0.0287 a	10.35±1.197 a	65.375±4.863 a	6.2±0.1 a
	M-	0.10075±0.0471 b	4.625±0.068 b	10.875±1.856 b	5.8±0.2 a

3. AMF 对构树幼苗净光合速率的影响

由图 4-4 可知，构树幼苗在接种 AM 真菌后净光合速率增强了。SPSS 统计分析表明，在四种 AM 真菌处理下，与非接种处理比较，构树幼苗净光合速率极显著增强($P \leqslant 0.01$)。较对照组而言，接种 GM 后，构树净光合速率提高了 86.97%；接种 GV 后，构树净光合速率提高了 107.42%；接种 GD 后，构树净光合速率提高了 43.48%；混合接种下构树幼苗净光合速率提高了 176.28%。就接种组与相应对照组而言，提高程度最高的是 CI，其接种组光合速率为 3.7878μmol/(m^2·s)。四种 AM 处理净光合速率最高的为 GV 接种组，为 3.9103μmol/(m^2·s)，它与其余各接种组均有显著差异；最低的为 GD 接种处理，净光合速率为 3.2417μmol/(m^2·s)，也与其余各处理组均有显著差异。

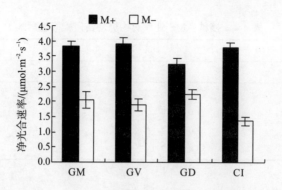

图 4-4　不同 AM 处理对构树净光合速率的影响

4. AMF 对构树幼苗蒸腾速率和光合耗水率的影响

在图 4-5 中，构树幼苗接种处理后较对照组而言，GM 组、GV 组和混合接种组蒸腾速率均显著地提高，分别为 28.44%、49.28% 和 25.56%。统计分析表明，GV 接种处理组与其对照组有显著差异外，其余各接种处理与 GV 接种组蒸腾速率均无显著差异。而在 GD 处理组中，非接种处理蒸腾速率异常地升高到 $0.4296 mmol/(m^2 \cdot s)$，比接种组显著要高（图 4-5）。在图 4-6 中，接种 AM 真菌后构树光合耗水量极显著地降低了（$P<0.01$），接种方式不同而降低程度有所不同。

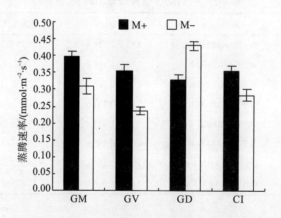

图 4-5　不同 AM 处理对构树蒸腾速率的影响

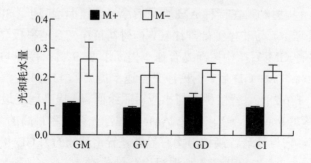

图 4-6　不同 AM 处理对构树光合耗水量的影响

5. AMF 对构树幼苗气孔导度的影响

气孔导度不仅影响光合，同时也影响蒸腾。本实验中，构树幼苗接种 AM 菌根真菌后气孔导度与蒸腾速率变化一致，在 GM、GV 和 CI 处理下较对照组气孔导度极显著地增强，而在 GD 处理下气孔导度却比对照组低（图 4-7）。较对照而言，GM 处理使气孔导度提高了 45.5%，GV 处理使气孔导度提高了 55.5%，CI 处理使气孔导度提高 28.1%，而 GD 处理则使气孔导度降低 31.1%。

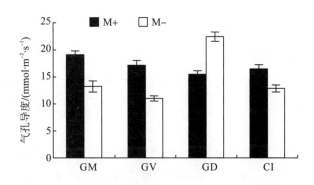

图 4-7　不同 AM 处理对构树气孔导度的影响

6. AM 真菌对构树幼苗光合色素的影响

植物以叶绿素为载体进行光合作用，叶绿素含量的高低直接影响植物光合作用。对构树幼苗的叶绿素 a、叶绿素 b 测定后认为，接种 AM 真菌幼苗后叶绿素 a、叶绿素 b 含量均有不同程度的增加，其增加的量因不同的 AM 处理而不同。在 GM 和 CI 处理下，AM 菌根真菌对构树的叶绿素贡献较大，叶绿素 a 分别提高了 67.09% 和 89.16%；叶绿素 b 分别提高了 54.52% 和 60.73%。以上四种接种条件下，GM、GV 和 CI 处理与其对应的对照组在叶绿素 a、叶绿素 b 上差异显著，而 GD 对构树叶绿素 b 贡献相对较小，差异不显著（表 4-6）。叶绿素 a 与叶绿素 b 之间呈极显著相关关系（$r=0.987$，$P=0.000$）（表 4-6）。

表 4-6　接种不同 AM 真菌对构树幼苗叶绿素的影响　　（单位：mg/g 鲜叶重）

处理		GM	GV	GD	CI
叶绿素 a	M+	6.00 a	4.59 a	4.22 a	5.87 a
	M−	3.59 b	3.21 b	3.65 b	3.10 b
叶绿素 b	M+	1.97 a	1.57 a	1.39 a	1.99 a
	M−	1.27 b	1.21 b	1.36 b	1.24 b

7. 接种不同 AM 真菌下构树幼苗光合与叶绿素间的相关分析

通过接种不同 AM 真菌下构树幼苗光合蒸腾及叶绿素含量的相关性分析认为，光合能力的大小是众多因子综合反映的结果，构树光合与叶绿素 a、叶绿素 b 的含量呈显著或极显著正相关。蒸腾速率和气孔导度呈极显著正相关关系，相关系数为 0.981，其他因子也有一定的影响，但不显著。叶绿素 a 与叶绿素 b 之间相关性极显著（r=0.987，P=0.000）（表 4-7）。

表 4-7　接种不同 AM 真菌下构树幼苗光合特性的相关分析

	光合速率	蒸腾速率	气孔导度	叶绿素 a	叶绿素 b
光合速率	1.000	0.531	0.471	0.892**	0.839**
蒸腾速率		1.000	0.981**	0.548	0.550
气孔导度			1.000	0.458	0.468
叶绿素 a				1.000	0.987**
叶绿素 b					1.000

4.2.3　讨论

研究结果表明，接种 AMF 能够引起宿主植物幼苗根、茎、叶形态构件上的分化，并显著地促进构树幼苗的生长，最终以生物量的形式表现出来。叶绿素是植物光合色素中最重要的一类色素，在植物光合作用过程中起着捕获、转换光能的作用，AM 植株中高浓度的叶绿素浓度与高的光合速率相联系（Davies et al.，1993）。赵忠（2000）对毛白杨进行 AM 接种实验，结果表明，AM 真菌能够提高毛白杨苗木的光合速率，同时，其叶绿素含量也在 AM 接种处理下增加，本实验表 4-6 和图 4-4 可以得到相同的结果。不同的菌种对不同的植物在叶绿素贡献上存在差异，进而反映在接种处理的光合水平上。作者曾研究了接种 AMF 对植株 N、P 含量的影响，结果表明，AMF 能显著提高植株根、茎、叶 N、P 的积累，由于营养物质在体内的积累，AM 植株叶片在光合生理上表现出增大叶绿素 a 和叶绿素 b，进而净光合速率增强。

本实验中，接种组与非接种组气孔导度的变化与蒸腾速率的变化一致，这与陈德祥等（2003）研究厚壳桂的结果一致。气孔导度是指植物气孔传导 CO_2 和水汽的能力（Coomsb，1986），气孔导度影响着植物叶片的气体交换和蒸腾作用。植物通过改变气孔的开度等方式来控制与外界的 CO_2 和水汽的交换，从而调节光合速率和蒸腾速率，以适应不同的环境条件（阎秀峰等，1994）。有研究表明，接种 AM 菌根真菌明显改善了绿豆叶片的气孔传导、蒸腾速率等参数，提高了叶片叶绿素含量，从而提高了接种株的净光合效率，植株生物量增加（Davies et al.，1993）。气孔不仅传导水分，同时也是 CO_2 进入细胞的器官，气孔导度增大，进入叶片细胞的 CO_2 量也增大，在一定程度上影响了光合速率。但光合速率是众多因子影响的结果。本实验中气孔导度与蒸腾速率变化趋势一致则表明气孔导度与蒸腾可能具有更为直接的关系。总体上，AM 真菌调节了宿主植物的气孔导度，而气孔导度对蒸腾极显著相关，对光合有一定的影响，但并非主导因素。有学者研究得出柑橘类植物 *Citrus taxa* 的气孔导度通常不被 AM 真菌的侵染而改变，高粱叶片气孔导度也只是偶尔对 AM 真菌侵染敏感（Augé，2001）。本实验中，透光球囊霉接种构树其蒸腾速率和气孔导度均要比对照组低，而其他接种方式均比对照组高，类似的结果在四种处理方式的鬼针草幼苗中同样体现。光合和蒸腾是一个较为复杂的生理过程，还需要更为细致深入的实验来研究。有研究表明，接种 AM 菌根真菌明显改善了绿豆叶片的气孔传导、蒸腾速率等参数，提高了叶片叶绿素含量，从而提高了接种株的净光合效率，植株生物量增加（贺学礼和赵丽莉，1999）。AM 处理蒸腾速率高的原因主要与接种处理植株的生长量大、叶片总面积大、生理代谢活性强有关（毛永民和鹿金颖，2000），这一类似的结果在本实验的 GM、GV 和 CI 处理中可以证实。由于接种植株光合能力的增强，构树幼苗在单位时间内合成的干物质增加，这可以通过本实验中苗高、地茎、叶面积指数得以证实（表 4-4）。总的来看，接种 AM 真菌能够显著地提高植株叶片净光合速率，降低植株叶片对水分的消耗量，从而提高水分利用效率，提高蒸腾速率和气孔导度，但因处理菌种和方式不一而表现各异。石灰岩地区一个显著的生境特征就是土壤水分亏缺（朱守谦和何纪星，2003），接种 AM 菌根能够降低石灰岩适生树种的光合耗水量，提高构树水分利用效率，增强石灰岩适生植物的抗旱能力，这对石灰岩生态恢复将具有极其重要的实践意义。

第5章 丛枝菌根真菌对喀斯特适生植物物质代谢调节

5.1 丛枝菌根真菌对喀斯特先锋种群鬼针草的物质代谢效应

喀斯特石灰岩地貌是一种特殊的生境类型，我国是世界上喀斯特面积最大的国家，喀斯特面积占整个国土面积的七分之一。喀斯特生境特征主要表现为土壤干旱瘠薄、土被不连续、地表水亏缺而地下水发达、土壤偏碱性等。对喀斯特地区生态学研究目前主要从植物群落学和种群生态方面开展，而在微观水平上研究喀斯特地区适生植物的适应机理相对滞后。喀斯特地区因其特殊的生境条件，植被一旦受到破坏便难以恢复，但仍然具有恢复潜力(朱守谦，2003)。在喀斯特地区，植物演替的先锋阶段主要是草本群落，这些草本植物表现出对喀斯特生境的高度适应性，而这种适应性首先表现在植物根系对土壤环境的适应。土壤环境中除了土壤本身理化特性外，对植物影响较为重要的是土壤微生物。菌根便是土壤微生物真菌与植物根系共生作用的结果。尽管在喀斯特土壤上生长的植物发现了AM真菌的存在(李建平等，2003；雷增普等，1991)，但对该生境下的菌根形成及其生态学意义尚缺乏充分的认识和研究。

菌根研究是当前生态学研究的热点。AM真菌(arbuscular mycorrhizal fungus，AMF)是一类能够与大多数植物形成共生关系的真菌。菌根与土壤的交互作用形成菌根际，它由有生命的真菌、植物和非生命的土壤形成微生态系统。关于AMF能够促进植物生长，改变根际环境已不少报道(黄艺等，2000；冯固等，1999，1997)，利用菌根手段促进喀斯特地区植被恢复是一条崭新的途径。鬼针草是喀斯特地区植被恢复初期的一种先锋植物，在喀斯特地区广泛分布。本书以鬼针草为研究对象，采用内生菌根菌接种手段，研究鬼针草生理代谢特征，目的是为研究喀斯特植被恢复机理提供基础理论依据。

5.1.1 材料与方法

1. 实验材料

菌种采用球囊霉属的三个菌种，分别为摩西球囊霉(*Glomus mosseea*)，用GM表示，新疆韭根际分离，约300个孢子/20g；地表球囊霉(*Glomus versiforme*)，用GV表示，北京的高粱根际分离，约1000个孢子/20g；透光球囊霉(*Glomus diaphanum*)，用GD表示，新疆的水稻根际分离(北京市农林科学院植物营养与资源研究所购得)，约900个孢子/20g。植物种子采于重庆市北碚鸡公山石灰岩山上,土壤基质取自重庆北碚鸡公山石灰岩山上石灰土。其样点土壤理化性质如表 5-1 所示。

表 5-1　供试土壤理化性质

pH	有机质/%	碱解氮/(mg·kg^{-1})	速效钾/(mg·kg^{-1})	速效磷/(mg·kg^{-1})	交换性钙/(mg·kg^{-1})	全钾/(g·kg^{-1})	全磷/(g·kg^{-1})	全氮/(g·kg^{-1})
6.815	2.674	68.355	108.415	1.7615	2326.4	14.625	0.4655	1.337

2. 实验处理

实验分接种组(M+)和对照组(M−),每一个组内分单独接种(single-inoculation, SI)和混合接种(co-inoculation, CI)处理,每个处理 5 个重复。种子灭菌是将构树种子在 10% 的 H_2O_2 内浸泡 20min,用无菌水冲洗 3 次。土壤灭菌是将野外取回的石灰土喷 5%苯酚溶液 4mL/m^2 后在高压灭菌锅压力 0.14MPa、124～126℃连续灭菌 1h 后作为幼苗培养基质备用。同样条件将塑料花盆高压灭菌 30min。将灭菌基质称取 1.5kg/盆装入规格为 190mm×150mm 的塑料花盆内,备用。处理方式分接种组和非接种组。

接种组(M+):①混合接种。等量称取以上菌剂 GM、GV、GD 共 20g 均匀混合,平铺于已装盆的灭菌土表面,播入灭菌鬼针草种子,再放入一层疏松的表土覆盖种子及菌剂(一方面使种子保湿,另一方面隔离外界杂菌的污染)。每个处理各 5 个重复,该接种处理为 CI。②单独接种。以同样的方法称取以上菌种各 20g 于已装土的备用盆内,均匀铺平后放入鬼针草种子,然后放上疏松表土,每个菌种处理 5 个重复,该接种处理为 SI。①、②处理后放入培养室,每天用适量无菌水喷施,待幼苗出土后一个月换用蒸馏水。

对照组(M−),该组不接种 AM 菌。①混合接种对照。等量称取以上菌剂 GM、GV、GD 共 20g 均匀混合(共 20g)进行 0.14MPa、124～126℃灭菌 20min 后均匀铺于灭菌土上,同样称取等量混合菌剂共 20g 加入 200mL 无菌水浸泡 10min 后用双层滤纸过滤,取其滤液 10mL 加于灭菌接种物上以保证除了目的菌种以外的其他微生物的区系一致,然后播入灭菌鬼针草种子,覆盖灭菌土以作为混合接种对照处理。每个处理 5 个重复。②单独接种对照。同样称取各菌种 20g 进行 0.14MPa、124～126℃灭菌 20min 后均匀铺于灭菌土上,再将各未灭菌菌剂称取 20g 分别加入 200mL 无菌水浸泡 10min 后用双层滤纸过滤,分别取其滤液 10mL 加于灭菌接种物上,然后播入灭菌鬼针草种子,覆盖灭菌土以作为单独接种对照。每个处理 5 个重复。

3. 指标测定

幼苗培养 3 个月后进行生长及生理指标测定。脯氨酸测定用茚三酮比色法,可溶性糖的测定用蒽酮比色法,蛋白质测定用微量凯氏定氮法,脯氨酸测定用茚三酮比色法,丙二醛测定用硫代巴比妥酸比色法,光合色素测定用浸提法(张志良和瞿伟菁,2004;王晶英和敖红,2003)。菌根侵染率测定用酸性品红染色法(Schulze,1989)。

4. 数据处理

采用单因素方差分析(one-way ANOVA),用 LSD 多重比较不同接种处理对各种指标影响的差异,所有数据处理在 SPSS 11.0 统计软件下完成。

5.1.2 结果与分析

1. 鬼针草幼苗菌根侵染率对接种 AM 真菌的响应

鬼针草幼苗生长 3 个月后测定其菌根侵染率结果,见表 5-2。在 GM、GV、GD 和 CI 四种处理中,侵染率最高的为 CI 混合接种处理,达到 85.64%,最低的为摩西球囊霉(69.70%)。而在对照组未接种处理中,各处理侵染率均为 0%。

表 5-2 不同处理对鬼针草幼苗侵染率的影响

处理	侵染率/%	
	M+	M-
GM	69.70±3.62	0
GV	76.85±4.63	0
GD	73.39±5.78	0
CI	85.64±6.21	0

2. AM 真菌对鬼针草幼苗可溶性糖含量的影响

可溶性糖是植物体内一种重要的渗透调节物质,可溶性糖含量的增加有利于维持细胞膨压,提高植株抗旱性(贺学礼,2000)。本实验说明,AMF 能刺激宿主可溶性糖的积累,使得宿主植物的渗透调节能力增强,使之在干旱时降低叶片水势,从而减少蒸腾散失,由图 5-1 可知,鬼针草在接种 3 种不同 AM 真菌(GM、GV、GD)后,植株可溶性糖含量均具有不同程度的提高,较对照组而言,鬼针草接种组中以混合接种效应最为明显,鬼针草每 1g 叶片可溶性糖为 11.52mg,提高了 128.11%;单独接种处理时,GM 处理较对照提高了 215.24%;接种效应最低的为 GD 处理,每 1g 叶片可溶性糖含量为 7.57mg,较对照提高了 40.97%。混合接种后植株叶片可溶性糖含量均比单独接种高,侧面反映了混合接种比单独接种更能提高植株的抗旱能力。

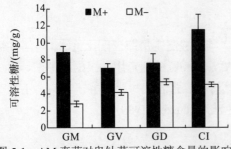

图 5-1 AM 真菌对鬼针草可溶性糖含量的影响

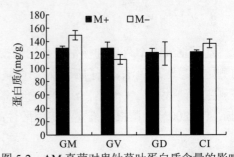

图 5-2 AM 真菌对鬼针草叶蛋白质含量的影响

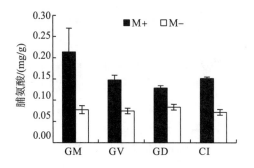

图 5-3　AM 真菌对鬼针草叶脯氨酸含量的影响

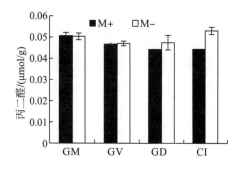

图 5-4　AM 真菌对构树含量的影响

3. AM 真菌对鬼针草幼苗蛋白质含量的影响

由图 5-2 可知，鬼针草叶片蛋白质含量在 4 种 AMF 处理水平下并无显著提高，组内各菌剂处理之间亦无显著差异（$P>0.05$）。在 M+处理下，1g 干样中含有的蛋白质分别为 GM 130.11mg、GV 129.99mg、GD 123.45mg、CI 124.33mg；而 M-处理组中，GM 处理时蛋白质含量最高，为 149.35mg/g，该接种处理与非接种处理存显著差异。GM 处理与 CI 处理均较对照低，而 GD 处理与 GV 处理较对照高，但二者差异性不显著。结果表明，不同的菌种以及菌种组合的差异性产生宿主植株生理物质代谢效应上的差异，这可能与植物种以及菌种的生物学特性有关。本书作者用以上 4 种处理研究构树幼苗在接种 AMF 后发现，构树幼苗叶片蛋白质含量显著增加（何跃军等，2007b），而本实验中鬼针草则没有显著增强作用。一般认为蛋白质合成减弱，降解增强将促进器官的衰老进程，或是诱导器官衰老的一种因素（Paull，1992），构树与鬼针草均为石灰岩地区适生植物，但是作为草本的鬼针草以先锋植物的形式主要发生在石灰岩植被恢复的前期，而构树则主要发生在群落演替中期，两种植物在菌根促生的蛋白质代谢机制上存在差异，这种差异性有待于进一步研究。

4. AM 真菌对鬼针草幼苗脯氨酸的影响

脯氨酸是植物体内渗透调节物质，脯氨酸的含量可作为植物生理抗旱性指标。由图 5-3 可知鬼针草幼苗叶片在 M+与 M-之间脯氨酸含量存在显著差异（$P<0.05$），鬼针草接种 AMF 后显著提高了叶片中脯氨酸的含量。本实验中对脯氨酸促进作用最大的为 GM，较对照组提高了 175.79%；对脯氨酸促进作用最小的为 GD 处理，较对照组提高了 53.87%。通过对石灰岩适生植物鬼针草接种 AM 真菌后，能够增强宿主植物脯氨酸的积累，从而提高植物的抗旱性。石灰岩干旱瘠薄的生境特征决定了植被的难恢复性，这些物种能够在石灰岩地区存活除了与它们本身具有的生物学特性有关外，可能还与其生境中的菌根真菌有较大的关系，才能抵制石灰岩水分亏缺的干旱生境。Ruiz-Lozano 和 Azcón（1996）认为，AM（接种处理）的叶中也出现了较 NM（非接种菌根处理）植株更高的脯胺酸浓度，更有利于 AM 植株的耐旱性，是更有效的渗透胁迫适应。石灰岩先锋植物鬼针草能在干旱瘠薄的喀斯特地区定居，需要适应喀斯特干旱瘠薄的生境，菌根真菌对其抗旱能力的增强起到了关键作用。在接种 AMF 后，其脯氨酸含量增高，说明植株抗旱性增强。本实验可为石灰岩进行菌根育苗造林、植被恢复提供良好的理论依据。

5. AM 真菌对鬼针草幼苗丙二醛的影响

植物器官衰老或在逆境下遭受伤害，往往发生膜脂过氧化作用。丙二醛(malondialdehyde，MDA)是膜脂过氧化的最终产物，其含量可以反映植物遭受逆境伤害的程度。MDA 从膜上产生的位置释放后，可以与蛋白质、核酸反应，改变这些大分子的构型，或使之产生交联反应，从而散失功能，还可以使纤维素分子的桥键松弛，或抑制蛋白质的合成。因此，MDA 的积累可能对膜和细胞造成一定的伤害(张志良和瞿伟菁，2004)。图 5-4 表明，接种 AM 真菌后，除了在 GM 处理下鬼针草 MDA 含量持平外，其余接种处理均有降低，而在 CI 处理下显著降低($P<0.05$)，GV 和 GD 两种处理下 MDA 含量降低不显著。总体上分析，AM 真菌降低了构树植株叶片的 MDA 含量，表明 AM 真菌降低了植株衰老进程中脂膜过氧化引起的植株伤害作用，这与王元贞等(2002)的研究结果一致。

6. 叶绿素

植物以叶绿素为载体进行光合作用，叶绿素含量的高低主要影响植物光合作用。本次实验用 CI310 光合仪测定鬼针草在 M+和 M-下的光合，结果表明，接种组较对照组光合能力显著增强。由表 5-3 可知，接种 AMF 后，鬼针草的叶绿素 a、叶绿素 b 有不同程度的增加，其增加的量因不同的 AMF 而不同。鬼针草接种 AMF 后其叶绿素贡献较大的为摩西球囊霉和地表球囊霉，叶绿素 a 分别提高了 37.78%和 64.79%，叶绿素 b 分别提高了 35.76%和 61.91%。

表 5-3　接种不同 AM 菌根真菌对鬼针草幼苗叶绿素含量的影响　　　(单位：mg/g 鲜叶重)

处理		GM	GD	GV	CI
叶绿素 a	M+	2.717 a	2.389 a	2.953 a	2.540 a
	M-	1.972 b	2.199 b	1.792 b	2.175 b
叶绿素 b	M+	0.896 a	0.800 a	0.965 a	0.847 a
	M-	0.660 b	0.720 b	0.596 b	0.723 b

7. AM 真菌处理下各代谢物质相关性分析

由表 5-4 看出，鬼针草叶片中丙二醛和蛋白质的含量与叶片组织中可溶性糖、脯氨酸及光合色素(叶绿素 a 和叶绿素 b)含量均呈负相关，其相关性均不显著($P>0.05$)。可溶性糖与脯氨酸的含量显著正相关($P=0.022$)。脯氨酸与叶绿素 a、叶绿素 b 显著相关($P=0.047$ 和 $P=0.039$)。这些物质在生理代谢途径的合成与降解有一定关系，以应变干旱或其他逆境带来的生理伤害。

表 5-4　鬼针草幼苗叶片各代谢物质相关分析

	丙二醛	可溶性糖	蛋白质	脯氨酸	叶绿素 a	叶绿素 b
丙二醛	1.000	-0.480 0.229 8	0.610 0.108 8	-0.192 0.648 8	-0.395 0.332 8	-0.391 0.338 8

续表

	丙二醛	可溶性糖	蛋白质	脯氨酸	叶绿素 a	叶绿素 b
可溶性糖		1.000	-0.310 0.445 8	0.782* 0.022 8	0.679 0.064 8	0.699 0.053 8
蛋白质			1.000	-0.081 0.848 8	-0.214 0.610 8	-0.180 0.659 8
脯氨酸				1.000	0.714* 0.047 8	0.732* 0.039 8
叶绿素 a					1.000	0.999** 0.000 8
叶绿素 b						1.000

注：*表示相关性在 0.05 水平上是显著的(双尾检验)；**表示相关性在 0.01 水平上是显著的(双尾检验)。

5.1.3 讨论

本实验中石灰岩适生种群鬼针草在接种 AMF 后，对其可溶性糖、脯氨酸含量具有显著增强效应；叶绿素 a 和叶绿素 b 在接种组中均有不同程度的提高，在透光球囊霉处理下提高最大；蛋白质含量在鬼针草幼苗中无显著差异。实验表明，同一物种对不同 AMF 有不同物质代谢上的生理响应。该结果与相关文献一致(Streitwolf-Engel，1997；Van，1998)，表明植物对 AMF 的依赖性是不一样的，它们之间存在一定的选择。由于菌丝体在土壤中不断地进行复制和扩增，所需要的物质和能量主要来自其宿主植物，菌根植物必然对其自身的物质和能量进行再分配和运输，并通过增加叶片光合产物来调节，宿主植物通过增加光合作用的载体叶绿素的量来增大对光的捕获，进而增加光合产物以维持自身生理代谢和菌丝在土壤系统中的扩大繁殖所需的物质和能量，光合产物主要是碳水化合物中的糖分，从而通过接种 AMF 后增加了可溶性糖的含量。可溶性糖、脯氨酸均是渗透调节物质，植株在接种后这些物质的量增加了，说明 AMF 有助于这些物质在植株叶片中的积累，细胞内积累的物质增加，降低了细胞水势，使得外界水分有利于向细胞内扩增，进而提高了植物的抗旱性。接种菌根真菌条件下，鬼针草叶片蛋白质含量并没有显著增加，摩西球囊霉和混合接种处理下反而有所降低，究其原因，可能是蛋白质降解产物用于植物其他器官，也可能是蛋白质降解产物为 AM 菌丝体繁殖生长之用，同时还与具体植物及菌种的生物学特性有关，具体原因有待于更为细致的实验研究。在大多数情况下，不具菌根的植物其竞争往往不如具菌根的植物(Gerdemann，1968)。因此，当有其他科的植物(具 AM 菌根或外生菌根的植物)迁入后群落就迅速发生演替(Diamond，1977)。本书通过以上处理方式同样研究了喀斯特演替阶段的构树植物，发现不管是单独接种还是混合接种处理，在接种条件下构树幼苗蛋白质含量较对照组显著增强，而丙二醛含量较对照组显著降低，也许这正是菌根植物在群落演替阶段表现出来的生理适应机制。

5.2 丛枝菌根真菌对构树幼苗物质代谢效应的影响

菌根研究是当前生态学研究的热点。AMF 是一类能够与大多数植物形成共生关系的真菌。菌根与土壤的交互作用形成菌根际，它由有生命的真菌、植物和非生命的土壤形成微生态系统。关于 AMF 能够促进植物生长、改变根际环境的研究已有不少报道（黄艺等，2000；冯固等，1999，1997），尽管在石灰岩土壤上生长的植物中发现了 AM 真菌的存在（李建平等，2003；雷增普等，1991），但对该生境下的菌根形成及其生态学意义尚缺乏充分的认识和研究。石灰岩因其特殊的生境（土层干旱瘠薄，水分亏缺），该地区植被在自然演替过程中难以恢复，但仍有恢复潜力（朱守谦和何纪星，2003）。干旱地区菌根的作用主要表现为增加植物抗旱性和提高水分的传递速率，AM 菌根与宿主植物之间共生生活而达到高度平衡的联合体，具有扩大宿主植物根的吸收面积、增加宿主植物对磷及其他养分的吸收、提高宿主植物的抗逆性等有益作用（弓明钦，1997）。石灰岩地区植被恢复与该地区树种本身具有较发达的根系，叶片具蜡质层等生物学特性而具有抗干旱、耐瘠薄的生态学特性有关，另外，植物在瘠薄的土壤上生长是否与根际微生物有关、是否与真菌对植物侵染后形成的特殊共生关系有关、菌根是否是该地区植物演替恢复的重要对策，要解决这些问题，还需要在石灰岩基质上进行菌根真菌接种实验。近年来，应用菌根促进植物生长的研究较多（何兴元等，2002；Gehring，2003；阎秀峰和王琴，2004，2002），但从菌根水平上对石灰岩地区适生种群生态学的研究还未见报道，故开展石灰岩地区石漠化基质上适生种群和菌根真菌关系的生态学研究，是石灰岩植被恢复的一条重要途径。构树是我国南方石灰岩地区广泛分布的适生物种之一，其适合在海拔 0～1400m 的山地及平原地区生长，年平均气温要求 6～22℃，年均降水量 400～1600mm，喜光、耐旱瘠薄、对土壤条件的适应能力强。本实验选取石灰岩地区生长的适生植物构树进行接种实验，测定其生理指标，以期从代谢水平上了解 AM 真菌对植物的促进效应，对恢复石灰岩退化生态系统具有重要的理论和实践意义。

5.2.1　材料与方法

1. 实验材料

菌种采用摩西球囊霉（*Glomus mosseea*，GM），由新疆的新疆韭根际分离，约 300 个孢子/20g；地表球囊霉（*Glomus versiforme*，GV），由北京的高粱根际分离，约 1000 个孢子/20g；透光球囊霉（*Glomus diaphanum*，GD），由新疆的水稻根际分离，约 900 个孢子/20g（北京市农林科学院植物营养与资源研究所购得）。植物种子是 2003 年 8 月采于贵阳花溪石灰岩山上同一构树（*Broussonetia papyrifera*）。

土壤基质是 2003 年 11 月取自重庆北碚鸡公山石灰岩山上的石灰土。其样地土壤剖面理化性质如表 5-5 所示。

表 5-5 供试土壤理化性质

pH	有机质/%	碱解氮/(mg·kg^{-1})	速效钾/(mg·kg^{-1})	速效/(mg·kg^{-1})	交换性钙/(mg·kg^{-1})	全钾/(g·kg^{-1})	全磷/(g·kg^{-1})	全氮/(g·kg^{-1})	水分系数
6.815	2.674	68.355	108.415	1.7615	2326.4	14.625	0.4655	1.337	0.943

2. 实验处理

实验分接种组（M+）和对照组（M-），每一个组内分单独接种和混合接种处理，每个处理 5 个重复。

(1) 灭菌。种子灭菌是将构树种子在 10%的 H_2O_2 内浸泡 20min，用无菌水冲洗 3 次。土壤灭菌是将野外取回的石灰土喷 5%苯酚溶液 4mL/m^2 后在高压灭菌锅压力 0.14MPa、124～126℃连续灭菌 1h 后作为幼苗培养基质备用。同样条件将塑料花盆高压灭菌 30min。将灭菌基质称取 1.5kg·盆$^{-1}$ 装入规格为 190mm×150mm 的塑料花盆内，备用。

(2) 接种。

接种组（M+）。①混合接种：等量称取以上菌剂 GM、GV、GD 共 20g 均匀混合，平铺于已装盆的灭菌土表面，播入灭菌构树种子，再放入一层疏松的表土覆盖种子及菌剂（一方面使种子保湿，另一方面隔离外界杂菌的污染）。每个处理各 5 个重复，该接种处理为 CI。②单独接种：以同样的方法称取以上菌种各 20g 于已装土的备用盆内，均匀铺平后放入构树种子，然后放上疏松表土，每个菌种处理 5 个重复，该接种处理为 SI。①、②处理后放入培养室，每天用无菌水浇注，待幼苗出土后一个月换用蒸馏水。

对照组（M-）。该组不接种 AM 菌。①混合接种对照：等量称取以上菌剂 GM、GV、GD 共 20g 均匀混合（共 20g），进行 0.14MPa、124～126℃灭菌 20min 后均匀铺于灭菌土上，同样称取等量混合菌剂共 20g 加入 200mL 无菌水浸泡 10min 后双层滤纸过滤，取其滤液 10mL 加于灭菌接种物上以保证除了目的菌种以外的其他微生物的区系一致，然后播入灭菌构树种子，覆盖灭菌土以作为混合接种对照处理。每个处理 5 个重复。②单独接种对照：同样称取各菌种 20g 进行 0.14MPa、124～126℃灭菌 20min 后均匀铺于灭菌土上，再将各未灭菌菌剂称取 20g 分别加入 200mL 无菌水浸泡 10min 后用双层滤纸过滤，分别取其滤液 10mL 加于灭菌接种物上，然后播入灭菌构树种子，覆盖灭菌土以作为单独接种对照。每个处理 5 个重复。

3. 指标测定

幼苗培养 3 个月后进行生长及生理指标测定。脯氨酸的测定采用茚三酮比色法，可溶性糖的测定采用蒽酮比色法，蛋白质的测定采用微量凯氏定氮法，丙二醛的测定采用硫代巴比妥酸比色法，光合色素的测定采用浸提法（张志良和瞿伟菁，2004；王晶英和敖红，2003）。菌根侵染率的测定：酸性品红染色，然后用感染长度计算法测定（Schulze，1989）。

4. 数据处理

SPSS 11.0 统计分析软件，Excel。

5.2.2 结果与分析

1. AM 接种处理对构树幼苗菌根侵染率的影响

幼苗生长 3 个月后测定其菌根侵染率,见表 5-6。在 GM、GV、GD 和 CI 四种处理中,侵染率最高的为 CI 混合接种处理,达到 83.41%,最低的为透光球囊霉(68.05%)。而在未接种处理中,各处理侵染率均为 0%。

表 5-6　不同处理对构树幼苗侵染率的影响

处理	侵染率/%	
	M+	M-
GM	76.5±4.61	0
GV	71.63±3.30	0
GD	68.05±5.12	0
CI	83.41±4.37	0

2. 可溶性糖

可溶性糖是植物体内一种重要的渗透调节物质,可溶性糖含量的增加有利于维持细胞膨压,提高植株抗旱性(贺学礼等,2000)。由图 5-5 可知,石灰岩适生植物构树在接种 3 种不同 AM 真菌(GM、GV、GD)处理后,植株可溶性糖含量均具有不同程度的提高,较对照而言,构树接种组中以混合接种效应最为明显,其中构树每 1g 叶片可溶性糖为 39.11mg,提高了 45.33%;接种效应最低的为地表球囊霉,每 1g 叶片可溶性糖含量为 21.60mg,较对照提高了 161.82%。透光球囊霉接种处理叶片可溶性糖含量为 29.12mg/g,较对照提高了 178.13%;摩西球囊霉接种处理叶片 23.99mg/g,对照接种处理叶片 8.89mg/g,

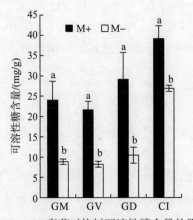

图 5-5　AM 真菌对构树可溶性糖含量的影响

注:其中不同字母表示某一 AM 真菌处理的 M+与 M-之间差异性显著,相同字母表示的 M+与 M-之间无显著差异($P<0.05$)。后同。

提高了 169.85%。混合接种带来的菌根效应较单独接种高，其次是透光球囊霉、摩西球囊霉和地表球囊霉。实验说明，在可溶性糖这一水平上混合接种比单独接种更能提高植株的抗旱能力。统计分析表明，接种组与相应非接种组差异性显著（$P<0.05$）或极显著（地表球囊霉 $P=0$），而接种组中，混合接种处理较其他单独接种可溶性糖含量差异显著。该实验说明，AM 真菌能够刺激宿主植物可溶性糖的积累，使之降低叶片水势，增强渗透调节能力，从而降低干旱亏缺时带来的水分生理伤害。AM 植株较 NM 植株叶中积累了更高的可溶性糖，表明 AM 菌根对提高宿主植株的抗干旱能力有帮助（Subramanian and Charest，1997，1995）。

3. 蛋白质

由图 5-6 可知，接种 AM 真菌后构树幼苗叶片蛋白质含量显著增加了，与王元贞等（2002）的研究结果一致：接种摩西球囊霉后蛋白质含量增加了 38.20%；接种地表球囊霉后蛋白质含量增加了 73.71%；接种透光球囊霉后蛋白质含量增加了 147.27%；混合接种处理后蛋白质含量增加了 38.59%。从可溶性糖与蛋白质含量之间提高的百分比可以看出，两者变化几近一致，说明这两种物质在接种构树幼苗中生理代谢上存在一定的相关性。统计分析表明，接种 AM 真菌后，植株蛋白质含量较对照组差异性显著，表明 AM 真菌能够提高植株叶片蛋白质的含量，一般认为蛋白质合成减弱、降解增强将促进器官的衰老进程，或是诱导器官衰老的一种因素（Paull，1992）。各接种处理之间构树叶片蛋白质含量差异不显著，表明在延缓植株衰老这一水平上 4 种处理没有差别。但较非接种组，接种 AMF 后能够延缓构树植株的衰老进程，提高其抗旱性。

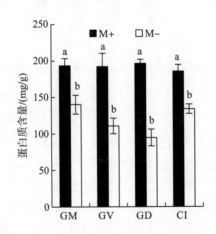

图 5-6 AM 真菌对构树叶蛋白质含量的影响

4. 脯氨酸

脯氨酸是植物体内渗透调节物质，脯氨酸的含量可作为植物生理抗逆性指标。由图 5-7 可知，在 M+与 M-之间构树幼苗叶片脯氨酸含量存在极显著差异，各个菌种对接种植物构树脯氨酸的提高效应有所不同，其中摩西球囊霉处理后脯氨酸含量提高

3.15mg/g，对照处理后脯氨酸含量提高 0.60mg/g；地表球囊霉处理后脯氨酸含量提高 2.52mg/g，对照处理后脯氨酸含量提高 0.56mg/g；透光球囊霉处理后脯氨酸含量提高了 3.09mg/g，对照处理后脯氨酸含量提高了 0.87mg/g，提高了 255.17%；混合接种处理后脯氨酸含量的提高量最大，为 3.43mg/g，对照处理后脯氨酸含量提高了 1.72mg/g。脯氨酸是一种逆境反应物质，水分胁迫条件下会大量积累，然而在没有水分胁迫的环境下，脯氨酸含量的多少可作为植物抗旱性的指标。植株体内脯氨酸含量越高，说明越能够从环境中吸取水分供植株生长之用。本实验是在正常供水条件下进行的，而指标测定时是利用干物质材料测定的，各接种处理与非接种处理之间差异性均达到显著水平，表明通过对石灰岩适生植物构树接种 AM 真菌后能够增强宿主植物脯氨酸的积累，间接表明植株的抗旱潜力得到了提高。石灰岩干旱瘠薄的生境特征决定了植被的难恢复性，这些物种能够在石灰岩地区存活除了与它们本身具有的生物学特性有关外，可能还与其生境中的菌根真菌有较大的关系，才能抵制石灰岩水分亏缺的干旱生境。本实验中石灰岩树种在接种 AMF 后其脯氨酸含量增高，说明植株抗旱性增强。

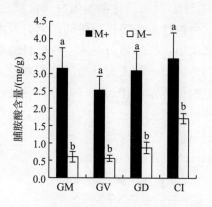

图 5-7 AM 真菌对构树脯氨酸含量的影响

5. 丙二醛

植物器官衰老或在逆境下遭受伤害，往往发生膜脂过氧化作用。丙二醛（MDA）是膜脂过氧化的最终产物，其含量可以反映植物遭受逆境伤害的程度。MDA 从膜上产生的位置释放出后，可以与蛋白质、核酸反应，改变这些大分子的构型，或使之产生交联反应，从而散失功能，还可以使纤维素分子的桥键松弛，或抑制蛋白质的合成。因此，MDA 的积累可能对膜和细胞造成一定的伤害（王晶英和敖红，2003）。图 5-8 表明，接种 AM 真菌后，构树幼苗植株叶片中的 MDA 含量降低了。就透光球囊霉而言，接种与非接种处理的叶片中，1g 叶片中 MDA 含量分别为 0.03047μmol 和 0.03055μmol，二者没有差异性；就摩西球囊霉而言，1g 叶片中 MDA 的含量分别为 0.02854μmol 和 0.03683μmol，降低了 47.20%；就地表球囊霉而言，1g 叶片中 MDA 含量分别为 0.02758μmol 和 0.03683μmol，降低了 33.54%；而混合接种处理下，1g 叶片中的 MDA 含量分别为 0.03968μmol 和 0.04704μmol，降低 18.62%。统计分析表明，摩西球囊霉处理与其对照有显著差异

(P=0.026),其余接种与非接种处理没有显著差异,但有较大影响。实验说明,摩西球囊霉更能降低宿主植株的脂膜过氧化伤害作用。总体上而言,AM 真菌降低了构树植株叶片中的 MDA 含量,表明 AM 真菌降低了植株衰老进程中脂膜过氧化引起的植株伤害作用,这与王元贞等(2002)的研究结果一致。

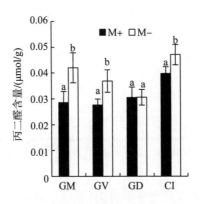

图 5-8 AM 真菌对构树含量的影响

6. AM 真菌对构树幼苗光合色素的影响

植物以叶绿素为载体进行光合作用,叶绿素含量的高低主要影响植物光合作用。测定构树的叶绿素 a、叶绿素 b,发现其含量均有不同程度的增加,其增加的量因不同的 AM 处理而不同。在摩西球囊霉和混合接种处理下,AMF 对构树的叶绿素贡献较大,叶绿素 a 分别提高了 67.09%和 89.16%,叶绿素 b 分别提高了 54.52%和 60.73%。以上 4 种接种条件下,磨西球囊霉、地表球囊霉和混和接种处理与其对应的对照组在叶绿素 a、叶绿素 b 上差异显著,而透光球囊霉对构树的叶绿素贡献相对较小,差异不显著(表 5-7)。叶绿素 a 与叶绿素 b 之间呈极显著相关关系(r=0.987,P=0.000)(表 5-8)。实验结果说明了不同的菌种对不同植物的叶绿素贡献存在区异,这主要反映在接种处理的光合水平上。

表 5-7 接种不同 AM 真菌对构树幼苗叶绿素含量的影响　　　　(单位:mg/g 鲜叶重)

处理		GM	GV	GD	CI
叶绿素 a	M+	6.00 a	4.59 a	4.22 a	5.87 a
	M−	3.59 b	3.21 b	3.65 b	3.10 b
叶绿素 b	M+	1.97 a	1.57 a	1.39 a	1.99 a
	M−	1.27 b	1.21 b	1.36 a	1.24 b

表 5-8 构树幼苗叶片各代谢物质相关分析

	丙二醛	可溶性糖	蛋白质	脯氨酸	叶绿素 a	叶绿素 b
丙二醛	1.000	−0.480 0.229 8	0.610 0.108 8	−0.192 0.648 8	−0.395 0.332 8	−0.391 0.338 8

续表

	丙二醛	可溶性糖	蛋白质	脯氨酸	叶绿素a	叶绿素b
可溶性糖		1.000	-0.310 0.445 8	0.782* 0.022 8	0.679 0.064 8	0.699 0.053 8
蛋白质			1.000	-0.081 0.848 8	-0.214 0.610 8	-0.180 0.659 8
脯氨酸				1.000	0.714* 0.047 8	0.732* 0.039 8
叶绿素a					1.000	0.999** 0.000 8
叶绿素b						1.000

注：*表示相关性在 0.05 水平上为显著(双尾检验)；**表示相关性在 0.01 水平上为显著(双尾检验)

7. AM 真菌处理下各代谢物质相关性分析

由表 5-8 可以看出，丙二醛的含量与叶片组织中蛋白质、脯氨酸及光合色素(叶绿素 a 和叶绿素 b)含量均呈负相关，而与可溶性糖呈正相关，但相关性不显著。可溶性糖与蛋白质($P=0.045$)和脯氨酸($P=0.002$)的含量呈显著正相关。蛋白质与脯氨酸呈极显著相关($P=0.002$)，与叶绿素 a 呈显著相关($P=0.032$)。脯氨酸与叶绿素 a、叶绿素 b 呈显著相关(P 为 0.012 和 0.018)。结果表明，这些物质与生理代谢途径的合成与降解有一定关系，以应变干旱或其他逆境带来的生理伤害。

5.2.3　讨论

AM 菌根真菌对宿主植株的影响首先应该反映在植株的代谢机制上。本实验中，接种 AM 真菌后，对石灰岩适生种群构树幼苗叶片中的可溶性糖、脯氨酸和蛋白质含量具有显著增强效应，但不同的菌种对构树幼苗的影响也有一定的差异，这与菌种的生物学特性以及它们与宿主植株之间的亲和性有一定关系,这种亲和性可以通过 AM 真菌与宿主植物构树之间的侵染情况的不一致性得到证实，该结果与相关文献(Van der Heijden et al.，1998；Streitwolf-Engel，1997)中的结论一致，表明植物对不同的 AM 真菌的依赖性是不一样的，它们之间存在一定的相互选择。干旱条件下的 AM 植株总蛋白浓度比 NM(非接种)植株高，被认为是有益于增强植株的抗旱效应(Subramanian and Charest，1997，1995；Ruiz-Lozano and Azcón，1996)。接种 AM 真菌的植株叶中也出现较非接种植株更高的脯氨酸浓度，被认为是有利于增强植株的耐旱性，是更有效地渗透胁迫适应(Ruiz-Lozano and Azcón，1995)。水分胁迫下用 AM 菌根真菌单独接种甘蔗处理显著提高了蔗叶的硝酸还原酶活性，促进了蔗株对 N、P、K 的吸收和脯氨酸的积累，提高了叶缘水含量以及生物学产量(王元贞等，1994)。由于菌丝体在土壤中不断地进行复制和扩增，所需要的物质和能量主要来自其宿主植物，菌根植物必然对其自身的物质和能量进行再分配和运输，并通过增加叶片光合产物来调节,宿主植物通过增加光合作用的载体叶绿素的量来增大对光的捕获,进而增加光合产物以维持自身生理代谢和菌丝在土壤系统中的扩大繁殖所需的物质和能量,光合产物主要是碳水化合物中的糖分,因而接种 AM 真菌增加了可溶性糖的含量。轻度水分胁迫下,内生真菌可使宿主植物的可溶性糖含量增加,以增强宿主植物的渗透调节能力(任安芝和高玉葆,2005)。可溶性糖、脯氨酸均是渗透调节物质,植株在接种后这些物质的量增加了,表现出了更强的渗透适应性,说明 AM 菌根真菌有助于这些物质在植株叶片中的积累,细胞内积累的物质增加,降低了细胞水势,细胞内外渗透势差增大,使得外界水分更易于向细胞内扩增,进而提高了植物的抗旱性。

接种 AM 真菌后,宿主植物在生理代谢上加强,如可溶性糖、脯氨酸以及蛋白质的积累,AM 植株表现出了更强的渗透适应性,由于构树是石灰岩地区干旱生境中的适生植物,这些物质的积累有利于宿主植物的渗透调节,以维持干旱条件下水分亏缺的影响,这可能是特殊的生境下植株的抗旱代谢途径。未接种处理本身可能就是一种人为"逆境",其生长植株在"逆境"中的丙二醛含量较接种 AM 处理高即可以说明这一点。由于营养物质在体内的积累,AM 植株叶片在光合生理上表现出增大叶绿素 a 和叶绿素 b,从而表现出光合能力的增强。光合能力增加,使得植株体内糖分等物质得以积累,生理上表现在可溶性糖等物质的含量增大,而生长上以生物量及表型特征反映。宿主对不同 AM 处理侵染的响应不一,表明宿主对 AM 真菌有一定的选择性。接种 AM 真菌能够显著提高宿主植株可溶性糖、蛋白质、脯氨酸,以及光合色素叶绿素 a 和叶绿素 b 的含量,同时降低丙二醛含量,表明 AM 真菌提高了宿主植物构树的抗逆性,降低了植株生长进程中由于衰老引起的脂膜过氧化的害。各物质在生理代谢上存在一定相关性。

第6章 丛枝菌根调控喀斯特适生植物水分生理适应性

6.1 水分胁迫对丛枝菌根幼苗香樟根系形态特征的影响

我国是世界上喀斯特面积分布最大的国家,约占国土总面积的七分之一,而贵州省是中国喀斯特分布的中心(朱守谦和何纪星,2003)。喀斯特地区生境特殊,如土层干旱浅薄、土被不连续、地下水丰富而地表水亏缺,因此水分是喀斯特地区植被恢复的限制性因子(何跃军等,2005)。近年来,越来越多的研究结果表明,丛枝菌根(arbuscular mycorrhiza,简称 AM)可以显著提高宿主植物的生长和抗旱性(何跃军等,2007a、b;Smith and Read,1997)。Atkinson 等(2003)认为,AM 真菌对宿主植物根系的空间结构有重要的影响,而根系的空间结构又直接影响植物对土壤水分和矿质元素的吸收能力,其生长发育动态及形态特征是其生物学特征与环境因素共同作用的结果(张娜和梁一民,2002)。朱守谦(1997)对喀斯特地区森林树种根系对水分胁迫的适应策略进行了研究,认为岩石裂隙中常有较稳定的水分养分供应源,虽然其量不大,但持续,这种选择压力使多数喀斯特树种具有发达和穿透能力较强的根系。根系形态是受菌根、土壤以及水分状况影响的(Sieverding,1986)。这些研究结果启示我们,水分亏缺的喀斯特地区植物根系必定与水分供应量以及土壤环境中的微生物共同作用有关。宋会兴等(2007b)研究了树木根系在单一菌种处理下对水分胁迫的响应,其结论也证明了这一观点。在不同接种方式下菌种对水分利用有效性的研究报道很少。然而,喀斯特地区土壤环境下的植物往往有多个菌种协同作用,这些菌种共同作用形成的菌根根系在喀斯特水分亏缺状态下是采用何种对策我们仍然不清楚。香樟是贵州喀斯特石漠化地区植被恢复造林的重要树种之一,我们以此为研究对象,在喀斯特土壤基质上接种 AM 真菌,测定多个接种方式下,不同水分胁迫之间香樟幼苗根系形态上的适应特征,探索 AM 真菌影响宿主植株抗旱的机理,为喀斯特地区生态系统的修复提供理论基础。

6.1.1 材料与方法

1. 实验材料

实验菌种购买于北京农林科学院营资所,幼套球囊霉(*Glomus-etunicatum*,YT,编号:BGC GZ03C,分离于贵州晴隆);层状球囊霉(*Glomus-lamellosum*,CZ,分离于内蒙古伊金霍洛旗,编号:BGC NM03E),摩西球囊霉(*Glomus-mosseae*,MX,编号:BGC GZ01A,分离于贵州毕节)。2009年11月采于贵州大学南校区内同一香樟母树,土壤取自贵阳市花溪区喀斯特典型地段石灰土。实验分为5个接种处理和4个水分胁迫处理,每个处理5个重复,样本容量为5×4×5=100。随机区组对不同接种处理和水分胁迫处理进行苗木培养。

2. 实验处理

将上述3个菌种对香樟种子进行单独接种,同时对3个菌种混合接种(HH)处理,并设置对照(CK)非接种处理,共有CK、CZ、MX、YT、HH五个接种处理方式。在0.14MPa、124~126℃下将基质土壤连续灭菌1h,塑料花盆灭菌30min。接种前将灭菌土按3kg/盆装入规格为190mm×150mm的塑料花盆内备用。选择饱满香樟种子在0.5%的$KMnO_4$溶液中浸泡10min,用无菌水冲洗3次。单独接种时,称取各菌种接种体30g,均匀平铺于灭菌土上,播入灭菌种子(1粒/盆),然后放上疏松表土,处理后放入培养室,每天用无菌水浇注,待幼苗出土后1个月换用蒸馏水。混合接种(HH)处理时将各菌种接种体分别称10g,共计30g以同样方法接种。对照(CK)则不放入接种体,将过滤的接种剂滤液10mL注入盆内,并加30g高温灭菌的接种菌剂,以保持除目的菌种外其他微生物区系的一致性,其他培养条件与前面一样。水分胁迫处理:待幼苗出土生长80d后,将以上各接种处理按正常浇水(normal water,NW)、轻度水分胁迫(mild water stressed,MW)、中度水分胁迫(moderate stressed,MS)和重度水分胁迫(serious stressed,SS)进行处理。NW处理维持土壤含水量为田间持水量的80%~90%;MW处理维持土壤含水量为田间持水量的65%~75%;MS处理维持土壤含水量为田间持水量的50%~60%;SS处理维持土壤含水量为田间持水量的35%~45%。用称重法每天浇水,其他管理一致。水分胁迫时间60d,幼苗生长140d后进行各项指标测定。

3. 指标测定

将收获植株连同花盆浸入水中,小心冲掉土壤和沙砾,获取完整根系,从幼苗基部第一侧根处截取根系。采用数字化扫描仪(STD1600 Epsom USA)进行根系扫描,用WinRhizo(Version 410B)根系分析系统软件(Regent Instrument Inc,Canada)对根系各项指标进行定量分析。扫描后的根系在80℃烘干至恒定质量,用1/10000的天平测定质量。菌根依赖性参照Bagyaraj(1994)的方法,即菌根依赖性(%)=(接种植株干物质量-对照植株干物质量/种植株干物质量)×100%。参照Phillips和Hayman(1970)的方法测定菌根侵染率。

4. 数据处理

利用Excel和SPSS 13.0完成数据处理,采用ANOVA-LSD多重处理方法比较同一水分条件下不同菌种处理之间的差异,以及不同水分处理之间菌根依赖性的差异。

6.1.2 结果与分析

1. 接种丛枝菌根真菌的香樟幼苗在水分胁迫下的菌根依赖性

如表 6-1 所示，层状球囊霉、摩西球囊霉、幼套球囊霉单独接种以及 3 个菌种混合接种后，在不同水分处理下，香樟幼苗菌根的依赖性存在一定的差异。重度水分胁迫下，依赖性最高的是幼套球囊霉接种处理的菌根，为 62.08，与其他 3 个 AM 处理之间的差异性具有统计学意义，而层状球囊霉和混合接种之间的差异性不具有统计学意义，此时摩西球囊霉接种的菌根依赖性最小，为 33.11。中度水分胁迫下，只有摩西球囊霉接种的菌根依赖性最小，为 59.37，显著低于其他 3 个接种处理，最高的是混合接种处理，为 77.08，但是层状球囊霉、幼套球囊霉和混合接种处理之间的差异不具有统计学意义。轻度胁迫下，各个处理之间差异不具有统计学意义，但是依赖性最高的是混合接种处理的菌根，为 65.11。在正常浇水条件下，单独接种幼套球囊霉和混合接种处理的菌根均表现出了较大的依赖性，混合接种和单独接种幼套球囊霉的菌根的依赖性分别达到 59.98 和 59.15，而层状球囊霉和摩西球囊霉的菌根相对较小，分别为 54.57 和 45.93，前两者和后两者之间的差异具有统计学意义。

表 6-1　水分胁迫下香樟幼苗的菌根依赖性

处理	重度(SS)	中度(MS)	轻度(MW)	正常(NW)
CZ	41.58 b	73.94 a	55.60 a	54.57 b
MX	33.11 c	59.37 b	57.46 a	45.93 b
YT	62.08 a	73.02 a	61.13 a	59.15 a
HH	41.38 b	77.08 a	65.11 a	59.98 a

注：字母不同表示同一列中平均值之间差异性显著($P<0.05$)。

对同一接种情况而言，层状球囊霉、摩西球囊霉、幼套球囊霉和混合接种 4 个 AM 处理方式下均是在中度水分胁迫下菌根依赖性最强，然后依次为轻度、重度和正常水分处理。结果表明，适当的水分胁迫处理，能够提高宿主植物的菌根依赖性，发挥菌根真菌的功能，这与喀斯特地区水分亏缺的环境特征下菌根发挥功能有一定关系。但是在重度干旱条件下，菌根依赖性降低，这一结果对探索喀斯特地区菌根抗旱适应机理具有重要意义。

2. 接种丛枝菌根真菌的香樟幼苗在水分胁迫下的根系生物量

如图 6-1 左图所示，重度水分胁迫下，生物量最高的是幼套球囊霉接种处理，其值为 0.0778g，最小为对照非接种处理，其值为 0.0295g；对照与各接种处理之间的差异具有统计学意义。生物量在幼套球囊霉处理与其他各处理之间的差异具有统计学意义，在层状球囊霉与摩西球囊霉和混合接种处理之间的差异不具有统计学意义。中度水分胁迫处理下，生物量在对照(CK)与其余各处理之间的差异具有高度统计学意义，即非接种处理的根系生物量均低于接种处理，在接种组中，摩西球囊霉处理后的生物量为 0.0435g，显著低于层状球囊霉、幼套球囊霉和混合接种处理，而这3种处理根生物量的差异性不具有统计学意义，混合接种处理的生物量最大，其值为0.0772g。轻度水分胁迫下接种组中只有混合接种处理与幼套球囊霉之间的生物量差异不具有统计学意义，但与层状球囊霉和摩西球囊霉之间的生物量差异具有统计学意义，非接种组CK与任何接种处理之间的生物量差异均具有高度统计学意义，所有处理中生物量最大的为0.0790g的混合接种，最小的为0.0276g的非接种组。正常浇水情况下，接种组中摩西球囊霉根生物量最低，为0.0661g，与其他各处理之间的差异具有统计学意义，但混合接种和幼套球囊霉之间的差异性不具有统计学意义，最小生物量为非接种处理CK，其值为0.0357g。

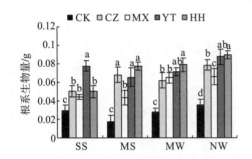 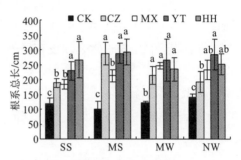

图6-1 接种不同AM真菌的香樟幼苗在水分胁迫下的根系生物量（左）和根系总长（右）

注：字母不同表示同一水分处理下平均值之间差异性显著（$P<0.05$）。

接种AM真菌后，无论是正常浇水，还是轻度、中度和重度水分胁迫处理下，香樟幼苗根生物量显著高于对照，这一结果表明，接种AM真菌显著提高了香樟幼苗根生物量的积累。对混合接种而言，重度水分胁迫处理显著降低了根系生物量积累；幼套球囊霉在4种水分胁迫下根生物量差异不具有统计学意义，对摩西球囊霉而言，重度和中度之间的差异不具有统计学意义，正常浇水与轻度胁迫时根生物量的差异性也不具有统计学意义，但是重度、中度与轻度、正常水分胁迫时根生物量的差异具有统计学意义；层状球囊霉反映的结果与混合接种处理类似，即重度水分胁迫处理时根生物量显著比其他几个处理要低；在非接种处理中，中度水分胁迫下根生物量显著低于其他几个处理，重度、轻度和正常水分胁迫时根生物量的差异不具有统计学意义。总体上，根系生物量随胁迫强度增加而有降低的趋势。

3. 接种丛枝菌根真菌的香樟幼苗在水分胁迫下的根系总长

由图6-1右图可知，任何一种水分胁迫处理下，香樟幼苗在对照非接种处理时的根系总长度均显著低于接种处理，对照的根系总长度值为98.93～139.83cm，而接种组为183.77～292.54cm。重度胁迫下，层状球囊霉与摩西球囊霉处理的根生物量之间的差异不具有统计学意义，幼套球囊霉与混合接种处理的根生物量之间的差异也不具有统计学意义，但前两者和后两者处理的根生物量之间的差异则具有统计学意义，根生物量最低的为摩西球囊霉处理，其值为183.77cm，最高的为混合接种处理，其值为265.97cm。中度水分胁迫下，层状球囊霉、幼套球囊霉和混合接种处理的根生物量两两之间的差异性不具有统计学意义，其值分别为 286.15cm、287.73cm 和 292.54cm，而摩西球囊霉与这 3 个接种处理的根生物量之间的差异则具有统计学意义，其值为 213.09cm。轻度水分胁迫下，4 个接种组处理的根生物量之间的差异不具有统计学意义，最低的为层状球囊霉，其值为 213.69cm，最高的是幼套球囊霉，其值为 264.96cm。正常浇水处理下，根生物量最高的为幼套球囊霉接种，其值为 284.58cm，与最低接种处理（192.16cm）的根生物量之间的差异具有统计学意义，其他接种处理之间的根生物量差异性均不具有统计学意义。

非接种处理的根系总长在不同水分胁迫处理之间没有显著差异；中度胁迫下除摩西球囊霉外，各接种处理在中度水分胁迫下根系总长最大，在较重度、轻度水分胁迫和正常之间根系总长差异性显著，后三者之间差异性不显著。就摩西球囊霉而言，香樟幼苗根系总长在重度胁迫下显著低于中度、轻度和正常浇水处理，中度胁迫下根系总长较轻度和对照之间差异性显著，轻度与正常之间没有显著差异。幼套球囊霉在重度下根系总长最小，并与中度、轻度、正常之间差异性显著，后三者之间没有显著差异。混合接种处理在中度和重度水分胁迫下根系总长较大，而轻度和正常则相对较小，但四个水分处理的根系总长两两之间没有显著差异。结果表明，非接种情况下，水分胁迫能降低根系总长，中度胁迫下根系总长最大。

4. 接种丛枝菌根真菌的香樟幼苗在水分胁迫下的根系表面积

如图 6-2 左图所示，对根表面积而言，4 种水分胁迫下，各接种处理与对应的非接种处理之间的差异具有统计学意义，其值为 19.07~26.41cm^2。重度水分胁迫下，层状球囊霉和摩西球囊霉之间的差异具有统计学意义，二者与混合接种之间的差异也具有统计学意义，而层状球囊霉与幼套球囊霉之间的差异不具有统计学意义，幼套与混合接种之间的差异也不具有统计学意义。根系表面积最低值是对照，其值为 23.22cm^2，最高值为混合接种处理，其值为 43.08cm^2。中度水分处理的接种组，层状球囊霉与幼套球囊霉和混合接种之间的差异性不具有统计学意义，与摩西球囊霉也无显著差异，摩西球囊霉则与幼套球囊霉和混合接种之间的差异具有统计学意义。4 个接种处理中，根系表面积最低的是摩西球囊霉，其值为 35.15cm^2；最高的是幼套球囊霉，其值为 47.15cm^2。轻度水分胁迫下，接种组中只有层状球囊霉与摩西球囊霉和混合接种之间的差异具有统计学意义，与幼套球囊霉之间的差异不具有统计学意义，其他接种处理之间的差异不具有统计学意义，最低的根表面积是层状球囊霉处理，其值为 31.65cm^2，最高是摩西球囊霉，其值为 46.67cm^2。正常浇水下，4 个接种组中幼套球囊霉和混合接种的值接近，其值分别为 50.49cm^2 和 49.53cm^2，二者之间的差异不具有统计学意义，最小的是层状球囊霉，其值为 31.05cm^2，层状球囊霉与摩西球囊霉处理之间的差异不具有统计学意义，但与其他接种处理之间的差异具有统计学意义。

5. 接种丛枝菌根真菌的香樟幼苗在水分胁迫下的根系平均直径

如图 6-2 右图所示，在重度胁迫下，非接种处理和层状球囊霉接种处理的根系直径之间的差异不具有统计学意义，这两者显著高于摩西球囊霉、幼套球囊霉和混合接种处理，而后三者处理的根系平均直径为 0.4972~0.5233mm。中度水分胁迫条件下，根系直径最高的是对照非接种处理,为 0.6365mm,最低的是层状球囊霉处理,为 0.4682mm,两者之间的差异具有统计学意义,也与摩西球囊霉、幼套球囊霉和混合接种的差异具有统计学意义,但后三者之间的差异不具有统计学意义。在轻度胁迫下,摩西球囊霉和混合接种之间的差异不具有统计学意义,两者与非接种对照、层状球囊霉和幼套球囊霉之间的差异具有统计学意义,后三者之间的差异不具有统计学意义。在正常浇水下,非接种与混合接种之间值接近,分别为 0.6036mm 和 0.6242mm,两者之间的差异不具有统计学意义,其余三个处理中,层状球囊霉直径为 0.5254mm、摩西球囊霉直径为 0.5420mm,幼套球囊霉直径为 0.5517mm,它们之间的差异性也不具有统计学意义。

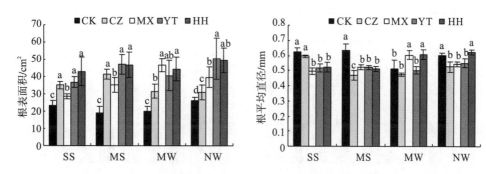

图 6-2 接种不同 AM 真菌的香樟幼苗在水分胁迫下的根表面积(左)和根平均直径(右)

注:字母不同表示同一水分处理下平均值之间差异性显著($P<0.05$)。

6. 接种丛枝菌根真菌的香樟幼苗在水分胁迫下的根体积

如图 6-3 左图所示,根体积所反映的整体情况类似于根表面积,重度水分胁迫下,非接种处理与摩西球囊霉之间的差异不具有统计学意义,混合接种处理与层状球囊霉之间的差异不具有统计学意义,与其他 4 种 AM 真菌处理之间的差异具有统计学意义。在中度胁迫下,对照与 4 个 AM 接种处理之间的差异具有统计学意义,非接种处理的根体积最低,为 0.2956cm^3,摩西球囊霉处理的根体积显著低于幼套球囊霉、层状球囊霉和混合接种处理,最高的是幼套球囊霉,其值为 0.6156cm^3。轻度胁迫下,非接种处理的根体积显著低于任何一个接种处理,层状球囊根体积显著低于其他任何一个接种处理,摩西球囊霉显著高于幼套球囊霉,但是与混合接种处理之间的差异不具有统计学意义,根体积最大的是摩西球囊霉,其值为 0.7103cm^3,最小的是对照处理,其值为 0.2637cm^3。正常浇水条件下,非接种处理和层状球囊霉接种的香樟幼苗根体积接近,分别为 0.3973cm^3 和 0.4026cm^3,两者显著低于摩西球囊霉、幼套球囊霉和混合接种处理,后三者之间也存在一定差异,最高的是混合接种,其值为 0.7760,其次是幼套球囊霉和摩西球囊霉,值分别为 0.7195cm^3 和 0.5402cm^3,摩西球囊霉与混合接种处理之间的差异具有统计学意义。

7. 接种丛枝菌根真菌的香樟幼苗在水分胁迫下的根尖数量

如图 6-3 右图所示,接种 AM 真菌后,重度水分胁迫下,非接种处理与摩西球囊霉接种的根尖数差异不具有统计学意义,根尖数分别为 172 和 169,其余 3 个接种处理的根尖数情况：层状球囊霉，206；幼套球囊霉，240；混合接种，263。层状球囊霉处理的根尖数量显著低于幼套和混合接种，而这两者之间的差异不具有统计学意义。中度水分胁迫下，根尖数最高的是层状球囊霉接种，为293，显著高于对照和摩西球囊霉接种，但与幼套球囊霉和混合接种两两之间的差异具有统计学意义。轻度胁迫下，根尖数最多的是幼套球囊霉，为290，显著高于对照和层状球囊霉处理，但与摩西球囊霉和混合接种处理差异不具有统计学意义；非接种处理的根尖数为126，比任何一个AM接种处理都低，而层状球囊霉、摩西球囊霉和混合接种处理的根尖数之间的差异不具有统计学意义。正常浇水处理与轻度水分胁迫处理所反映的结果一致，根尖数最高的是幼套球囊霉接种，为269，最低的是CK，为126，但是总体上略低于轻度水分胁迫处理。

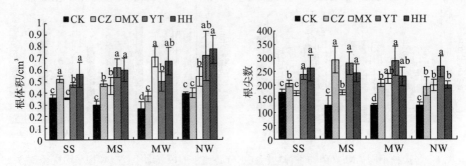

图6-3 接种不同AM真菌的香樟幼苗在水分胁迫下的根体积(左)和根尖数量(右)

注：字母不同表示同一水分处理下平均值之间差异性显著($P<0.05$)。

6.1.3 讨论

植物的根系生长是受AM真菌和水分间接影响的(Sieverding, 1986)。AM真菌菌丝体吸收土壤水分，传递给宿主植物(Hardie, 1985；Allen, 1982)，并通过植株光合作用和生理状况来改变植株体内水分移动的效率(Augé, 2001)，从而使AM菌根减轻宿主植株遭受干旱的伤害(Ruiz-Lozano, 2003)。实验中接种与非接种处理相比较，根系生物量、根系总长度、根系表面积、根体积、根尖数量等根系性状指标均显著提高，这与许多研究结果一致(何跃军等，2007b；Simpson and Daft, 1990；Sieverding, 1986)，表明AM真菌促进了根系生长并改变了根系形态，增大了碳水化合物向根系的积累和分配，提高了植物的根冠比，有利于增强植物的抗旱性(Smucker and Aiken, 1992)。菌根真菌对宿主植物在形态上的效应是不一样的(Simpson and Daft, 1990)，这种结果归因于菌种对宿主植物影响的变异性(Carling and Brown, 1980；Abbott and Robson, 1978)，并反映在本实验接种处理的根系形态特征上，如幼套球囊霉对香樟幼苗表现出了更大的菌根效应，这从各项形态指标以及菌根依赖性可以看出，这一结果对指导喀斯特地区植被恢复具有重要的指导意义。

本实验中，相同的菌种处理在中度水分胁迫下根系总长、根尖数量较其他水分胁迫处理高，但是水分胁迫会降低根系生物量的积累和根体积。宋会兴等(2007b)认为，随着土壤含水量的降低，构树(*Broussonetia papyrifera*)幼苗根系生物量也降低，其总长度、根系体积和根系表面积明显减小，根尖数量也表现出这种趋势。刘锦春和钟章成(2009)研究柏木(*Cupressus funebris*)苗时发现，在水分胁迫程度不大、历时不长的情况下，有助于诱导根系下扎，并改变生物量配置格局，这一结论支持了我们的实验结果。以上结果表明，水分胁迫到一定程度时，香樟幼苗更需要通过 AM 真菌来维持其在干旱环境下的生长，这种 AM 真菌与水分的交互作用使得植株对干旱环境做出调整，即增大根系总长、根尖数量并更大程度地依赖 AM 真菌利用土壤水分，菌根依赖性在中度胁迫下较其他水分状况下要高的实验结果也证明了这一点。

根系平均直径和根尖数量是反映根系吸收功效的参数。香樟幼苗根系在水分相对比较亏缺时(中度和重度)，苗木根系如果没有 AM 真菌的侵染，则根系平均直径增大，在接种条件下则有降低的趋势。Fitter(1986)认为：细根投入低，表面积大，寿命短；粗根生长迅速，寿命长，但表面积相对小，因此在干旱环境中主根对营养物质的吸收能力比相同质量的细根要小。本研究结果中，非接种处理的根表面积、根体积、根系总长以及根系生物量在受到水分胁迫时均较正常浇水处理低，而平均直径有增加的趋势，说明没有 AM 真菌的情况下植株以提高径生长、降低伸长生长来维持根系活力，当有 AM 真菌径存在时，这种径生长的效应变得不明显。Sieverding(1986)对高粱(*Sorgbum bicolor*)接种后进行水分胁迫，结果发现非菌根宿主植株较菌根宿主植株有更高比例的主根，学者们认为这是非接种处理对水分摄取的一种适应方式，这个结果与本实验重度胁迫和中度胁迫的非接种处理的平均直径高于接种处理的结果吻合，也支持了朱守谦(1997)认为的持续地水分供应不足的喀斯特地区植物具有发达和穿透能力较强根系的论断。非接种处理的根尖数量在重度胁迫下较高，AM 菌丝体具有植株营养"根"的功能，非接种处理下缺少这种"根"，植株必须做出缺水环境的适应对策，这也是植株个体觅食行为的一种表现(Smucker and Aiken，1992)。

由实验结果可知，适度的水分胁迫可能会更好地发挥 AM 真菌对宿主的功能效益，菌根真菌与水分对植物生长功能的作用可能存在一个耦合度，这也是本实验下一步需要继续探索研究的问题。

6.2 喀斯特土壤上香樟幼苗接种不同丛枝菌根真菌后的耐旱性效应

我国是世界上喀斯特面积分布最大的国家，其面积约占国土总面积的七分之一，而贵州是中国喀斯特分布的中心(朱守谦，1997)。喀斯特地区水分亏缺，土壤富钙偏碱性，水分是该区域的限制性因子(何跃军等，2007a、b，2005；Smith，1997)。对喀斯特地区进行生态恢复，树种的苗木质量和造林成活率是关键性问题。许多研究表明，丛枝菌根真菌可以显著提高宿主植物的生长和抗旱性(何跃军等，2007b)，菌根育苗技术是目前在农林业上广泛推广的应用技术，这就为喀斯特植被恢复提供了一条新的途径。干旱地区 AM 的作用主要表现为增加植物抗旱性和提高水分传递速率，AM 真菌与宿主植物之间共生生活而达到高度平衡的联合体，具有扩大宿主植物根系吸收面积、增加宿主植物对磷及其他养分的吸收、提高宿主植物抗逆性等有益作用(弓明钦等,2007)。然而,有效的 AM 菌种直接关系到苗木的侵染以及对干旱环境和喀斯特碱性土壤的适应,进而影响到苗木质量。菌种的有效性一般由不同环境条件下植物的生长反应以及菌根依赖性(吴强盛等,2006)和宿主的生长生理状况来决定。喀斯特植被恢复中树种的耐旱性是我们首要关注的问题,接种 AM 真菌后是否提高了树种的耐旱性可以通过接种 AM 植株对干旱的响应来间接检测。本书通过在喀斯特土壤(石灰土)基质上接种 AM 真菌,以喀斯特土壤适生植物香樟为研究对象,采用干旱处理研究球囊霉属(*Glomus*)的两个 AM 菌种接种对香樟在喀斯特土壤上的耐旱适应性的影响,以期为喀斯特生态系统的恢复和重建提供一定的理论支持。

6.2.1 实验材料与方法

1. 实验材料

菌种购买于北京市农林科学院植物营养与资源研究所,包括幼套球囊霉(*Glomus etunicatum*,GE,编号:BGC GZ03C),层状球囊霉(*Glomus lamellosum*,GL,编号:BGC NM03E)。香樟(*Cinnamomum camphora*)种子于 2009 年 11 月采于贵州大学南校区内同一香樟母树。土壤取自贵阳市花溪喀斯特典型地段的石灰土。

2. 实验处理

实验按接种和干旱胁迫作 2 个接种处理和 4 个水分处理,每个处理 5 个重复,样本容量 40。随机区组对不同接种处理和干旱处理进行苗木培养。接种处理:用上述 2 个菌种对香樟种子进行单独接种处理,并设置对照(CK)非接种处理,共有 3 个(CK、GL、GE)接种处理方式。在 0.14MPa、124~126℃下将基质土壤连续灭菌 1h,塑料花盆灭菌 30min。接种前将灭菌土按 3kg/盆装入规格为 190mm×150mm 的塑料花盆内备用。选择饱满的香樟种子在 0.5%的 $KMnO_4$ 溶液中浸泡 10min,用无菌水冲洗 3 次。接种时称取各菌种接种体 30g 均匀平铺于灭菌土,播入灭菌种子,1 粒/盆,然后放上疏松表土,处理后放入培养室,每天用无菌水浇注,待幼苗出土后一个月换用蒸馏水浇注。对照则不放入接种体,将过滤的 2 个接种剂滤液 10mL 加于盆内,并加 30g 高温灭菌接种菌剂,以保持除目的菌种以外其他微生物区系的一致性。其他培养条件与前面一致。干旱胁迫处理:待幼苗出土生长 80d 后,将以上各接种处理按正常浇水(well water,WW,作为干旱胁迫的对照)、轻度干旱(mild water stressed,MW)、中度干旱(moderate water stressed,MS)和重度干旱(serious water stressed,SS)进行处理。①WW 处理:维持土壤含水量为田间持水量的 80%~90%;②MW 处理:维持土壤含水量为田间持水量的 65%~75%;③MS 处理:维持土壤含水量为田间持水量的 50%~60%;④SS 处理:维持土壤含水量为田间持水量的 35%~45%。用称重法每天浇水,其他管理一致。水分处理 60d 后进行各项指标测定。

3. 指标测定

全部收获的植株在 80℃条件下烘干至恒质量,在万分之一天平上称质量获取生物量。

测量完生物量的叶片材料选取顶芽向下第 4 片功能叶进行生理指标测定,指标测定时做 5 个重复。脯氨酸测定采用茚三酮比色法,可溶性糖的测定采用蒽酮比色法,可溶性蛋白质测定采用考马斯亮蓝法,丙二醛测定采用硫代巴比妥酸比色法(张志良和瞿伟菁,2004;王晶英和敖红,2003)。菌根依赖性的测定参照 Bagyaraj(1994)的方法,即:菌根依赖性 (%)=(接种植株干质量-对照植株干质量/接种植株干质量)×100%。参照 Phillips 和 Hayman(1970)的方法测定菌根侵染率。

4. 数据处理

所有数据分析全部是利用 SPSS 13.0 完成。采用 Two-way ANOVA 评价菌株和干旱胁迫处理对香樟幼苗形态生理性状的影响,不同水分梯度下幼苗形态生理性状在不同菌株间的差异用 One-way ANOVA-Duncan 多重比较分析检验,统计检验的显著水平设定为 0.05。

6.2.2 研究结果

1. 不同 AM 真菌接种的香樟幼苗在干旱胁迫下的菌根依赖性差异

由表 6-2 所知,在正常、轻度和中度水分处理下,香樟幼苗菌根依赖性在 GE 接种与 GL 接种之间没有显著差异,但是在重度干旱胁迫下,GE(62.08%)接种处理显著高于 GL(41.58%)接种处理,表明在重度干旱胁迫下,宿主植株对幼套球囊霉的依赖程度更高。对同一 AM 接种方式而言,GL、GE 接种处理均在中度胁迫下菌根依赖性最大,其值分别为 GL73.94%、GE73.02%,并显著高于重度、轻度和正常水分供应,表明中度胁迫下植株菌根依赖性更大。随胁迫程度增加,菌根依赖性增强,在重度干旱胁迫下则有所降低,说明植物与 AM 真菌的共生作用不仅与 AM 真菌有关,还与外界环境因子有关。

表 6-2 干旱胁迫下香樟幼苗的菌根依赖性(%)

处理	重度(SS)	中度(MS)	轻度(MW)	正常(WW)
层状球囊霉(GL)	41.58 bB	73.94 aA	55.60 aB	54.57 bB
幼套球囊霉(GE)	62.08 aB	73.02 aB	61.13 aB	59.15 aB

注:小写字母不同表示同一列中平均值之间差异性显著($P<0.05$),大写字母不同表示同一行中平均值之间的差异性显著。

2. 干旱胁迫下不同 AM 接种处理的香樟幼苗生物量变化

两种 AM 真菌对宿主植物香樟的生物量都有明显的促进效应。如图 6-4 所示,接种 AM 真菌后,香樟幼苗生物量积累显著提高,所有处理中对照均显著低于层状球囊霉和幼套球囊霉接种处理。在正常水分处理下,生物量积累在 GL 接种处理下提高了 90.29%,在 GE 接种处理下提高了 137.73%;轻度干旱胁迫下 GL 接种处理和 GE 接种处理的生物量差异不显著,分别较对照提高了 134.15%和 173.46%;中度干旱胁迫下,GL 接种处理和 GE 接种处理的生物量差异不显著,分别较对照提高了 178.27%和 205.97%,此条件下 AM 对香樟幼苗生长的促进效应最大;重度干旱胁迫下,GL 接种处理和 GE 接种处理之间生物量差异显著,分别较对照提高了 79.52%和 121.73%。生物量最大的是正常水分的 GE 接种处理,为 0.2775g/株,而最小的接种处理是重度胁迫下的 GL 处理,为 0.1966g/株。正常水分和重度水分处理下,GE 较 GL 生物量显著要高,而轻度和中度干旱胁迫下二者生物量差异不显著。同一接种状况下,干旱胁迫适当降低了生物量的积累,但降低的程度不显著。总体上干旱胁迫下 AM 促进香樟幼苗生长的生物量效应依次为:中度>轻度>正常>重度;幼套球囊霉>层状球囊霉。

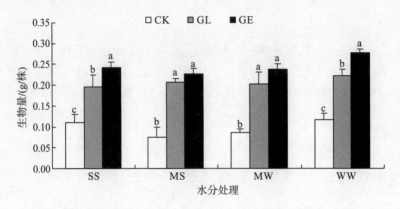

图 6-4　接种不同 AM 真菌的香樟幼苗在水分胁迫下的生物量差异

注:字母不同表示同一水分处理下平均值之间差异性显著($P<0.05$)。

3. 干旱胁迫下不同 AM 接种处理的香樟幼苗叶片可溶性糖含量

如图 6-5 所示,本研究中,可溶性糖含量在 4 种干旱胁迫处理和 AM 接种处理下,均较非接种处理要高。在正常水分供应下,植株叶片可溶性糖含量大小依次为 GL>GE>CK,GL 与 GE 和 CK 差异性显著,其值分别为 25.76mg/g、18.55mg/g 和 15.63mg/g,但 GE 和 CK 之间差异性不显著。轻度干旱胁迫下也同样是 GL>GE>CK,三者的值分别为 27.39mg/g、25.83mg/g 和 19.78mg/g,GL 与 GE 差异不显著,但二者与 CK 差异显著。在中度干旱胁迫下,植株叶片可溶性糖含量则为 GE>GL>CK,其值分别为 31.36mg/g、29.67mg/g、27.60mg/g,三者差异性不显著。重度胁迫下,植株叶片可溶性糖含量趋势与中度胁迫下相同,即 GE>GL>CK,其值分别为 38.87mg/g、34.71mg/g 和 25.54mg/g,三者之间两两差异显著。结果表明,随着胁迫强度的增加,植株生理抗旱性表现在不同的 AM 真菌接种处理上,可溶性糖渗透调节结果是幼套球囊霉较层状球囊霉更具有生理耐旱性。无论何种接种处理,随着干旱胁迫的增强,植株叶片可溶性糖含量增加,即可溶性糖含量表现为 SS>MS>MW>WW。

4. 干旱胁迫下不同 AM 接种处理的香樟幼苗叶片可溶性蛋白质含量

如图 6-6 所示,在所有处理中,接种 AM 的植株叶片可溶性蛋白含量较对照均显著提高,延缓了香樟幼苗植株叶片的衰老进程。正常水分供应下,GL 接种处理时,植株叶片可溶性蛋白质含量最高,为 2.237mg/g;GE 接种处理时,植株叶片可溶性蛋白质含量为

2.161mg/g，总体表现为 GL>GE>CK 的趋势，GE 和 GL 之间差异不显著，二者与对照差异性显著。轻度、中度、重度干旱胁迫下，植株叶片可溶性蛋白含量均表现为 GE>GL>CK，接种 AM 处理均显著高于非接种 CK 处理；在中度、重度处理下，GE 与 GL 之间差异性显著，在轻度干旱胁迫下，GE 和 GL 之间差异不显著。结果表明，干旱胁迫程度增加，AM 菌种对香樟幼苗叶片可溶性蛋白的渗透调节分化明显增加。相同接种处理的香樟幼苗，可溶性蛋白含量最高的是在中度胁迫下，高于其他的干旱胁迫处理，表明一定的干旱胁迫有助于提高植株的可溶性蛋白，但过度的胁迫则会使可溶性蛋白降低，这可能与植株渗透调节生长的适合度有关。

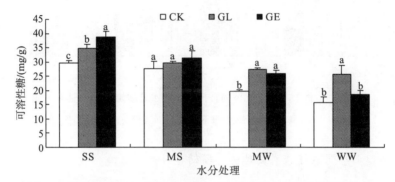

图 6-5 接种不同 AM 真菌的香樟幼苗在水分胁迫下的可溶性糖差异

注：字母不同表示同一水分处理下平均值之间差异性显著（$P<0.05$）。

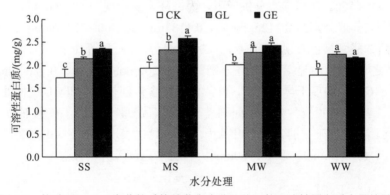

图 6-6 接种不同 AM 真菌的香樟幼苗在水分胁迫下的可溶性蛋白质含量差异

注：字母不同表示同一水分处理下平均值之间差异性显著（$P<0.05$）。

5. 干旱胁迫下不同 AM 接种处理的香樟幼苗叶片脯氨酸含量

由图 6-7 可知，接种 AM 真菌后，均提高了植株叶片脯氨酸的含量。在正常水分供应下，各种接种处理对叶片脯氨酸含量的提高量依次为 GL>GE>CK，其值分别为 0.3396mg/g、0.2799mg/g 和 0.2187mg/g，三者之间差异性显著。在轻度、中度和重度干旱胁迫处理下，叶片脯氨酸含量的提高程度均表现为 GE>GL>CK，轻度和中度干旱胁迫下 GL 与 GE 之间差异性不显著，而重度干旱胁迫下则是 GL 与 GE 之间差异性显著。

其中，重度干旱胁迫下，对照与 GL 之间差异性不显著，但与 GE 之间差异性显著。叶片脯氨酸含量在重度干旱胁迫下呈明显增大，其值为 0.9042mg/g。总体上，随着干旱胁迫程度增强，无论是接种 AM 处理还是非接种处理，叶片脯氨酸含量均有增加的趋势，即脯氨酸含量增加量为 SS>MS>MW>WW。

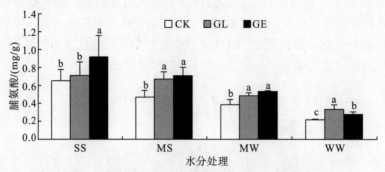

图 6-7　接种不同 AM 真菌的香樟幼苗在水分胁迫下的脯氨酸含量

注：字母不同表示同一水分处理下平均值之间差异性显著（$P<0.05$）。

6. 干旱胁迫下不同 AM 接种处理的香樟幼苗叶片丙二醛含量

植物器官衰老或在逆境下遭受伤害，往往发生膜脂过氧化作用，MDA 的积累可能对膜和细胞造成一定的伤害。如图 6-8 所示，接种 AM 真菌后，植株叶片丙二醛含量较 CK 均有不同程度的降低。在正常水分供应下，丙二醛含量表现为 GE<GL<CK，但是三者之间差异不显著，其值分别为 0.1125μmol/g、0.1183μmol/g 和 0.1223μmol/g。在轻度干旱胁迫下，叶片丙二醛含量也表现为 GE<GL<CK 的趋势，CK 显著高于 GL 和 GE 接种处理，GL 与 GE 之间差异性显著，其值分别为 0.1420μmol/g（GL）、0.1264μmol/g（GL）、0.1174μmol/g（GE）。中度干旱胁迫下，叶片丙二醛含量则是 CK 和 GL 接种处理之间差异性不显著，二者与 GE 接种处理之间则差异性显著，最小的是 GE 接种处理，其值为 0.0970μmol/g。在重度干旱胁迫下，叶片丙二醛含量也表现为 GE<GL<CK，其值分别是 0.1287μmol/g、0.1433μmol/g 和 0.1560μmol/g，三者之间差异性显著。

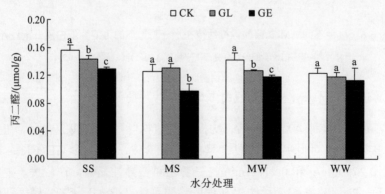

图 6-8　接种不同 AM 真菌的香樟幼苗在水分胁迫下的丙二醛含量

注：字母不同表示同一水分处理下平均值之间差异性显著（$P<0.05$）。

7. 水分处理下香樟幼苗叶片各渗透调节物质的相关性分析

表 6-3 相关性分析表明，可溶性糖与脯氨酸之间相关性达到极显著水平($P=0.000$)，而蛋白质与丙二醛之间呈显著的负相关性($P=0.026$)，其余可溶性糖与可溶性蛋白、丙二醛之间呈正相关性，但不显著($P>0.05$)，而可溶性蛋白与脯氨酸、脯氨酸与丙二醛之间也呈正相关性，但均不显著($P>0.05$)。本实验中，接种 AM 真菌后脯氨酸和可溶性糖含量以及可溶性蛋白含量增加，这三种物质均是渗透调节物质，因此，这三者之间呈正相关性，而可溶性糖与脯氨酸之间达到极显著水平，还与它们二者之间随干旱胁迫程度加剧含量呈一致性变化有关，丙二醛含量在接种后降低了，因此，与可溶性蛋白之间存负相关性。各代谢物质之间的相关性表明，植物在受到干旱胁迫和 AM 真菌共同作用时，做出生理上的渗透调节来适应环境是耐旱适应的表现。

表 6-3 水分处理下香樟幼苗叶片渗透调节物质的 Pearson 相关性

	可溶性糖	可溶性蛋白	脯氨酸	丙二醛
可溶性糖	1	0.426	0.944**	0.163
蛋白质		1	0.412	-0.636*
脯氨酸			1	0.209
丙二醛				1

注：**表示相关性极显著($P<0.01$)，*表示相关性显著($P<0.05$)。

6.2.3 讨论

植株体内可溶性糖、脯氨酸、可溶性蛋白均是渗透调节物质，有利于维持细胞膨压并提高植株抗旱性(贺学礼等，2000)。AM 真菌可以通过促进宿主对营养物质的吸收间接改变宿主水分关系(Bryla and Duni，1997)，从而在宿主生理代谢上通过渗透调节来适应干旱环境的胁迫。本实验结果表明，AM 真菌侵染后可提高宿主的生物量、可溶性糖、脯氨酸、可溶性蛋白质含量，降低丙二醛含量。宿主植物叶片的脯氨酸浓度增加，很大程度上促进了植物对土壤自由水和部分束缚水的利用，被认为有利于 AM 植株耐旱性的增强(Ruiz-Lozano and Azcón，1995)。干旱胁迫条件下，AM 植株蛋白含量比非接种植株高也被认为是有益于 AM 植株的抗旱效应(Subramanian and Charest，1997，1995；Ruiz-Lozano and Azcón，1996)。丙二醛是膜脂过氧化的最终产物，其含量可以反映植物遭受逆境伤害的程度。丙二醛可以与蛋白质、核酸反应产生交联反应，并使纤维素分子的化学键松弛，或抑制蛋白质的合成，因此，丙二醛的积累可能对膜和细胞造成一定的伤害(王晶英，2003)。本实验中，接种的幼苗叶片可溶性糖、脯氨酸、可溶性蛋白质含量升高，丙二醛含量降低，这一结果与吴强盛等(2006)和 Wu 等(2006a、b)研究枳(*Poncirus trifoliata* (L.) Raf.)实生苗在干旱胁迫和接种 *G.versiforme*、*G.mosseae* 条件下的结果一致，可以认为是 AM 真菌提高了幼苗的抗旱性，随着干旱胁迫程度提高，同一接种处理的植株可溶性糖和脯氨酸含量增加，这是幼苗对土壤水分胁迫的渗透调节适应性的表现。

AM 真菌对宿主植物及环境条件的选择性和适应能力不同，菌种在干旱胁迫下耐旱性的分化可能与菌种的生物学特性和菌种的来源有关(Smith and Read, 1997；弓明钦等, 1997)。本实验的幼套球囊霉分离于贵州晴隆，来源于典型的喀斯特地貌区，对喀斯特土壤和贵州气候条件已有长期的适应，而层状球囊霉分离于内蒙古伊金霍洛旗，属于北方菌种。Leu 和 Chang(1994)认为，不同的 AM 真菌和同一植物形成的菌根表现出不同的菌根生理效应，这是由菌种的生物学特性以及与宿主植株之间的亲和性引起的(Van der Heijden et al., 1998；Streitwolf-Engel et al., 1997)，表现为侵染宿主植物幼苗的菌根依赖性的差异，如本实验中幼套球囊霉比层状球囊霉具有更大菌根依赖性，在中度干旱胁迫下这种差异性更为显著，说明适度干旱胁迫下，宿主植物与 AM 真菌之间的共生依赖性能发挥最大效应。对植物来说，AM 与土壤含水量之间可能存在一种耦合效应，随着土壤含水量减少，两个菌种在耐旱性上表现了不同的适应差异，如在正常供水条件下，可溶性糖、可溶性蛋白质、脯氨酸、丙二醛含量均表现为层状球囊霉接种植株>幼套球囊霉接种植株，但干旱胁迫增加，逐渐演化为层状球囊霉接种植株<幼套球囊霉接种植株，并且在中度或重度干旱胁迫下这种差异性达到显著水平。菌种的有效性一般由不同环境条件下植物的生长反应以及菌根依赖性所决定(王晶英和敖红，2003)，本实验的香樟幼苗菌根依赖性以及渗透调节指标的生理反应结果可以看成本研究中的两个菌种比较，幼套球囊霉在干旱胁迫下是较为高效的耐旱性菌种。这就启示我们，在喀斯特地区生态环境恢复中，菌根育苗造林应尽量选择本土菌种，以取得更大效益。本研究菌种的耐旱性只是针对香樟幼苗接种，其他植物材料是否能够被侵染或者侵染后是否有此耐旱性需要做进一步研究。

第7章 丛枝菌根调控适生植物营养利用与土壤养分转化

7.1 接种不同丛枝菌根真菌对构树幼苗氮、磷吸收的影响

菌根研究是当前生态学研究的热点。AMF 是一类能够与大多数植物形成共生关系的真菌。菌根与土壤的交互作用形成菌根际，它由有生命的真菌、植物和非生命的土壤形成微生态系统。关于 AMF 能够促进植物生长、改变根际环境已有不少报道(黄艺等，2000；冯固等，1999，1997)。石灰岩地貌是一种具有特殊的物质、能量、结构和功能的生态系统(郑永春和王世杰，2002)，其上生长的植被一旦被破坏便难以恢复(朱守谦和何纪星，2003)。构树作为我国南方石灰岩地区生长的常见物种，在石灰岩生态系统植被恢复过程中起着重要作用。而石灰岩地区瘠薄的土壤上植物能够较好地生长是否与植物根际微生物有关，菌根是否是石灰岩系统中植物演替恢复的重要对策，成为探索石灰岩生态系统植被恢复的重要问题。有人发现构树、鬼针草等石灰岩适生植物被丛枝菌根真菌所侵染(Li et al.，2004；李建平等，2003)，但缺乏对其进一步的深入研究。由于石灰岩地区土壤侵蚀强度大，容易造成养分的流失，丛枝菌根真菌侵染植物后是否对其养分利用造成一定的影响，是关系到石灰岩生态系统养分循环利用和植被恢复潜力研究的重要问题。目前，从菌根角度研究石灰岩地区适生种群生态学特性的文献还未见报道，故开展石灰岩地区石漠化基质上适生种群和菌根真菌关系的生态学研究，是石灰岩植被恢复的一条重要途径。近年来，应用菌根促进植物生长有较多的研究(阎秀峰和王琴，2002，2004；Gehring，2003；何兴元等，2002)，选取构树为研究对象，以石灰岩土壤基质为材料进行 AM 真菌的接种实验，测定其营养器官的 N、P 含量，以期从植株养分生理方面了解 AM 真菌对石灰岩适生种群的作用，对恢复石灰岩退化生态系统具有重要的理论和实践意义。

7.1.1 材料与方法

1. 实验材料

菌种为摩西球囊霉(*Glomus mosseea*，GM，约 300 个孢子/20g)，地表球囊霉(*Glomus versiforme*，GV，约 1000 个孢子/20g)，透光球囊霉(*Glomus diaphanum*，GD，约 900 个孢子/20g)，均从北京市农林科学院植物营养与资源研究所购得。植物种子采于贵阳花溪石灰岩山上同一株构树(*Broussonetia papyrifera*)。土壤基质取自重庆北碚鸡公山石灰岩山上的石

灰土。供试土壤理化性质如表 7-1 所示。

表 7-1 供试土壤理化性质

pH	有机质/%	碱解氮/(mg·kg^{-1})	速效钾/(mg·kg^{-1})	速效磷/(mg·kg^{-1})	交换性钙/(mg·kg^{-1})	全钾/(g·kg^{-1})	全磷/(g·kg^{-1})	全氮/(g·kg^{-1})	水分系数
6.815	2.674	68.355	108.415	1.7615	2326.4	14.625	0.4655	1.337	0.943

2. 实验处理

实验分接种组(M+)和对照组(M-)，每一个组内分单独接种(single-inoculation，SI)和混合接种(co-inoculation，CI)处理，每个处理 5 个重复。将构树种子在 10%的 H_2O_2 内浸泡 20min，用无菌水冲洗 3 次进行种子灭菌处理。同时将野外取回的石灰土喷 5%苯酚溶液 4mL/m^2 后在高压灭菌锅压力 0.14MPa、124～126℃条件下连续灭菌 1h 后作为幼苗培养基质，备用。同样条件下将塑料花盆高压灭菌 30min。将灭菌基质称取 1.5kg/盆装入规格为 190mm×150mm 的塑料花盆内，备用。

接种组(M+)：①混合接种。等量称取以上菌剂 GM、GV、GD 共 20g 均匀混合，平铺于已装盆的灭菌土表面，播入灭菌构树种子，再放入一层疏松的表土覆盖种子及菌剂（一方面使种子保湿，另一方面隔离外界杂菌的污染）。每个处理各 5 个重复，该接种处理为 CI。②单独接种。以同样的方法称取以上菌种各 20g 于已装土的备用盆内，均匀铺平后放入构树种子，然后放上疏松表土，每个菌种处理 5 个重复，该接种处理为 SI。①、②处理后放入培养室，每天用无菌水浇注，待幼苗出土后一个月换用蒸馏水。

对照组(M-)：该组不接种 AM 菌。①混合接种对照。等量称取以上菌剂 GM、GV、GD 共 20g 均匀混合，进行 0.14MPa、124～126℃灭菌 20min 后均匀铺于灭菌土上，同样称取等量混合菌剂共 20g 加入 200mL 无菌水浸泡 10min 后用双层滤纸过滤，取其滤液 10mL 加于灭菌接种物上以保证除了目的菌种以外的其他微生物的区系一致，然后播入灭菌构树种子，覆盖灭菌土以作为混合接种对照处理。每个处理 5 个重复。②单独接种对照。同样称取以上菌种各 20g 进行 0.14MPa、124～126℃灭菌 20min 后均匀铺于灭菌土上，再将各未灭菌菌剂称取 20g 分别加入 200mL 无菌水浸泡 10min 后用双层滤纸过滤，分别取其滤液 10mL 加于灭菌接种物上，然后播入灭菌构树种子，覆盖灭菌土以作为单独接种对照。每个处理 5 个重复。

3. 指标测定

N、P 测定：幼苗培养 3 个月后，分别取处理组和对照组幼苗同等部位根、茎、叶（叶片采用功能叶）放入烘箱内以 80℃烘干，待测。N 素测定采用凯氏定氮法（用瑞士 BÜCHI 公司生产的 Distillation Unit B-324 全自动凯氏定氮仪测定）；P 素测定采用钼锑抗比色法（钱淑萍，2001）；过氧化氢酶(catalase)活性测定采用容量法；蛋白酶(protease，PRO.)活性测定采用茚三酮比色法；碱性磷酸酶(alkaline phosphatase，ALP.)活性测定采用磷酸苯二钠比色法；多酚氧化酶(polyphenol oxidase，PPO)活性测定采用邻苯三酚比色法（关松荫等，1986)。比色采用岛津 2550 紫外可见分光光度计测定。菌根侵染率的测定采用酸性品红染色，然后用感染长度计算法测定菌根侵染率(Schulze，1989)。

4. 数据处理

采用 SPSS11.0 软件进行数据差异性统计分析。

7.1.2 结果与分析

1. AM 接种处理对构树幼苗菌根侵染率的影响

幼苗生长 3 个月后测定其菌根侵染率，结果见表 7-2。在 GM、GV、GD 和 CI 4 种处理中，侵染率最高的为 CI 混合接种处理，达到 83.41%；最低的为透光球囊霉，侵染率 68.05%。而在 M-未接种处理中，各处理侵染率均为 0%。差异性检验的结果显示，4 种接种处理下 CI 混合接种处理与单独接种处理之间有显著差异。

表 7-2　不同处理对构树幼苗侵染率的影响

处理	侵染率/%	
	M+	M-
GM	76.5±4.61	0
GV	71.63±3.30	0
GD	68.05±5.12	0
CI	83.41±4.37	0

2. 接种 AM 真菌对构树生物量的影响

就构树生物量而言，单独接种 GM、GV、GD 或这 3 种菌根真菌混合接种后，其生物量与对照之间呈显著差异($P<0.05$)。接种 AM 真菌的构树幼苗生物量大小为 CI>GD>GM>GV，与对照相比，接种 GM 的构树幼苗的生物量提高了 1.56 倍，接种 GV 的构树幼苗的生物量提高了 3.80 倍，接种 GD 的构树幼苗的生物量提高了 2.02 倍，接种 CI 的构树幼苗的生物量提高了 5.48 倍，这一结果表明接种 AM 真菌能够促进构树幼苗生物量的积累，混合接种较单独接种对幼苗生物量贡献更大。同时，不同的 AM 真菌对同一宿主植物的生长促进作用有差异，这侧面说明构树对不同的菌种的依赖性不同，这对菌根化育苗中菌种的筛选具有一定的指导意义(表 7-3)。

表 7-3　接种 AM 真菌对构树幼苗生物量的影响

	GM	GV	GD	CI
M+	0.3842±0.0742a	0.3682±0.0736a	0.4783±0.0937	0.9768±0.1713a
M-	0.1499±0.0759b	0.0767±0.0151b	0.1581±0.0382b	0.1508±0.0257b

3. 接种 AM 真菌对构树 N 含量的影响

由图 7-1 可以看出，接种 AM 真菌后，构树幼苗植株根、茎、叶的 N 素处理组均比 CK 组高，其提高程度因不同的 AM 处理而有所不同。无论是处理组还是对照组，N 素含量在构树幼苗植株中的分配均是根<茎<叶，即根的含量最小，叶的含量最大。在 GM 处理条件下，根系中 N 含量提高 75.96%、茎中 N 含量提高 82.58%、叶提高 17.33%；在 GV 处理下，构树根系 N 含量提高 197.71%，茎中 N 含量提高 84.10%，叶中 N 含量提高 73.71%；在 GD 处理下根中 N 含量提高 242.77%，茎中 N 含量提高 18.14%，叶中 N 含量提高 107.53%；在混合接种条件下根、茎、叶中 N 含量提高率分别是 499.48%、38.85%、32.93%。该实验说明，接种 AM 真菌后能促进构树幼苗对 N 素的吸收。上述分析认为，接种组较对照组而言均表现为根对 N 的利用提高幅度比茎和叶都大，而其中的混合接种方式最为明显，其次是透光球囊霉单独接种处理。同时，混合接种处理下根、茎、叶中含氮量亦是处于较高的水平。

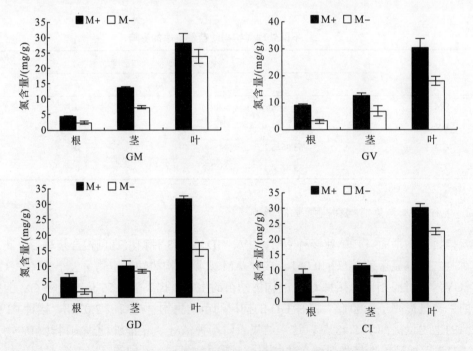

图 7-1 不同接种处理对构树幼苗氮吸收的影响

SPSS 统计分析表明，除了 GD 中茎的 N 含量在 M+与对应的 M-间无显著差异外，其余各 M+与对应 M-间均存在极显著差异（$P \leqslant 0.01$）。总体上看，接种 AM 能够促进构树幼苗根、茎、叶对 N 素的吸收利用。

4. 接种 AM 对构树 P 含量的影响

由图 7-2 可知，在构树根、茎中，无论是单独接种还是混合接种，均增加了构树幼苗对 P 素的吸收。除了混合接种 M+较 M-的叶片磷含量高外,其余叶片磷含量表现为 M+比 M-低。统计分析表明,接种组与 CK 组间根中 P 含量在混合接种与其对照无显著差异,其余处理均差异显著;茎中 P 含量在 GM 和 GV 处理以及混合接种下与其对照则存在显著差异($P \leq 0.05$);叶中 P 含量在 GM 处理下与 CK 组差异显著,其余接种处理与其对照处理均无显著差异。总的趋势看,接种 AM 菌能够提高根、茎对 P 素的吸收,而对叶中 P 的吸收则不尽然,无论是 M+还是 M-,除 GD 的 M-外,构树茎中 P 含量均最低。构树根中磷含量在 GM 处理下提高 23.19%;在 GV 处理下提高 29.41%;在 GD 处理下提高 29.64%;在混合接种下构树根中磷含量与对照组无显著差异。构树茎中磷含量在 M+处理下提高 38.37%;GV 处理下茎中磷含量提高 48.46%;GV 处理下与对照组无差异,其含量相当,分别为 4.71mg/g 和 4.661mg/g;混合接种处理下茎中磷含量显著提高了 55.08%。GD 接种处理下根、茎、叶中磷含量均较其他接种处理高,表明该菌种更能够促进对土壤磷的吸收利用。由此可见,接种 AM 真菌增强了宿主植物对 P 的利用。

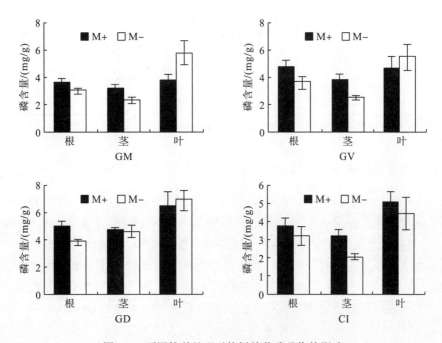

图 7-2　不同接种处理对构树幼苗磷吸收的影响

5. 接种 AM 真菌对基质土壤酶活性的影响

土壤酶系主要来源于动植物的分泌及其残体和微生物的分泌等(关松荫等,1986)。土壤中微生物的变化必然会影响土壤酶活性的变化,进而影响到植物对营养元素的转化和利用。对构树苗进行接种与不接种处理的结果表明,构树幼苗基质土壤酶活性在接种条件下均有所升高,不同的土壤酶因酶本身的性质的差异而酶活性表现有别。其中,土壤蛋白酶和碱性磷酸酶活性在 M+与 M-处理下的差异性均表现出显著水平($P<0.05$)。在混合接种(CI)处理下蛋白酶和碱性磷酸酶活性均表现最大活性,而多酚氧化酶活性最大的是 GD 处

理，过氧化氢酶活性最大的则为 GV 处理(表 7-4)。图 7-1 中接种构树较非接种构树植株根、茎、叶中 N 素含量提高了，其可能的原因之一是接种的 AM 真菌菌丝体在土壤内繁殖生长的过程中分泌释放出活性酶，如蛋白酶，蛋白酶将土壤中存在的氨基酸及其他含氮化合物转化成宿主植株可利用的氮源，而对照植株因缺乏菌丝体的分泌作用，故植株所能利用的 N 素较低。

表 7-4 构树幼苗不同接种处理对基质土壤酶活性的影响

处理		多酚氧化酶 /(mg·2h^{-1}·g^{-1})	蛋白酶 /(mg·24h^{-1}·g^{-1})	碱性磷酸酶 /(mg·24h^{-1}·g^{-1})	过氧化氢酶 /(mL·20min^{-1}·g^{-1})
GM	M+	0.0071 a	0.3166 a	0.3172 a	0.5844 a
	M-	0.0070 a	0.2465 b	0.2346 b	0.5984 a
GV	M+	0.0089 a	0.2896 a	0.3168 a	0.6312 a
	M-	0.0073 b	0.2376 b	0.2213 b	0.6132 a
GD	M+	0.0093 a	0.3128 a	0.3156 a	0.6113 a
	M-	0.0089 a	0.2356 b	0.2189 b	0.6000 a
CI	M+	0.0092 a	0.3295 a	0.3248 a	0.6121 a
	M-	0.0088 a	0.2241 b	0.2368 b	0.6072 a

注：字母相同表示 M+与 M-处理差异性不显著，字母不同表示 M+与 M-处理差异性显著。

6. 构树幼苗菌根侵染率与 N、P 含量及土壤酶活性的相关性分析

由表 7-5 可知，菌根侵染率与全 P、全 N 显著相关，同时也与蛋白酶和碱性磷酸酶显著相关，与多酚氧化酶($R=0.627$)和过氧化氢酶($R=0.468$)相关性不显著。构树幼苗在 N、P 利用上，与基质土壤酶活性之间存在一定的相关性。其中，构树幼苗对 N 的吸收与碱性磷酸酶活性呈显著相关性($P<0.05$)，而与多酚氧化酶以及过氧化氢酶活性相关性不显著($P>0.05$)，但根、叶对 N 的吸收与蛋白酶活性相关性显著，而茎对 N 的吸收则不然。构树苗对 P 的吸收除了与土壤中多酚氧化酶活性有极显著相关性外($P<0.01$)，其余相关性均不显著。构树幼苗对 N 的利用与 P 的利用没有显著相关性；在 N 的利用上，幼苗根系的吸收与叶片 N 含量的大小存在显著相关性；在 P 的利用上除了根与茎对 P 的吸收有显著相关性外，其余相关性不显著。植株根、茎和叶片 N 含量与叶片 P 含量之间还有一定的负相关性。土壤基质中，各种酶活性之间除了蛋白酶与碱性磷酸酶活性存在显著相关性外(相关系数为 0.833，$P=0.011$)，其余各酶活性相关性均不显著。相关分析表明，构树幼苗对 N 的吸收利用与蛋白酶和碱性磷酸酶活性有较大的关系，原因可能是蛋白酶参与土壤中存在的氨基酸、蛋白质以及其他含蛋白质氮的有机化合物的转化，它们的水解产物又是植物的氮源之一，从而显著影响了土壤中 N 的吸收和利用；植株根系对 P 的吸收利用只与多酚氧化酶活性有较大关系，与其他酶活性相关性不显著，这可能与酶本身的性质有一定关系，具体原因有待进一步研究。

表 7-5　构树幼苗菌根侵染率与氮磷吸收以及土壤酶活性的 Spearman's 相关性

		菌根侵染率	全氮			全磷			多酚氧化酶	蛋白酶	碱性磷酸酶	过氧化氢酶
			根	茎	叶	根	茎	叶				
菌根侵染率		1	0.824*	0.736*	0.837*	0.769*	0.697*	0.589	0.627	0.764*	0.783*	0.468
全氮	根		1	0.643	0.810*	0.595	0.476	-0.167	0.524	0.810*	0.714*	0.548
	茎			1	0.619	0.405	0.524	-0.452	0.357	0.69	0.786*	-0.048
	叶				1	0.476	0.405	-0.19	0.548	0.738*	0.762*	0.286
全磷	根					1	0.881**	0.381	0.857**	0.286	0.143	0.548
	茎						1	0.429	0.619	0.357	0.095	0.119
	叶							1	0.262	-0.214	-0.619	0.024
多酚氧化酶									1	0.31	0.333	0.571
蛋白酶										1	0.833*	0.048
碱性磷酸酶											1	0.119
过氧化氢酶												1

注：*表示 $P<0.05$ 时相关性显著；**表示 $P<0.01$ 时相关性显著。

7.1.3　讨论

本实验中，构树在接种 AM 真菌后能显著提高其对 N、P 的吸收，但因不同的菌种处理方式而有所差异。许多实验中都发现接种 AM 菌根真菌可显著促进植物对土壤中磷的吸收，原因归结于菌根真菌菌丝体的直接吸收作用和改变了土壤理化性质的间接作用，从而影响了根系本身对土壤养分的摄取能力。由于菌根真菌的侵染，使宿主根系土壤磷酸酶活性增加（宋福强等，2004；王元贞等，1995），这对植株对 P 的获取有重要作用。通过 ^{15}N 标记实验就已证明，AM 菌根菌丝能够从数厘米远的土壤中吸收 NH_4^+，并将其运输到宿主植物（Ames et al.，1983）。本实验构树叶片 P 素的增强效应并不显著，可能与 P 在植株体内生理转化过程所处的阶段有一定的关系，但总体上来说构树植株是提高了对土壤中 N、P 的吸收利用的。

宋勇春等（2001，2000）证实，对缺磷土壤上三叶草和玉米接种泡囊丛枝菌根真菌，可增加根际土壤酸性磷酸酶和碱性磷酸酶的活性。唐振尧等（1991）对枳苗接种 AM 菌根真菌，以施难溶性 P 肥而不接种菌根为对照，结果菌根真菌侵染率增高，使枳苗根系分泌磷酸酶活性增强，进而使植物含 P 量增多，他们认为 AM 菌根促进柑橘分泌磷酸酶而增强对难溶性 P 肥的吸收。本实验中，蛋白酶和碱性磷酸酶在接种组和对照组间酶活性差异显著，这种差异可能促进了土壤植物系统中 N 和 P 的转化过程的改变。菌根的作用不仅仅局限在植物根部对养分的吸收，而且可能通过一定的途径或方式调节着植物养分运输的生理过程，促进根部的养分通过茎尽快向叶片转移，以满足叶片光合代谢的需要，改变了养分在植物体内的分配比例（阎秀峰和王琴，2002）。相关分析表明，菌根侵染率与植株养分吸收有较大关系，同时与土壤蛋白酶和碱性磷酸酶活性显著相关，这表明接种 AM 真菌在某种程度上通过改变土壤酶活性的方式来增强宿主植株对土壤中 N、P 等营养元素的利用，这种生理上的响应可能通过植株生物量的形式表示出来,进而表现为植株生物量的积累。实验中接种 AM 真菌促进了植株生物量的积累,同时混合接种较单独接种对生物量促进效应更大,可能是混合接种处理下各菌种的协同效应的结果。比较根、茎、叶中 N 和 P 的含量可看出,AM 真菌对 N 的强化吸收作用要强于对磷的吸收作用。接种 AM 真菌后,构树幼苗叶片对磷的利用没有显著增强,而茎和叶对磷的利用增强了,但对氮的利用在根、茎、叶中均是极显著增强了。

7.2 丛枝菌根真菌对喀斯特土壤枯落物分解及养分转移

喀斯特是一种具有特殊的物质、能量、结构和功能的生态系统,土壤呈中性至微碱性,土体不连续,土层浅薄,土壤的剖面形态、理化性质等都不同于地带性土壤(Zhang et al.,2006;曹建华等,2003;王世杰等,1999;李景阳等,1991;赵斌军和文启孝,1988;韦启藩等,1983),养分容易流失而导致喀斯特生态系统退化,这一现象已越来越受到研究者的关注。何跃军等(2007,2008)曾研究发现,喀斯特土壤中的 AM 真菌能显著促进地上宿主植物的生长和养分的吸收和利用,但是这些养分是来自土壤的哪一部分仍然不清楚。部分学者认为,AM 菌丝体和次生物质能够促进聚合物的稳定性(Wright and Upadhyaya,1998;Tisdall,1997),因此减少了土壤 AM 微生物对有机物的降解,主要原因是它们不具备腐生营养的能力(Read and Perez-Moreno,2003)。然而,St. John 等(1983)发现,AM 在分解中的有机残留物上存在扩增现象,Hawkins 等(2000)研究也发现 AM 真菌与宿主植物联合成共生体时能够同化氨基酸。这一现象可以假设为 AM 真菌可能具有腐生营养的能力或者通过其他机制分解有机物。Hodge 等(2001)和 Tu 等(2006)的实验结果也认为 *Glomus hoi* 和 *Glomus etunicatum* 两个 AM 菌种具有腐生营养的能力并能分解有机物,喀斯特生态系统中的 AM 真菌是否也具有这种腐生营养的能力并不清楚。喀斯特生态系统养分包含了有机和无机两部分,如果 AM 真菌能够分解利用土壤有机物并传递给宿主植物,对喀斯特生态系统养分的循环利用而言意义重大。为此,本书通过分室系统控制实验和稳定性同位素示踪技术检验 AM 真菌在喀斯特生态系统中的营养利用功能,揭示 AM 真菌的营养传递机制。

7.2.1 材料方法

1. 实验设计

参照 Hodge 等(2001)的方法进行改进,用有机玻璃构建分室系统,由 6 个 13cm×14cm×15cm(宽×长×高)的隔室组成,分为 2 个隔室组,每组 3 个隔室。其中一个为 HOST 隔室组,用于种植宿主植物香樟和接种 AM 真菌;另外一个设计成 TEST 隔室组,用来测试菌根的功能(图 7-3)。在 HOST 和 TEST 隔室组之间用 20μm 或 0.45μm 的双层尼龙网(Amersham Hybond 尼龙膜)隔离,以阻止根系和 AM 菌丝体穿过。20μm 的隔网阻隔植物根系生长，0.45μm 的隔网阻隔菌丝体生长。将土壤、石英砂、河沙按照 2∶1∶1 的体积比混合均匀作为植物的生长基质。土壤基质养分含量：有机碳 12.19g/kg，全氮 926.99mg/kg，碱解氮 66.55mg/kg，全磷 315.86mg/kg，速效磷 3.63mg/kg，pH 为 6.81。接种前将混合基质在压力 0.14MPa、124～126℃条件下连续灭菌 1h 后作为幼苗培养基质备用。

2. 实验材料

供试菌种采用幼套球囊霉（*Glomus etunicatum*），购于北京农林科学院营养与资源研究所，采集于贵州喀斯特地段。接种植物采用香樟（*Cinnamomum camphora*），香樟是贵州石漠化区植被恢复的主要造林树种（王丁等，2011），也是喀斯特群落组成的主要树种之一，研究其菌根生态学特性，对香樟的育苗造林具有重要的实践意义。种子采集于贵阳喀斯特典型地段的同一株母树。

材料培养：为了测试 AMF 对有机物分解的影响，实验开始前，将黑麦草（*Lolium perenne*）种在培养盆内，幼苗出土培养 1 个月后，用 $(^{15}NH_4)_2SO_4$（$\delta^{15}N=99.99\%$）2g 溶于 10L 水中配置成 20%的溶液喷施叶面，喷 10d。待幼苗生长 10d 后采集叶片，放入 80℃的恒温箱烘至恒重，并剪成 0.5～1cm 长的碎片（$\delta^{15}N‰=18959.9$），共计 30g，将这些枯落物碎片与 TEST 土壤拌匀。将香樟种子用石英砂沙藏 2 个月露白后，用 10%的 H_2O_2 溶液浸泡 10min，用无菌水冲洗 3 次后进行 AM 接种。

3. 实验处理

接种处理：每个 HOST 隔室放入 2kg 的土壤后，再放入 50g 接种菌剂，播入 5 粒处理后的香樟种子，再放入 0.5kg 的土层覆盖。HOST 隔室组分 3 个处理：①不施 N 的单一 AM 真菌接种处理，记为 AMF-N，用 20μm 尼龙网。②施 N 的单一 AM 真菌接种处理，记为 AMF+N，用 20μm 尼龙网，幼苗生长 6 周后在 HOST 隔室加入 857mg 的 NH_4NO_3 溶液，注射器均匀加样。③不施 N 的单一 AM 真菌接种处理，记为 AMF-NH，用 0.45μm 的棉质网。为了减少无机 N 对菌根侵染的影响，香樟幼苗生长 6 周后在 HOST 隔室组土壤中放入 NH_4NO_3 作为 AMF+N 的前处理。第 15 周后收获所有植物材料和隔室土壤材料进行分析。实验收获后将土壤过 0.25mm 筛，植物材料烘干后用球磨机打磨后进行指标测定。

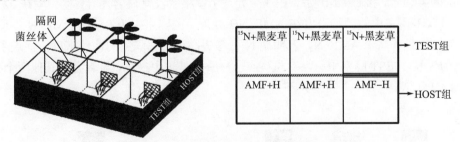

图 7-3　实验分室系统装置和实验接种示意图

4. 指标测定

植物生物量测定：收获植物材料后，在 105℃条件下烘干至恒重后称量。氮、磷素测定：N 素测定采用凯氏定氮法(用瑞士 BÜCHI 公司生产的 Distillation Unit B-324 全自动凯氏定氮仪测定)，P 素测定采用钼锑抗比色法(鲍士旦，2000)。菌丝体密度测定：采用菌丝抽滤法(李侠和张俊伶，2009；Jakobsen et al.，1992)测定菌丝密度。称取 0.5g 土壤样品放入搅拌机并加 250mL 无菌水搅拌 30s，将搅拌好的悬浊液转移至 300mL 的三角瓶中，剧烈摇晃，静置 1min，然后用移液枪在液面下统一深度处吸取 10mL 悬浊液进行抽滤，将滤膜取下置于滴有甘油溶液(30%)的载玻片上，待滤膜较干燥时，滴加 1～2 滴 0.05%的曲利本蓝，最后将所得的滤膜置于 200 倍显微镜下随机选择取 25 个点进行观察，并记下菌丝与网格的交叉点数。菌丝密度(m/g 土壤)=11/14×总交叉点数×网格单元格长度(m)×滤膜上样块面积(cm^2)/[(网格面积(cm^2)×所称土样体积(cm^3)]。微生物量碳、氮测定：微生物量碳采用氯仿熏蒸-K_2SO_4提取，土壤微生物量氮采用熏蒸提取-凯氏定氮法测定，所得提取液利用德国耶拿 TOC Multi N/C 3100 总碳-总氮分析仪测试。$\delta^{15}N$ 同位素测定：将植物叶片在 105℃条件下烘干后立即用球磨机磨成粉末，装入锡箔纸中待测。土壤材料：将土壤样品风干后研磨，过 100 目筛，装入锡箔纸中待测。$\delta^{15}N$ 测试是在国家海洋局第三海洋研究所进行(测试用的仪器为德国生产的 Thermal Finnigan TC/EA-IRMS 测试仪，型号 DELTA V Advantage)。侵染率测定：将完全洗干净的新鲜根样切成 1cm 长的根段，用 5%的 KOH 溶液 95℃脱色 40min，再在 2%的乳酸中酸化 3min，放入 0.05%的酸性品红溶液，在 95℃条件下染色 40min 后，将根段用清水洗 2～3 次，在 40 倍显微镜下观察根系侵染率。侵染率(%)=(具有丛枝菌根结构的根段数/观测根段数)×100。

5. 数据处理

统计分析采用 ANOVA-LSD 多重比较分析 HOST 和 TEST 隔室中植物和土壤样品在不同处理下的各项指标的差异。

7.2.2 结果与分析

1. 不同 AMF 接种处理下的香樟幼苗菌根侵染率和 TEST 隔室菌丝密度

如图 7-4 所示，接种 AMF 后，在 3 个处理中侵染率没有显著差异，侵染率在 62.7%～63.5%。TEST 隔室中的菌丝密度在 AMF-NH 处理下的隔室中为 0，在 AMF+N 处理下的 TEST 隔室中显著高于 AMF-N，表明施 N 处理提高了相邻隔室的菌丝密度，促进了隔室中菌丝的生长。TEST 隔室中土壤有机碳在 AMF+N 处理中最高，显著高于其他两个处理，而 AMF-N 和 AMF-NH 之间差异不显著。

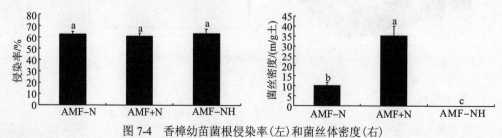

图 7-4 香樟幼苗菌根侵染率(左)和菌丝体密度(右)

2. 不同 AMF 接种处理对香樟幼苗生长的影响

如表 7-6 所示,通过相同的 20μm 隔网在 TEST 隔室中施 N 处理后,提高了植株形态指标总叶面积、根冠比、地径和苗高,但差异不显著,表明植株利用 TEST 中增加的养分改变了形态性状;AMF-N 与 AMF-NH 比较,植株的地径和苗高存在显著差异,而总叶面积和根冠比差异不显著,表明隔网对菌丝起到了一定的阻隔作用,影响了植株对 TEST 隔室土壤养分的利用,但是仍然没有改变根冠比。植株总生物量在 AMF+N 处理下最高,但与 AMF-N 处理没有显著差异,表明施 N 提高了香樟幼苗生物量积累;AMF-N 处理显著高于 AMF-NH 处理,表明 HOST 隔室的植株显著受到隔网对菌丝隔离而利用相邻隔室养分的影响。

表 7-6 不同 AMF 处理对 HOST 隔室中香樟幼苗生长的影响

处理	总叶面积/cm²	根冠比	地径/mm	苗高/cm	总生物量/g
AMF-N	57.32±5.91 ab	0.51±0.04 a	2.19±0.06 ab	15.21±0.34 a	0.61±0.032 a
AMF+N	73.94±7.41 a	0.52±0.04 a	2.29±0.04 a	16.29±0.26 a	0.70±0.033 a
AMF-NH	41.40±6.06 b	0.60±0.06 a	1.96±0.03 b	11.98±0.63 b	0.40±0.027 b

3. 不同 AMF 接种处理对香樟幼苗植株氮、磷摄取量的影响

如图 7-5 所示,HOST 隔室中的香樟幼苗 N 素摄取量在 AMF+N 处理中显著高于 AMF-N 和 AMF-NH 处理,表明 HOST 隔室施 N 处理后显著提高了植株 N 的营养摄取量;AMF-N 处理显著高于 AMF-NH 处理,表明香樟幼苗通过 AMF 菌丝吸收利用了 TEST 隔室中的 N,而 AMF-NH 隔室中的香樟幼苗因 0.45μm 的隔网不能通过菌丝处理,阻碍了其对相邻 TEST 隔室养分的利用。对植株 P 摄取量而言,香樟幼苗在 AMF-N 处理下显著高于 AMF-NH 处理,AMF+N 处理的 P 摄取量高于 AMF-N 处理,但二者差异性不显著,说明施加 N 并没有显著提高植株对 P 的利用,隔网显著阻碍了植株对相邻 TEST 隔室 P 的利用。

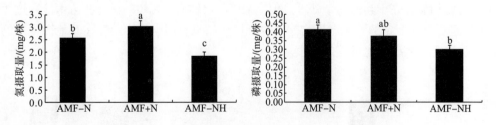

图 7-5 香樟幼苗植株 N 摄取量(左)和 P 摄取量(右)

4. 不同 AMF 接种处理对香樟幼苗叶片和隔室土壤 $\delta^{15}N$ 值的影响

如图 7-6 所示,对 HOST 隔室香樟叶片 ^{15}N 同位素 $\delta^{15}N$ 值进行比较:AMF-N 显著高

于 AMF-NH，表明 0.45μm 隔网阻滞了菌丝对 TEST 隔室中 ^{15}N 的利用，AMF-N 处理的 HOST 隔室菌丝体 AMF 促进了 TEST 隔室中枯落物的分解并利用其分解释放的 ^{15}N。比较 AMF-N 和 AMF+N 处理，AMF-N 显著高于 AMF+N，在 HOST 隔室中添加 NH_4NO_3 后降低了植株对 TEST 隔室 ^{15}N 的摄取，表明施加外源 N 处理降低了植株对远距离养分的利用，而未施 N 的根际低养分状态下 AMF 趋向于对相邻隔室枯落物的养分利用。

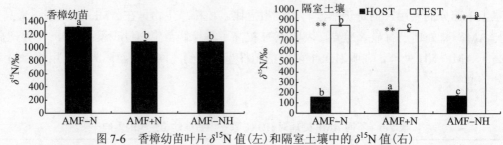

图 7-6　香樟幼苗叶片 δ^{15}N 值（左）和隔室土壤中的 δ^{15}N 值（右）

TEST 隔室 AMF-NH 的 δ^{15}N 值显著高于其他两个处理，这是因为格网阻隔了 AMF 菌丝体对 ^{15}N 的传递，使得枯落物中释放的 ^{15}N 更多地保留在 TEST 隔室中。然而，施 N 处理后的 TEST 隔室中的 δ^{15}N 值显著低于未施 N 处理的 AMF-N，说明施加外源 N 促进了 AMF 对隔室枯落物的分解。然而 HOST 隔室中的 δ^{15}N 值在 AMF+N 处理中显著高于 AMF-N 处理，说明 AMF 吸收利用了 TEST 的枯落物 ^{15}N 而更多地滞留在 HOST 土壤中，可能的原因是施氮处理后植株优先利用了根际 N 而维持植株生长。同样，HOST 隔室 AMF-N 处理的 δ^{15}N 值显著高于 AMF-NH 处理，表明在 AMF-N 处理中的菌丝体显著利用了 TEST 隔室中的枯落物 ^{15}N 并传递到 HOST 隔室土壤，AMF 促进了枯落物的分解并释放 ^{15}N。

5. 不同 AMF 接种处理对 TEST 隔室微生物量碳、氮、有机碳的影响

如图 7-7 所示，比较 TEST 隔室中的微生物量碳和微生物量氮，AMF+N 处理显著高于 AMF-N，表明施 N 处理显著提高了 TEST 隔室中的微生物量碳和微生物量氮的含量，参见图 7-4 中的菌丝体密度，这一结果说明 TEST 隔室中的 AMF 的活性在施 N 处理后提高了。对 AMF-NH 而言，TEST 土壤中的微生物量碳与 AMF-N 处理没有显著差异，而微生物量氮却显著高于其他两个处理，但 AMF 菌丝体密度为 0，说明在苗木培养过程中 TEST 隔室还存在一定的其他微生物的入侵。这一结果表明土壤中还存在其他微生物的生长，以维持土壤系统生化过程的发生。

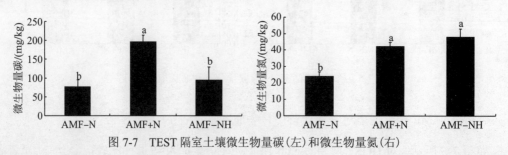

图 7-7　TEST 隔室土壤微生物量碳（左）和微生物量氮（右）

7.2.3 结论与讨论

关于 ^{15}N 示踪的 AMF 菌丝体对氮的吸收和转移已有文献报道(Tu et al., 2006; Hodge et al., 2001; Bago et al., 1996; Johansen et al., 1992; Ames et al., 1983), 然而, 植物通过 AMF 摄取的土壤养分尤其是 N、P 是来自土壤的哪一部分并不十分的清楚。土壤低 N 状态会抑制植物的生长, 施加外源 N 能够促进植物的生长以及地下光合产物的分配, 这有利于 AMF 的生长(Hawkins and George, 1999)。本实验结果中, 施 N 处理(AMF+N)提高了 HOST 组香樟幼苗植株生物量的积累和 TEST 隔室的菌丝体密度验证了这一观点(表 7-6)。土壤有充足的 N 供应给植物生长, 有利于菌丝体的增殖生长(Treseder and Allen, 2002; Hawkins and George, 1999), 但是过多的 N 也会降低植株根系菌丝体所需要的 C 的分配(Ericsson, 1995)。实验中, 施 N 处理增加了植株的 N、P 摄取量, 却降低了 TEST 隔室中的 ^{15}N 的利用(图 7-5、图 7-6), 说明植株优先利用了根际周围的 N、P 养分, 低 N 状态下加强了菌丝体对相邻隔室(TEST)中枯落物的分解利用。Hodge 等(2001)的实验为菌根能够分解土壤有机物提供了直接证据。本实验中, AMF-N 和 AMF-NH 的 δ^{15}N 值的比较也证明 AMF 能够分解利用 TEST 隔室中的枯落物中的 ^{15}N。Tu 等(2006)认为, 增加 N 能够提高菌丝生长和微生物的活性, 从而促进枯落物的分解; 在分解区域, 菌根真菌更容易利用宿主植物的 C 来维持增殖生长, 从而刺激了该区域微生物对有机物的分解 (Nakano et al., 2001; Zak et al., 2000)。本实验的结果显示, 施 N 处理后, 土壤微生物量 C、N 含量增加, 外源 N 通过刺激植物生长, 利于 AMF 的增殖扩繁, 从而刺激 ^{15}N 标记的枯落物的分解(图 7-6, 图 7-7)。香樟幼苗叶片和 TEST 土壤中的 δ^{15}N 值显著低于未施 N 处理, 而 HOST 土壤中的 δ^{15}N 值显著高于未施 N 处理, 表明枯落物中释放的 N 更多地滞留在土壤的 AMF 菌丝体中, AMF-N 的香樟植株更多地利用了枯落物中释放的 N, AMF+N 的香樟植株更优先地利用了所施加的外源 N, 这一结果显示, 施加外源 N 降低了植株对枯落物 N 的利用, 而增加了对枯落物的分解。TEST 组 AMF-NH 土壤中的微生物 N 高于其他两个处理, 说明土壤中存在其他微生物, 枯落物叶片释放的 N 则主要滞留在其他微生物中。

陆地生态系统中, 植物与土壤的关系表现在调节植物群落和生物地球化学过程(Wardle et al., 2004), 如植物通过凋落物改善土壤环境和营养循环。此过程中, 土壤微生物则影响了营养的摄取并在植物与土壤之间形成反馈调节(Ehrenfeld et al., 2005), 如菌根真菌可能通过凋落物影响植物生产力, 并在植被−土壤之间形成正反馈(Wurzburger et al., 2009)。枯落物是养分的基本载体, 在维持土壤肥力、促进生态系统的物质循环和养分平衡方面起着重要的作用(林波等, 2004)。AM 被认为是摄取土壤养分供给宿主植物的营养供应体(Smith and Read, 2008, 1997), 这些营养供应体在喀斯特生态系统中仍然扮演了重要的角色。本实验中, 菌根真菌促进了土壤枯落物的分解并利用其释放的 N, 施加外源 N 调节了 AMF 对枯落物分解功能的发挥和植株对 N 的利用, 土壤养分含量的多少能够调节 AM 对土体养分利用的途径。这一结果的意义在于, 喀斯特区域因水土流失导致土体中养分含量较低, 地上植被生长所需的养分可以通过菌根真菌分解土壤有机残体释放而获得，并传递给宿主植物利用，从而维持喀斯特森林生态系统的平衡。由本实验结果可知，AMF 具有分解有机物的腐生营养能力，但是这种腐生营养分解有机物的功能的内在机制是什么(如是直接分解还是通过刺激其他腐生微生物发挥的作用)还有待深入研究。

第8章 丛枝菌根对外来物种的入侵调节

8.1 不同种植模式下丛枝菌根真菌对紫茎泽兰和黄花蒿竞争的影响

外来入侵植物与土著植物间的竞争作用是入侵生态学在种间水平上的主要研究内容(Reitz and Trumble, 2002)。菌根真菌作为土壤中的一类微生物在植物间相互作用中发挥着重要作用(Fitter, 1977; Wilson and Hartnett, 1997; Klironomos, 2002)。土壤中的AMF是一类能与世界上80%的维管束植物形成互利共生关系的微生物(Van der Heijden et al., 1998),它们可以促进植物根系对水分及营养物质的吸收(张宇亭等, 2012; 何跃军等, 2007a, b; Augé, 2001),提高植物光合速率(何跃军等, 2008),增强植物抗性(何跃军等, 2011; Vigo et al., 2000; Gupta and rishnamurthy, 1996; Charest et al., 1993; Tylka et al., 1991)。最新研究表明,植物个体间可以通过菌丝实现对不同植物地上部分生物量的再分配,在削弱优势植物对资源的垄断能力、控制外来植物入侵、降低入侵植物对现有生态环境的破坏能力、维持生物多样性与生态系统稳定方面发挥着重要作用(季彦华等, 2013; Hall, 1978; Fitter, 1977)。国内外学者对AMF进行了大量研究,但研究内容侧重于AMF在植物生长过程中发挥的生理效应,而对诸如入侵植物与土著植物种间竞争等生态效应的研究较少(季彦华等, 2013; 李敏等, 2009; 梁宇等, 2002)。植物在入侵过程中与AMF形成互利共生关系,这种关系很可能对入侵植物的存活与繁殖起到关键作用,影响入侵植物与土著植物间的竞争(季彦华等, 2013; 李敏等, 2009)。紫茎泽兰(*Eupatorium adenophorum*),菊科泽兰属植物,世界恶性杂草之一,原产于中美洲的墨西哥和哥斯达黎加,20世纪40年代左右,紫茎泽兰开始由缅甸传入我国(鲁萍等, 2005; Sun et al., 2004),目前已成为我国西南地区的重要入侵植物之一。黄花蒿(*Artemisia annua*)是西南地区常见的一种土著植物,是与紫茎泽兰同科的菌根植物(Rapparini et al., 2008)。本研究选取西南喀斯特地区常见的入侵植物紫茎泽兰和土著植物黄花蒿作为研究对象,拟在不同的种植模式下,研究AMF对入侵植物紫茎泽兰和土著植物黄花蒿竞争的影响。本研究将有助于进一步阐明AMF在植物入侵中发挥的生态效应,探索通过AMF实现对入侵植物和土著植物竞争的调控。

8.1.1 材料与方法

1. 实验材料

供试植物的种子采集于贵州省关岭布依族苗族自治县,地理位置为 105°35′10″~

106°0′50″E，25°25′19″～26°10′32″N。挑选颗粒饱满、大小一致的种子，经 10% H_2O_2 表面消毒 10min 后用去离子水反复冲洗干净，在初温为 40℃的水中浸泡 24h，置于 25℃恒温培养箱中催芽，露白后播种，待幼苗出土 10d 后间苗，每一个种植室保留 2 株长势一致的幼苗。供试土壤采自贵阳市花溪区贵州大学林学院苗圃喀斯特地段的碱性石灰土，与河沙按照 3∶1 体积比混合均匀，于 0.14MPa、124～126℃条件下连续灭菌 1h。供试土壤理化性质如表 8-1 所示。供试菌种为幼套球囊霉（*Glomus etunicatum*），购于北京农林科学院营养与资源研究所，研究中所需接种剂为利用已灭菌的土壤种植的白三叶草（*Trifolium repens*）扩繁 3 个月，接种剂含 AMF 孢子（孢子密度不低于每克 10 个）、菌丝片段及侵染根段。

表 8-1 供试土壤理化性质

pH	全氮 /(g·kg^{-1})	碱解氮 /(mg·kg^{-1})	全磷 /(g·kg^{-1})	速效磷 /(mg·kg^{-1})	全钾 /(g·kg^{-1})	速效钾 /(mg·kg^{-1})
7.45	2.27	127.48	0.9	11.48	4.99	287.3

2. 实验设计与处理

本实验采用改进的三室空气隔板装置，所用材料为 2mm 的有机玻璃板。装置分为三室，中间的隔室为竞争室，两侧为种植室，种植室及竞争室的大小约为 10cm×10cm×10cm（长×宽×高），种植室与竞争室之间为 2mm 的有机玻璃隔板，隔板上均匀钻 0.5cm 直径的圆孔，孔间距 0.5cm，隔板两侧表面覆盖孔径 30μm 的尼龙网，尼龙网的作用是在允许菌丝自由穿过的同时阻碍植物根系通过；根据竞争程度从低到高分为单一种植、分隔种植、混合种植三个不同的种植方式：①单一种植为在根室两侧种植紫茎泽兰或黄花蒿；②分隔种植为一侧种植紫茎泽兰，另一侧种植黄花蒿；③混合种植为紫茎泽兰和黄花蒿混合种植于同一侧根室。每一种植室和竞争室各装灭菌的土壤基质 2.5kg。种植室分为接种种植室和不接种种植室，其中接种种植室中加入 50g 菌剂，播入 5 粒已处理的种子，在覆盖约 0.5cm 厚的灭菌表土后，浇足无菌水，将处理放置在实验温室内培养，待幼苗出土后 10d 间苗，每一种植室内留苗 2 株。不接种种植室中加入 50g 菌剂灭菌体（将接种菌剂进行 0.14MPa、124～126℃湿热灭菌 1h），再加入 10mL 菌剂过滤液（称取接种菌剂 50g，用双层试纸过滤后的滤液）到菌剂灭菌体，以保证除目的菌以外的其他微生物区系一致，其他处理和培养方法与接种处理一致。共计 6 个处理，每个处理重复 4 次。

3. 指标测定

植株生长 84d 后收获，分别对紫茎泽兰和黄花蒿进行生长指标测定，收获植物和土壤材料进行处理分析。生物量测定按根、茎、叶分别收获植物材料，105℃杀青，80℃烘干至恒重称量。磷素测定采用钼锑抗比色法（鲍士旦，2000）。侵染率测定：将完全清洗干净的新鲜细根样切成约 1cm 长的根段，用 5%的 KOH 溶液于 95℃脱色 40min，在 5%乳酸中酸化 3～5min，然后用 0.05%的酸性品红溶液于 90℃染色 30min，再用乳酸甘油浸泡多次，在 40 倍光学显微镜下观察根系侵染率（Philips and Hayman，1970）。

4. 数据处理及分析

菌根依赖性(mycorrhizal dependency)是用来衡量不同植物对菌根真菌生长反应的指标(弓明钦, 1997; Menge et al., 1978), 其计算公式: 菌根依赖性(%)=接种植物的干质量×100%÷对照(未接种)植物的干质量。种间相对竞争能力是衡量植物表现的相对比值(蒋智林等, 2008)。以植物 a 相对植物 b 为例, 具体计算公式为

$$R_{ab} = (Y_{ia} / Y_{sa}) - (Y_{ib} / Y_{sb})$$

式中, R_{ab} 为种间竞争能力; Y_{ia} 和 Y_{ib} 分别代表混合种植时植物 a 和植物 b 的生物量; Y_{sa} 和 Y_{sb} 分别代表单独种植时植物 a 和植物 b 的生物量。当 $R_{ab}>0$, 表明植物 a 的竞争能力强于植物 b; 当 $R_{ab}<0$, 表明植物 a 的竞争能力弱于植物 b(Willey, 1979)。竞争比率是指示植物竞争强度和竞争重要性测度的一个重要指标(蒋智林等, 2008), 用来检验混合种植时某一植物相对于另一植物对某一养分竞争能力的大小的量化指标(Willey and Rao, 1980)。该比率的计算公式为

$$CR_{ab} = (P_{ia} P_{sb}) / (P_{sa} P_{ib})$$

式中, CR_{ab} 为竞争比率; P_{ia} 和 P_{ib} 分别代表植物 a 和植物 b 混合种植磷的吸收量; P_{sa} 和 P_{sb} 分别代表植物 a 和植物 b 单独种植时对磷的吸收量。运用 SPSS 软件(SPSS statistics 19.0)对实验数据进行统计分析, 在 $\alpha=0.05$ 水平下比较检验各处理平均值之间的差异显著性。

8.1.2 结果与分析

1. 不同种植模式下菌根侵染率

本研究中, 不接种 AMF 处理中两种植物的菌根侵染率均为 0%。表 8-2 显示, 3 种不同种植模式中两种植物在接种 AMF 后的菌根侵染率均较高, 紫茎泽兰菌根侵染率高于黄花蒿, 但不同种植模式对两种植物的菌根侵染率没有显著影响。

表 8-2 紫茎泽兰和黄花蒿菌根侵染率

处理	紫茎泽兰菌根侵染率		黄花蒿菌根侵染率	
	接种组 M+	对照组 M-	接种组 M+	对照组 M-
单一种植	72.5±1.7a	0	65.2±2.0a	0
分隔种植	72.1±1.8a	0	63.0±0.8a	0
混合种植	72.1±1.6a	0	64.3±0.8a	0

注: 0 表示无菌根真菌侵染; 同列中不同小写字母表示不同种植模式在 $P=0.05$ 水平差异性显著。

2. 不同处理下的植株生长特征

表 8-3 显示, 同一接种条件下单一种植的紫茎泽兰各部分生物量最大, 然后依次是分隔种植和混合种植的紫茎泽兰; 而同一接种条件下混合种植的黄花蒿各部分生物量最大,

然后依次是单一种植和分隔种植的黄花蒿。与对照不接种相比，接种AMF对两种植物在不同的种植模式下的生长具有促进作用，接种AMF显著提高了分隔种植模式下紫茎泽兰根干质量及混合种植模式下黄花蒿茎及叶的干质量（$P<0.05$）。

双因素方差分析表明，接种方式对紫茎泽兰根、茎、叶干重及黄花蒿茎、叶干重均有显著影响，种植模式对紫茎泽兰根、茎、叶及黄花蒿根、叶干质量均有极显著影响（$P<0.01$），接种方式和种植模式交互作用对紫茎泽兰和黄花蒿各部分干质量没有显著影响（表8-4）。

表8-3 不同处理条件下紫茎泽兰和黄花蒿的根、茎和叶干重

种植模式及接种方式		紫茎泽兰			黄花蒿		
		根干重/g	茎干重/g	叶干重/g	根干重/g	茎干重/g	叶干重/g
单一种植	接种	1.15aA	2.41aA	1.97aA	1.23aB	2.59aA	2.41aB
	不接种	0.73b	1.10b	1.09b	0.69a	1.05b	1.43a
分隔种植	接种	1.04aA	1.74aA	1.46aA	0.92aB	2.00aA	1.67aB
	不接种	0.66b	1.20a	1.06a	0.78a	1.30a	1.27a
混合种植	接种	0.19aB	0.39aB	0.38aB	1.96aA	2.91aA	3.54aA
	不接种	0.09a	0.38a	0.35a	1.63a	1.64b	2.50b

注：同列中不同小写字母表示同一种植模式下不同接种处理在$P=0.05$水平差异性显著；同列中不同大写字母表示不同种植模式下平均数在$P=0.05$水平差异性显著。

表8-4 接种方式和种植模式对紫茎泽兰和黄花蒿根、茎和叶干重影响方差分析

植物器官		接种方式		种植模式		接种方式×种植模式	
		F	P	F	P	F	P
紫茎泽兰	根	18.191	0.000	41.173	0.000	1.601	0.222
	茎	7.999	0.009	11.908	0.000	2.978	0.070
	叶	6.535	0.017	14.035	0.000	2.029	0.153
黄花蒿	根	3.601	0.070	9.233	0.001	0.558	0.580
	茎	7.467	0.012	0.637	0.538	0.437	0.651
	叶	8.334	0.008	9.205	0.001	0.631	0.541

图8-1显示，紫茎泽兰的菌根依赖性在单一模式下最高，然后依次为分隔种植、混合种植；黄花蒿的菌根依赖性在混合模式下最高，然后依次为分隔种植、单一种植。该结果说明，在接种条件下，紫茎泽兰与黄花蒿的根系相互作用较大，黄花蒿的菌根依赖性较强，而紫茎泽兰的菌根依赖性较弱。与单一种植模式相比，紫茎泽兰菌根依赖性在分隔和混合种植模式下分别降低了2.4%和14.0%，黄花蒿菌根依赖性则在上述种植模式下分别提高了2.5%和6.4%。从竞争能力的比较上看，在分隔和混合种植模式下，紫茎泽兰的竞争能力小于黄花蒿。与不接种对比，分隔种植模式下，紫茎泽兰相对于黄花蒿的竞争能力下降了17.6%；混合种植模式下，紫茎泽兰相对于黄花蒿的竞争能力下降了12.0%（图8-2）。

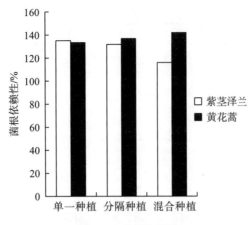

图 8-1　菌根依赖性

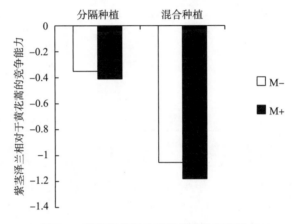

图 8-2　紫茎泽兰相对于黄花蒿的竞争能力

3. 不同处理下植株磷吸收

表 8-5 显示，接种 AMF 后紫茎泽兰各部分磷吸收量显著提高（$P<0.05$），但黄花蒿各部分的磷吸收量并未显著提高。接种 AMF 条件下，黄花蒿各部分磷的吸收量在不同的种植模式下差异并不显著；与单一种植和分隔种植相比，混合种植模式下紫茎泽兰各部分磷吸收量显著降低（$P<0.05$）。受到接种方式和种植模式的显著影响（$P<0.05$），接种方式对紫茎泽兰各部分磷吸收量及黄花蒿茎磷吸收量均有显著影响（$P<0.05$），种植模式对紫茎泽兰各部分磷吸收量有极显著影响，接种方式和种植模式对紫茎泽兰磷吸收量有极显著的交互作用（$P<0.01$）（表 8-6）。

表 8-5　不同处理条件下紫茎泽兰及黄花蒿的磷吸收量

种植模式及接种方式		紫茎泽兰			黄花蒿		
		根	茎	叶	根	茎	叶
单一种植	接种	3.04aA	5.97aA	6.38aA	1.71aA	2.91aA	7.82aA
	不接种	1.39b	1.34b	2.55b	1.41a	1.47b	5.82a

种植模式及接种方式		紫茎泽兰			黄花蒿		
		根	茎	叶	根	茎	叶
分隔种植	接种	3.06aA	6.08aA	4.95aA	1.37aA	3.35aA	7.99aA
	不接种	1.11b	1.38b	2.50b	1.11a	1.61a	4.91a
混合种植	接种	0.34aB	0.94aB	0.80aB	2.05aA	4.81aA	11.86aA
	不接种	0.08b	0.33b	0.53a	1.36a	1.80a	6.60a

注:同列中不同小写字母表示同一种植模式下不同接种处理在 $P=0.05$ 水平差异性显著;同列中不同大写字母表示不同种植模式下平均数在 $P=0.05$ 水平差异性显著。

表 8-6 紫茎泽兰和黄花蒿根、茎和叶磷吸收量方差分析表

植物磷吸收量		接种方式		种植模式		接种方式×种植模式	
		F	P	F	P	F	P
紫茎泽兰	根	77.333	0.000	78.599	0.000	12.661	0.001
	茎	294.900	0.000	112.484	0.000	48.766	0.000
	叶	64.987	0.000	74.183	0.000	14.685	0.001
黄花蒿	根	3.240	0.097	1.410	0.282	0.366	0.701
	茎	9.894	0.008	1.037	0.384	0.540	0.596
	叶	1.487	0.246	0.512	0.612	2.619	0.114

如图 8-3 所示,在分隔种植模式下,相对于黄花蒿,紫茎泽兰对磷的竞争比率在不接种 AMF 时大于 1,接种 AMF 条件下小于 1,说明在不接种 AMF 时紫茎泽兰对磷的吸收能力大于黄花蒿,接种 AMF 能显著降低紫茎泽兰对磷的竞争比率,使得紫茎泽兰对磷的吸收能力弱于黄花蒿;在混合种植模式下,相对于黄花蒿,紫茎泽兰对磷的竞争比率在接种 AMF 前后均小于 1,与不接种 AMF 的对照相比,接种 AMF 使得紫茎泽兰相对于黄花蒿的竞争比率降低,说明接种 AMF 在一定程度上降低了紫茎泽兰对磷的吸收。接种 AMF 后,紫茎泽兰相对于黄花蒿对磷的竞争比率在分隔种植模式下降低了 29.75%,而混合种植条件下降低了 31.8%。

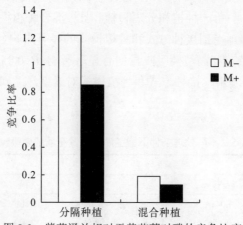

图 8-3 紫茎泽兰相对于黄花蒿对磷的竞争比率

8.1.3 讨论

大量研究表明，菌根真菌中 AMF 的存在会对宿主植物的竞争能力产生影响(Hall，1978；Fitter，1977)，导致这种竞争能力变化的原因可能是不同的物种对菌根真菌的生理反应存在着细微的差异(李博等，1998)。本研究中，紫茎泽兰和黄花蒿在 3 种不同种植模式下均有较高的菌根侵染率，且紫茎泽兰的菌根侵染率高于黄花蒿。这可能与菌根侵染率因宿主而异有关(张峰峰等，2007；Hart et al.，2003；贺学礼等，1999)。菌根对植物的促进或抑制作用取决于植物的菌根依赖性，在土著植物菌根依赖性较强的条件下，菌根的存在可能并未增强入侵植物的相对竞争力(季彦华等，2013)。Bever 等(2003)对南加州归化植物的研究发现，归化植物在菌根减少的条件下表现出更高的生长优势。李敏等(2009)在对入侵植物互花米草(*Spartina alterniflora*)及本地植物芦苇(*Phragmites australis*)的研究中发现，AMF 的存在影响了互花米草的氮、磷含量；芦苇的氮、磷吸收能力相比互花米草较弱，故 AMF 并未增强互花米草对芦苇的竞争能力。本研究中，接种 AMF 条件下根系相互作用较大，紫茎泽兰的菌根依赖性、各部分生物量及磷吸收量降低，说明高密度种植条件下，接种 AMF 对紫茎泽兰的生长具有抑制作用，这证实了 AMF 具有降低入侵植物竞争力的作用。分析相对竞争能力和对磷的竞争比率发现，接种 AMF 能够降低紫茎泽兰的竞争能力及相对于黄花蒿对磷的竞争比率，进一步证实了接种 AMF 在一定程度上削弱入侵植物的竞争力。

本研究结果显示，AMF 明显地影响了入侵植物与土著植物的相互竞争：接种 AMF 可以降低入侵植物紫茎泽兰生物量及磷吸收量，使得紫茎泽兰的相对竞争能力及对磷的竞争比率降低，说明 AMF 在一定程度上对入侵植物和土著植物间的竞争起到了调控作用。下一步将选择更多的菌种和植物进行研究，以加深对 AMF 有关调控作用的认识。

8.2 丛枝菌根真菌对紫茎泽兰生长及氮磷营养的影响

紫茎泽兰(*Eupatorium adenophorum*)是一种世界性入侵恶性杂草(于文清等，2012)，原产于中美洲的墨西哥和哥斯达黎加一带，现已广泛分布在热带和亚热带三十多个国家和地区(强胜，1998)，对入侵地生态环境造成极大的破坏，紫茎泽兰自 20 世纪 40 年代由缅甸传入我国云南省南部，目前已经在滇、黔、川、桂、藏等地广泛分布并不断向东、向北扩散蔓延，对生态环境平衡构成极大威胁(强胜，1998；向业勋，1991；刘伦辉等，1985)。丛枝菌根真菌(AMF)是一类能与世界上 80%的维管束植物形成互利共生关系的微生物(Heijden et al.，1998)，AMF 可以促进植物根系对水分及营养物质的吸收(李元敬等，2014；赵青华等，2014；Karasawa et al.，2012；何跃军等，2007a，b；Augé，2001)，提高植物光合速率(何跃军等，2008)，增强植物抗性及耐性(祝英等，2015；王小坤等，2014；Aroca et al.，2013)，影响外来植物入侵过程中植物群落演替进程(于文清等，2012)。

本研究通过比较分析接种 AMF 对入侵植物紫茎泽兰形态分化、生物量、光合生理及氮、磷营养摄取的影响,研究丛枝菌根真菌在紫茎泽兰生长过程中起到的作用,从而为控制紫茎泽兰的入侵提供参考。

8.2.1 材料与方法

1. 实验材料

供试植物紫茎泽兰(*Eupatorium adenophorum*)种子采集于贵州省关岭布依族苗族自治县(105°35′10″~106°0′50″E,25°25′19″~26°10′32″N)。挑选大小一致、颗粒饱满的种子,经 10%的 H_2O_2 表面消毒 10min 后用去离子水反复冲洗干净,在初温为 40℃的水中浸泡 24h,置于 25℃恒温培养箱中催芽,露白后播种,待幼苗出土 10d 后间苗,每一个种植室保留 2 棵长势一致的幼苗。供试土壤为贵阳市花溪区贵州大学林学院苗圃喀斯特地段的碱性石灰土,与河沙按照 3:1 体积比混合均匀,在 0.14MPa、湿热条件下连续灭菌 1h。供试土壤理化性质如表 8-1 所示。本研究采用幼套球囊霉(*Glomus etunicatum*)作为供试菌种,菌种购于北京农林科学院营养与资源研究所,本研究所需接种剂为利用已灭菌的土壤种植的白三叶草(*Trifolium repens*)扩繁 3 个月,接种剂含 AMF 孢子(孢子密度≥15 个/g)、菌丝片段及侵染根段。

2. 实验处理

本实验分接种和对照两种处理:每一接种组中加入 50g 菌剂,播种 5 粒种子,再覆盖约 1cm 厚的灭菌表土后,浇足无菌水后将处理放置在实验大棚内培养,待幼苗出土后 10d 间苗,每一个种植室内留苗 2 株。对照组中加入 50g 菌剂灭菌体(将接种菌剂在 0.14MPa、124~126℃湿热灭菌 1h),再加入 10mL 菌剂过滤液(称取接种菌剂 50g,用双层试纸过滤后的滤液)到菌剂灭菌体,以保证除目的菌种以外的其他微生物区系一致,其他处理和培养方法与接种处理一致。各个处理重复 4 次。

3. 指标测定

在植株生长约 12 周后收获,进行生长指标测定,收获所有植物和土壤材料进一步处理分析。①生物量测定:收获植物材料后,105℃杀青,80℃烘干至恒重称量(张韬,2011)。②光合生理的测定:植物生长 12 周,在上午 9:00~11:00 采用 CI-340 便携式光合仪测定。③土壤氮、磷测定:土壤样品氮测定采用扩散法进行,磷测定采用钼锑抗比色法(鲍士旦,2000)。④植物氮、磷测定:植物样品氮测定采用扩散法进行,磷采用钼锑抗比色法进行测定(张韬,2011)。⑤叶面积测定:用扫描仪扫描叶片全部图片,利用 Photoshop 软件对图片进行分析,进行叶面积测定。

4. 数据分析

运用 SPSS 软件(SPSS statistics 19.0)对实验数据进行统计分析,用 Excel 2007 进行图表制作。

8.2.2 结果与分析

1. 接种 AMF 对紫茎泽兰形态分化的影响

与对照相比,接种处理紫茎泽兰生长 12 周后,其形态构件出现明显分化差异(表 8-7)。其地径、苗高、总叶面积及分蘖数均出现显著差异。表明接种 AMF 能够引起紫茎泽兰形态构件上的分化,并显著地促进紫茎泽兰的生长。

表 8-7 接种 AMF 对紫茎泽兰形态指标的影响

处理	地径	苗高	总叶面积	分蘖数
接种	0.43±0.02a	38.44±1.45a	413.42±46.82a	7.67±0.75a
对照	0.33±0.02b	30.99±1.60b	261.67±26.38b	0.71±0.18b

注:不同字母表示差异显著($P<0.05$),下同。

2. 接种 AMF 对紫茎泽兰生物量的影响

由图 8-4 可知,与对照相比,接种 AMF 显著提高了紫茎泽兰根生物量($P=0.002$),其生物量增长了 54.51%;接种 AMF 显著提高了紫茎泽兰茎生物量($P=0.005$),生物量增幅达 65.01%;接种 AMF 显著提高了紫茎泽兰叶生物量($P=0.009$),生物量增长了 49.67%;接种 AMF 提高了紫茎泽兰总生物量($P=0.004$),生物量增幅达 54.93%。说明接种 AMF 促进了紫茎泽兰各部分生物量的积累。

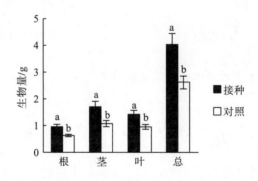

图 8-4 接种 AMF 对紫茎泽兰生物量的影响

3. 接种 AMF 对紫茎泽兰光合生理的影响

与对照相比,接种处理的紫茎泽兰生长 12 周后,其净光合速率、蒸腾速率和气孔导度均显著提高(表 8-8),胞间 CO_2 浓度和光合耗水率无显著性差异,说明接种 AMF 提高紫茎泽兰光合速率,从而对紫茎泽兰生物量的积累产生影响,进一步影响紫茎泽兰的形态建成和生长发育。

表 8-8　接种 AMF 对紫茎泽兰光合生理的影响

处理	净光合速率/($\mu mol \cdot m^{-2} \cdot s^{-1}$)	蒸腾速率/($mmol \cdot m^{-2} \cdot s^{-1}$)	气孔导度/($mmol \cdot m^{-2} \cdot s^{-1}$)	胞间 CO_2 浓度/($\mu mol \cdot m^{-2} \cdot s^{-1}$)	光合耗水率/(sr/Pn)
接种	3.87±0.27a	0.47±0.03a	59.59±5.11a	286.08±6.51a	0.12±0.005a
对照	2.92±0.21b	0.35±0.03b	39.46±3.90b	273.48±7.79a	0.12±0.003a

4. 接种 AMF 对紫茎泽兰氮和磷浓度的影响

与对照相比，接种 AMF 显著降低了紫茎泽兰植株根、茎和叶中氮浓度（$P<0.05$）（图 8-5）。结果表明，接种 AMF 对紫茎泽兰各部分氮浓度有降低作用。

与对照相比，接种 AMF 显著提高了紫茎泽兰植株根、茎及叶中磷的浓度（图 8-6）。结果表明，接种 AMF 显著提高了紫茎泽兰根、茎、叶各部分的磷浓度，促进了对磷的吸收能力。

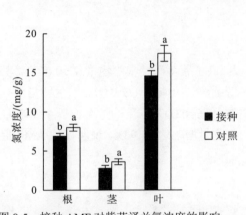

图 8-5　接种 AMF 对紫茎泽兰氮浓度的影响

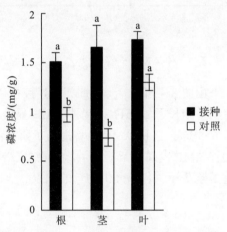

图 8-6　接种 AMF 对紫茎泽兰磷浓度的影响

5. 接种 AMF 对紫茎泽兰氮和磷摄取量的响应

与对照相比，接种 AMF 提高了紫茎泽兰植株根、茎、叶和总氮摄取量，分别提高了 36.02%、36.41%、23.36% 和 27.59%，但未达到显著水平（表 8-9）；与对照组相比，接种 AMF 显著提高了紫茎泽兰根、茎、叶和总磷摄取量，分别提高了 134.08%、200.00%、92.82% 及 126.08%，差异达到极显著水平（$P<0.01$）。上述结果表明，接种 AMF 显著增加了紫茎泽兰各部位磷的摄取量，促进了紫茎泽兰对磷的吸收。

表 8-9　接种 AMF 对紫茎泽兰氮和磷摄取量的影响

元素	处理	根/mg	茎/mg	叶/mg	总/mg
氮	接种	11.48±1.92a	8.43±1.97a	36.60±6.91a	56.51±10.49a
	对照	8.44±1.45a	6.18±0.98a	29.67±4.84a	44.29±7.14a
磷	接种	4.19±0.65a	2.28±0.41a	4.03±0.64a	10.49±1.60a
	对照	1.79±0.32b	0.76±0.18b	2.09±0.32b	4.64±0.79b

6. 接种 AMF 对紫茎泽兰氮磷比的影响

当植物叶片的氮磷比小于 14 时，则表明植物生长更大程度受到氮素的限制作用；而大于 16 时，则反映植被生产力受磷素的限制更为强烈；介于两者之间则表明，植物生长受到氮素和磷素的共同限制作用(阎恩荣等，2008；Verhoeven et al., 1996)。对照处理条件下紫茎泽兰植株根、茎和叶中的氮磷比分别是 8.62、5.44 和 14.01，接种 AMF 处理条件下其根、茎和叶氮磷比分别是 4.66、1.74 和 8.52，接种 AMF 对紫茎泽兰植株根、茎和叶氮磷比具有显著影响(图 8-7)。对照组紫茎泽兰叶片氮磷比在 14~16，说明紫茎泽兰的生长受到氮和磷的共同限制，接种 AMF 后远小于 14，紫茎泽兰生长受磷素的限制作用削弱，更大程度上受到氮素的限制。

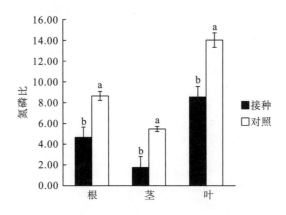

图 8-7 接种 AMF 对紫茎泽兰氮磷比的影响

8.2.3 结论与讨论

多数入侵植物都是菌根植物，在入侵过程中能与新生境土壤中的 AMF 建立良好的互利共生关系，丛枝菌根真菌可能在入侵植物入侵与定殖过程中扮演非常重要的角色(季彦华等，2013；柏艳芳等，2011；Fumanal et al., 2006)。研究 AMF 对恶性入侵植物紫茎泽兰生长与氮磷营养的影响，有助于探索 AMF 在紫茎泽兰入侵中发挥的作用。何跃军等(2008)研究发现，接种 AM 真菌能显著提高构树叶片净光合速率，降低植株叶片对水分的消耗量，提高水分利用效率，提高蒸腾速率和气孔导度。本研究中 AMF 在紫茎泽兰光合生理中的作用得到同样的结论，接种 AMF 能提高紫茎泽兰光合速率，光合速率改变可能影响生物量的积累。本研究发现，AMF 显著提高了紫茎泽兰的地径、苗高、总叶面积、分蘖数及生物量，这可能是由于 AMF 改变了植物矿质元素吸收及光合作用，导致其在形态分化及生物量上发生改变。植物体内的氮磷含量比率是对植物生长环境土壤氮磷养分可供给性的一种相对指示，同时也能表征植物对氮、磷养分的吸收状况：当氮、磷充足时，植物对氮素和磷素的吸收按生理及物质合成需要进行；当某种元素处于稀缺状态，另一种元素相对丰富时，植物体内的氮磷比就会发生变化(阎恩荣等，2008；Güsewell，2005，

2004；Koerselman，1996；Verhoeven et al.，1996）。对紫茎泽兰各部分氮磷比研究发现，接种 AMF 对紫茎泽兰氮素和磷素的吸收具有不同的效率，未接种 AMF 条件下紫茎泽兰叶片氮磷比为 14.01，接种 AMF 后紫茎泽兰的叶片氮磷比为 8.52，说明接种 AMF 前紫茎泽兰生长受到氮素和磷素共同限制，接种 AMF 后更大程度上受到氮素的影响，AMF 降低了磷素对紫茎泽兰生长的限制作用，这可能与 AMF 更大程度上促进紫茎泽兰对磷的吸收有关，这对低磷地区紫茎泽兰的生长具有重要意义。接种 AMF 对紫茎泽兰的生长与氮磷营养的摄取具有显著的促进作用，尤其是在低磷情况下，AMF 可能在紫茎泽兰的入侵与定殖过程中发挥促进作用。本研究进行了室内种植实验，对于野外状况下的影响尚不清楚，有待进一步研究，这将有助于进一步说明 AMF 在植物入侵中的作用。

第9章 丛枝菌根菌丝网对适生植物种间营养调节

9.1 丛枝菌根网络对不同喀斯特适生植物生长及氮摄取的影响

丛枝菌根真菌（AMF）是一种能与世界上 80%的维管束植物形成互利共生关系的微生物（李晓林和冯固，2001），AMF 通过菌丝侵入植物根系与宿主植物根系形成菌根，根系外延菌丝通过利用植物碳水化合物维持生长并吸收土壤养分供给宿主植物实现互利共生（Smith and Read，2008），外延菌丝还可以通过侵入点再度侵染其他植物根系后在不同植物间形成庞大的地下公共菌根网络（common mycorrhizal networks，CMN）（He et al.，2003；Newman，1988）。CMN 能够在不同植物个体之间传递营养元素（Booth，2004），在植物个体间营养平衡（陈永亮等，2014；He et al.，2006）和物种多样性维持（Selosse et al.，2006）等方面具有重要的生态功能，并对宿主植物的氮、磷等养分的转移分配产生影响（Weremijewicz et al.，2016；Fellbaum et al.，2014），因此，CMN 能改变植物个体功能性状，如营养性状和表型性状等。中国是世界上喀斯特分布面积最大的国家，分布的喀斯特面积达 130 万 km^2，西南地区分布着最为典型的碳酸盐岩发育的喀斯特地理景观（Wang et al.，2004），喀斯特生态系统包含一系列不同的微生境，如石面、石沟、石缝、露头等（Zhang et al.，2007），因此，喀斯特生态系统具有较高的生境异质性，生境异质性影响了喀斯特土壤微生物和地上植物群落的空间分布。Hutchinson（1959）提出了一个重要的生态学问题：大量物种是如何持续共存于同一生境的？Tilman 和 Pacala（1993）认为，植物个体间的竞争是促进异质生境资源再分配、实现多物种共存的重要原因。CMN 影响植物功能性状、促进异质生境资源营养分配而对生态系统的稳定性产生影响，因此，对高度异质的喀斯特生境而言，CMN 可能在调控生境资源方面也扮演着重要的角色。当前喀斯特地区菌根生态学的研究主要集中在菌根植物光合生理（Chen et al.，2014）、AMF 与宿主植物的抗旱性（何跃军和钟章成，2011）、AM 植物的氮磷营养利用（何跃军等，2007）等方面，高度异质的喀斯特生境中 CMN 对植物个体的影响还缺乏研究，该地区维持了较高的植物物种多样性，这些物种的分布是与喀斯特异质生境高度适应的。在喀斯特生境中，不同物种形成的植物群落个体之间如何实现养分资源分配是很多学者关注的问题，CMN 在不同物种间如何调节分配养分资源的研究尚属空白。虽然 He 等（2006）、Fellbaum 等（2014）曾采用同位素示踪研究发现灰松（gray pine）和豆科苜蓿（*Medicago truncatula*）植物中的氮转移，但这两类植物主要是外生菌根型植物和固氮型植物，并且他们的研究并没有考虑同一生境条件下不同生长型植物间的养分转移。喀斯特植物群落由许多不同生长型物种构成，如乔木型香樟

(*Cinnamomum camphora*)、灌木型构树(*Broussonetia papyrifera*)和草本型鬼针草(*Bidens pilosa*)等植物常共存于同一喀斯特小生境,这些物种在喀斯特群落演替过程中,因生境资源异质性分布,个体之间可能存在养分浓度差异,不同的物种间是否通过 CMN 调节分配养分资源促进植物个体的营养平衡,我们并不清楚,这一问题的明确对深入阐明喀斯特植被稳定性维持机制具有重要意义。此外,植物个体间养分资源在 CMN 作用下的再分配必然引起植物功能跟性状(如营养性状、表型性状)的改变,因此,有必要通过同位素示踪技术研究 CMN 介导的不同喀斯特植物个体间养分转移分配与植物功能性状调控适应对策。为此,提出如下假说:①CMN 转移了植物个体的养分;②CMN 对同种生物个体和异种生物个体养分的转移分配存在差异;③CMN 对不同物种个体生长性状和根系表型特征产生影响。为此,本研究采用同位素示踪技术模拟自然环境构建微生态系统(microcosm),探索 CMN 在喀斯特土壤中对不同物种个体间养分转移分配和植物生长性状的影响。

9.1.1 材料及方法

1. 实验装置

本研究模拟自然环境采用如图 9-1 所示的实验装置构建微生态系,微生态系由 1 个聚丙烯材料制成的圆形大盆和 7 个 11.8cm × 14.0cm(直径×高度)的柱形隔室(厚度 2mm)构成。圆形大盆作为一个单元,每个单元内包含 7 个柱形隔室,其中 1 个隔室作为供体室放置在中间,另外 6 个隔室作为受体室放置在周围,整个实验共包含 6 个微生态系单元,作为实验重复。供体室底部开直径 4cm 的圆孔连接大盆底部外侧,并与直径 6cm 的外部同位素标记培养皿连通,培养皿与供体室间用 2mm 的尼龙网隔离以保证供体植物根系能够穿透尼龙网进行同位素标记、阻隔土壤下渗。从每个隔室底部向上 3～10cm 的柱壁上钻 1cm 的圆孔带,孔间间隔 2cm,用 20μm 和 0.45μm 的尼龙网(Amersham Hybond,USA)

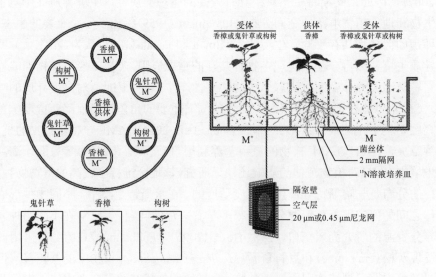

图 9-1 实验生态系装置示意图

黏附在隔室柱壁两侧。其中，20μm 尼龙网允许菌丝通过，却阻止植物根系通过；0.45μm 网只允许土壤中的离子通过，却阻止菌丝和植物根系通过（吴强盛和夏仁学，2004）。供体室植物接种 AMF，并采用 20μm 尼龙网处理，这样，供体室内的 AMF 菌丝体能够进入 20μm 尼龙网处理的受体室，并侵染受体室植物根系，在微生态系装置内不同植物个体间形成公用菌丝网 CMN。

2. 实验材料

本实验场所位于贵州大学林学院温室大棚内，地理位置：106°22′E，29°49′N，海拔 1120m。实验土壤采集于贵阳市花溪区典型喀斯特地段的石灰土，按石灰土：河沙=3：1 的体积比充分混合作为植物培养基质。实验基质在 126℃、0.14MPa 下连续湿热灭菌 1h，备用。基质理化性质为：pH 为 6.92、全氮为 2160mg/kg、碱解氮为 137.43mg/kg、全磷为 170mg/kg 和速效磷为 19.58mg/kg。土壤采样地段分布有香樟（*Cinnamomum camphora*）、构树（*Broussonetia papyrifera*）和鬼针草（*Bidens pilosa*）3 种不同生长型的喀斯特适生植物。其中，香樟是乔木树种，构树是灌木树种，鬼针草是草本植物。本实验 3 种植物种子分别采集于同一成年植株，实验采用幼套球囊霉（*Glomus etunicatum*）作为供试菌种，该菌种购于北京农林科学院营养与资源研究所（BGCAM 0046），实验前将该菌种通过白三叶草（*Trifolium repens*）扩繁 4 个月获得实验菌剂，菌剂孢子密度≥10 个/g，包含菌丝片段及侵染根段等。

3. 实验处理

所有隔室中放置 2.5kg 的灭菌基质，隔室之间的空隙用灭菌基质填充，填充高度与隔室中土壤高度持平。先将种子在 10%的 H_2O_2 溶液中消毒 10min，并在无菌水中清洗 3 次后播入隔室中。供体室播入 5 粒香樟种子并接种 100g 的幼套球囊霉培养菌剂；6 个受体隔室均不接种，其中 3 个隔室采用 20μm 的尼龙网处理（M^+ 处理），另外 3 个隔室采用 0.45μm 的尼龙网处理（M^- 处理），每个 M^+ 和 M^- 受体隔室分别播入 5 粒香樟、构树和鬼针草种子，所有隔室在种子播入后浇足水分，放置在塑料大棚中常规培养。当幼苗出土 2 周后，在供体室中留置 1 株幼苗，受体室中各留置 2 株幼苗，当幼苗生长 3 个月后在培养皿中注入 8mL 浓度为 0.5%的 $(^{15}NH_4)_2SO_4$（$\delta^{15}N$=99.14%，购于上海稳定性同位素工程技术研究中心）溶液标记供体植株根系，同位素标记 2 周后收获所有的实验土壤和植物材料进行指标分析。

4. 指标测定

菌根侵染率按照 Kormanik 等（1980）和 Brundrett 等（1984）所描述的染色观察方法测定。生物量测定采用烘干法，将植株根、茎、叶放置在 105℃下恒温 48h 至恒重后称量。植物氮含量采用凯氏定氮法（Büchi Distillation Unit B-324 全自动凯氏定氮仪）进行测定。同位素 $\delta^{15}N$ 值的测定是将植株叶片在 105℃烘干后采用球磨机粉碎，过筛 100 目后装入锡箔纸作为待测样品，送至国家海洋局第三海洋研究所进行测定，所用仪器为 Thermal Finnigan TC/EA-IRMS 测试仪，型号 DELTA V Advantage。根直径、根总长、根表面积和根体积的测定是采用加拿大 WinRHIZO_Pro LA2400 根系分析系统。叶面积采用叶面积仪测定。

5. 数据处理

数据采用 SPSS 13.0 软件分析，采用 ANOVA 最小极差法(LSD)分析 $\delta^{15}N$ 值、氮摄取量、株高、地径、叶面积、根直径、根总长、根表面积和根体积等性状指标值之间的差异；采用 t 检验比较分析 M^+ 与 M^- 处理之间的性状指标值差异，显著性检验水平为 5%，采用 Origin 8.0 作图。

9.1.2 结果与分析

1. 不同处理条件下受体植物菌根侵染率

实验中 3 种不同的受体植物在 M^- 处理下均未发现菌根真菌侵染，也未发现菌丝体片段或者 AM 孢子的存在。3 种不同的受体植物在 M^+ 处理下侵染率表现为构树>香樟>鬼针草，香樟、构树和鬼针草菌根侵染率分别为 55.50%、61.75%和 43.50%，香樟与构树菌根侵染率差异不显著($P>0.05$)，但二者分别与鬼针草差异显著。该结果表明，0.45μm 的尼龙网有效阻隔了 AM 菌丝体向 M^- 隔室生长。

2. CMN 对植株个体叶片 $\delta^{15}N$ 值的影响

如图 9-2 所示，在 M^+ 处理下受体植物香樟、构树和鬼针草叶片 $\delta^{15}N$ 值分别显著高于 M^- 处理，3 种受体植物分别提高了 317.79%、394.96%和 300.20%。在 M^+ 处理下，香樟幼苗叶片 $\delta^{15}N$ 值显著高于构树和鬼针草，而构树与鬼针草间叶片 $\delta^{15}N$ 值没有显著差异。同样地，M^- 处理的结果与 M^+ 处理相似，仍表现为香樟分别与构树、鬼针草间存在显著差异，但构树与鬼针草间差异未达到显著水平。该实验结果表明，CMN 显著提高了香樟、构树和鬼针草对供体香樟 ^{15}N 的转移和利用，受体植物不同，对供体植物 ^{15}N 的转移分配效应存在差异。

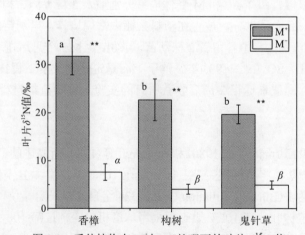

图 9-2 受体植物在 M^+ 与 M^- 处理下的叶片 $\delta^{15}N$ 值

注：英文字母(a, b)不同表示 M^+ 处理下不同植株幼苗叶片 $\delta^{15}N$ 值之间差异显著($P<0.05$)；希腊字母(α, β)不同表示 M^- 处理下不同植株幼苗叶片 $\delta^{15}N$ 值之间差异显著($P<0.05$)；**表示差异极显著($P<0.01$)。

3. CMN 对不同受体植物个体氮摄取量及其分配的影响

3 种受体植株个体总氮摄取量如图 9-3(a)所示，M^+ 处理的香樟幼苗总氮摄取量显著高于 M^- 处理，但构树和鬼针草幼苗各自的总氮摄取量在 M^+ 与 M^- 处理间差异不显著；在 M^+ 处理下，香樟总氮摄取量分别显著低于构树和鬼针草，但构树与鬼针草间差异不显著，在 M^- 处理下也表现类似的结果。3 种植物氮摄取量分配如图 9-3(b)所示，M^+ 处理下香樟幼苗地上部分和地下部分氮摄取量分别显著高于 M^-，但构树和鬼针草各自的地上部分和地下部分氮摄取量在不同处理间差异均不显著。就地上部分氮摄取量而言，M^+ 处理下，构树和鬼针草间氮摄取量没有显著差异，但均显著高于香樟，M^- 处理也表现同样结果；就地下部分氮摄取量而言，M^+ 处理的构树与鬼针草间氮摄取量没有显著差异，但均显著高于香樟，而 M^- 处理下，3 个物种间彼此差异显著。该结果表明，M^+ 处理下 CMN 显著提高了香樟幼苗地上部分、地下部分和植株总氮摄取量，对供体香樟相对的异种植物构树和鬼针草没有显著效应，但构树和鬼针草氮摄取量均显著高于同种个体的香樟。

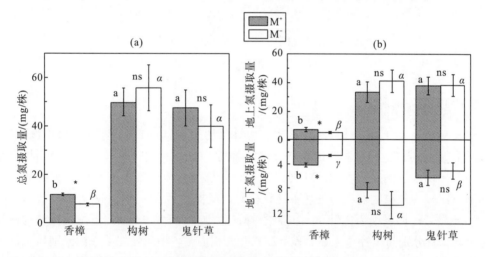

图 9-3 在 M^+ 与 M^- 处理下的受体植株总氮摄取量(a)和地上、地下部分氮摄取量(b)

注：不同字母表示不同处理间差异显著，*表示差异显著($P<0.05$)，ns 表示差异不显著。

4. CMN 对不同种受体植物个体生物量的影响

如图 9-4(a)所示，M^+ 处理的香樟总生物量显著高于 M^- 处理，但构树和鬼针草各自的总生物量在 M^+ 与 M^- 处理间差异未达到显著水平；在 M^+ 处理下，构树与鬼针草间总生物量差异不显著，但二者显著高于香樟，M^- 处理下，3 个物种间彼此差异显著。图 9-4(b) 为植株幼苗地上和地下生物量的分配。就地上生物量而言，M^+ 处理下香樟和鬼针草分别显著高于 M^-，其中香樟表现为极显著差异，但构树在不同处理间差异未达到显著水平；M^+ 处理下，构树与鬼针草地上生物量差异不显著，但二者显著高于香樟，而 M^- 处理下，3 个物种间彼此差异显著。就地下生物量而言，M^+ 处理的香樟显著高于 M^-，构树和鬼针草的不同处理间差异不显著；M^+ 和 M^- 处理的地下生物量均表现为 3 个物种间彼此差异显著。由此可知,只有香樟幼苗在 M^+ 处理下其地上、地下和总生物量均显著高于 M^-,与供体植物为同一物种的香樟生物量显著低于异种个体的构树和鬼针草。

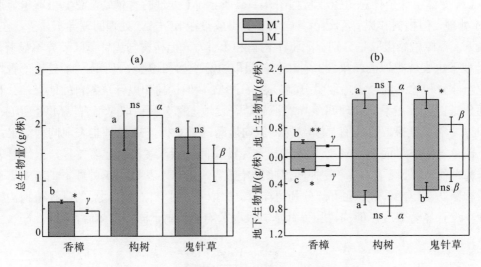

图 9-4 受体植物个体总生物量(a)及其分配(b)

注:不同字母表示不同处理间差异显著,*表示差异显著($P<0.05$),**表示差异极显著($P<0.01$),ns 表示差异不显著。

5. CMN 对不同种受体植物生长性状的影响

如表 9-1 所示,比较分析香樟、构树和鬼针草幼苗 M^+ 与 M^- 处理下植株表型性状特征,M^+ 处理的香樟株高、地径和叶面积均分别显著高于 M^-,构树株高、地径和叶面积在不同处理间差异均未达到显著水平,M^+ 处理的鬼针草株高和地径显著高于 M^-,但叶面积差异不显著。比较 3 种植物在相同处理下性状差异,就株高而言,M^+ 和 M^- 处理的 3 个物种间彼此差异显著,均表现为鬼针草>构树>香樟;就地径而言,M^- 处理下,香樟与构树间差异显著,二者分别与鬼针草无显著差异;就叶面积而言,相同处理下香樟分别显著低于构树和鬼针草,但构树与鬼针草间差异不显著。该结果表明,CMN 显著提高了香樟幼苗株高、地径和叶面积,显著促进了鬼针草幼苗的高生长和径向生长,但对构树没有显著影响。

表 9-1 不同受体植物株高、地径和叶面积

生长性状	处理	香樟	构树	鬼针草
株高/cm	M^+	10.50±0.28 cα	25.3±3.86 bα	50.89±5.56aα
	M^-	9.34±0.44 cβ	22.56±3.41 bα	38.98±7.45 aβ
地径/mm	M^+	2.51±0.10aα	3.12±0.55aα	2.69±0.11aα
	M^-	2.19±0.09bβ	2.94±0.50aα	2.46±0.26 abβ
叶面积/cm²	M^+	59.18±4.13 bα	342.03±59.38aα	288.95±37.89 aα
	M^-	43.41±2.98 bβ	347.93±88.38aα	266.21±45.95 aα

注:同列中不同希腊字母(α、β)表示同一物种不同处理下差异显著($P<0.05$),同行中不同小写字母(a、b、c)表示同一处理下不同物种相同器官间差异显著。

6. CMN 对不同种受体植物根系性状的影响

3 种受体植物根系性状特征如图 9-5 所示，M^+ 处理的香樟幼苗根平均直径、根总长、根表面积、根体积分别显著高于 M^-，构树幼苗的根平均直径、根总长、根表面积、根体积在 M^+ 处理下显著低于 M^-，而鬼针草在不同处理间各根系性状特征无显著差异。如图 9-5(a)，M^+ 处理下，香樟与构树间根平均直径差异显著，但二者分别与鬼针草无显著差异，M^- 处理下，三个树种间彼此差异不显著；如图 9-5(b)，M^+ 和 M^- 处理的三个物种间彼此差异显著，根总长表现为鬼针草>构树>香樟；植物根表面积[图 9-5(c)]和根体积[图 9-5(d)]的变化规律与根总长相似。该结果表明，CMN 显著提高了香樟幼苗根系平均直径、根总长、根表面积和根体积，显著降低了构树幼苗的根系平均直径、根总长、根表面积和根体积，而对鬼针草的影响并不显著。

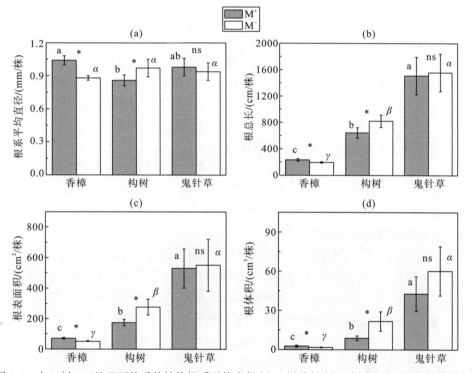

图 9-5 在 M^+ 与 M^- 处理下的受体植物根系平均直径(a)、根总长(b)、根表面积(c)和根体积(d)

9.1.3 讨论与结论

本实验结果表明，微生态系中 AM 菌丝体形成的菌根菌丝网(CMN)提高了受体室植株的氮含量，CMN 转移供体香樟 ^{15}N 分配给受体香樟、构树和鬼针草幼苗，这一结果与 He 等(2006)在加利福尼亚橡树林内用同位素标记技术研究外生菌根植物和丛枝菌根植物之间通过 CMN 移动 ^{15}N 的结果相一致，Cheng 和 Baumgartner(2004)的研究结果也表明，通过 AMF 菌丝网作用，在雀麦等作物相邻葡萄树中发现 ^{15}N 的存在。然而，CMN 对 ^{15}N

的转移可能是通过供体植物和受体植物根系联结的菌丝桥直接转移,也可能通过植物根系细胞剥离溶解或者根系分泌物将氮释放在土壤中被菌丝体间接吸收转移(Jones et al., 2004; Staddon et al., 2003),亦或菌丝体从供体植物根系将氮转移到土壤,再从土壤转移到受体植物根系(Johnson et al., 2002)。He 等(2009)认为,AM 真菌和植物个体间可能存在氮的双向转移,这种双向转移正如 Lu 等(2013)报道 7 个月大的黄檀(*Dalbergia hupeana*)在接种固氮细菌后,通过同位素示踪技术标记 ^{15}N 发现半寄生植物白檀与黄檀幼苗之间存在双向 ^{15}N 转移的结果一样,这种转移是通过根系分泌物释放转移的。这就使得 CMN 促进邻体植物之间氮的转移和利用过程变得十分复杂,而我们的实验仅是对供体香樟幼苗根系单向标记了 ^{15}N 同位素,个体之间的氮转移也可能从受体的香樟、构树和鬼针草向供体香樟发生,甚至通过微生态系隔室之间的土壤间接吸收转移,或者通过 CMN 在受体植物如香樟、构树和鬼针草之间相互转移,因此,更为深入的研究是十分必要的。

本实验中 CMN 对 3 种受体植物各部分氮摄取量的影响存在差异性,CMN 对同种植物的香樟具有显著正效应,而对异种植物的构树和鬼针草的影响不显著。引起不同物种个体氮摄取量差异的原因可能是宿主植物生活型不同引起 AMF 对不同植物的功能选择差异(Yang et al., 2012; Van der Heijden et al., 2008),导致 CMN 对氮的分配存在差异性。Weremijewicz 和 Janos(2013)认为,CMN 具有增大植物物种个体对资源分配的非平衡性,Burke(2012)发现,*Maianthemum racemosum* 幼苗在生长和养分摄取上通过 CMN 受益于邻近的同种个体,但异种的个体则对它是负效应,本实验中氮摄取量在 3 个物种上的差异支持了他们观点,AMF 对物种的生活型功能选择支持了 Yang 等(2012)的研究。植物可通过生物和非生物过程竞争土壤中的矿质营养,并改变各部分的生物量积累及分配格局以适应土壤养分变化,从而最大限度获取土壤中的养分资源(王庆成和程云环,2004),在植株个体养分资源分配上,3 种植物地上部分的氮摄取量高于地下部分的氮摄取量,因而可能导致地上部分生物量高于地下部分生物量。

根长、根表面积、根平均直径以及根体积是度量根系表型性状的常规指标(Murphy and Smucker, 1995),而 AMF 对宿主植物根系的空间结构和形态特征具有重要影响,并直接影响了植物对土壤水分和矿质养分的吸收(Atkinson et al., 2003)。宋会兴等(2007b)的研究表明,接种摩西球囊霉(*Glomus mosseae*)后提高了构树的根总长、根平均直径、根表面积和根体积;邹英宁等(2014)对枳(*Poncirus trifoliata*)苗接种 AMF 后发现,其根表面积、体积和根总长增加,但平均直径降低。CMN 可能对资源进行非平衡再分配而改变不同植物个体原有性状表现,而 CMN 对不同植物而言可能是正效应,也可能是负效应,甚至对一些物种没有影响。本实验中菌丝网络显著促进了香樟幼苗根系的生长,显著抑制了构树幼苗根系的生长,而对鬼针草没有显著影响,各根系性状特征在 3 个物种上的差异正好支持 Burke(2012)的异种个体菌根功能贡献观点。研究表明,CMN 通过菌丝体转移养分并改变植物个体养分的摄取,从而影响植物生长性状和表型性状,如 Fellbaum 等(2014)认为,CMN 对宿主植物个体间氮、磷等养分的转移分配具有重要生态功能;Merrild 等(2013)则认为,CMN 增加了物种间的养分竞争,从而影响了植物个体性状,如营养性状和表型性状等的改变,这种竞争是实现异质生境中资源再分配和多物种共存的重要原因(Hutchinson, 1959),这与本实验中 CMN 促进了香樟和鬼针草幼苗的地上部分生长、提高香樟叶面积的研究结果相符合。本实验中不同物种的氮摄取和分配、表型性状等存在差异性,其原因可能是 3 种不同生长型的植物生物性和生长特征差异较大,同时进行 4 个月的实验,香樟还处在幼苗期,而构树和鬼针草可能已经进入生长旺盛期,各自对于养分资源的吸收利用速率和生物量积累速率不一致,当然,更为深入的研究是必要的。CMN 往往会对不同大小个体的植株非平衡性资源进行分配,从而实现同种个体或异种个体因菌丝网络的调节共存于同一生境(Facelli and Facelli,2002;Shumway and Koide,1995)。生境异质性影响了喀斯特土壤微生物和地上植物群落的空间分布(Zhang et al.,2014),喀斯特地区不连续的土被和特殊的地表形态决定了其生境异质性高,这种异质生境中的养分资源呈现不均匀分布,因此,由 CMN 介导的植物个体间资源再分配可能是促进喀斯特异质生境物种共存的重要因素之一。在本实验的模拟微生态系统中,结果表明,CMN 影响了植物个体间氮转移,植株氮的摄取量依赖于植物个体生物量强度;CMN 对植物个体的养分吸收和表型性状影响具有非平衡性,同种和异种植物个体养分转移和分配对 CMN 具有不同的响应,同种个体的香樟对 CMN 具有生长和氮摄取方面的显著正效应;CMN 改变了植物个体生长和生理性状,导致植物生长性状和根系表型性状的差异。

9.2 丛枝菌根网对三种喀斯特植物氮、磷及其化学计量比的影响

大部分植物根系与 AM 真菌在土壤中形成菌根共生体,N、P 同化作用增加,克服植物生长营养限制,促进养分吸收(Hajong et al.,2013),在调控植物个体间营养平衡(He et al.,2006;陈永亮等,2014)、物种多样性维持(Selosse et al.,2006)和宿主植物的氮、磷养分的转移分配(Fellbaum et al.,2014)等方面具有重要的生态功能。N、P 作为植物的基本化学元素,在植物生长和各种生理代谢中发挥重要作用(Elser et al.,2010),N 和 P 对生物的生长、发育和行为起重要作用,N、P 含量比值是决定群落结构和功能的关键指标,N、P 含量比值可以作为对生产力起限制性作用的营养元素的指示剂(Sardans et al.,2012),因此,研究植物群落的 N、P 含量及其化学计量比具有重要的生态学意义。生态化学计量学是综合生物学、化学和物理学等基本原理,利用生态过程中多重化学元素(如 C、N、P)之间的平衡关系,分析各化学元素之间平衡对生态系统交互作用影响的一种理论(曾德慧和陈广生,2005;贺金生和韩兴国,2010;Elser et al.,1996)。N、P 的生态化学计量具有良好的指示作用,不仅可反映植物生长速度、营养元素对生产力的限制性作用(罗亚勇等,2012;Agren,2004),同时也可通过土壤 N、P 比揭示土壤内部 N、P 的利用特征。因此,了解土壤和植物组织 N、P 化学计量比,对掌握土壤全效养分的供应和植物营养状况、养分限制状况具有重要的指示作用。

我国西南地区分布着最为典型的碳酸盐岩发育的喀斯特地貌(Wang et al.,2004),喀斯特生态系统包含一系列不同的微生境,如石面、石沟、石缝、露头等(Zhang et al.,2007),其生境具有岩石裸露、土层浅薄、土被不连续、土壤侵蚀严重容易导致养分流失的特征,喀斯特生态系统较高的生境异质性影响了喀斯特土壤微生物和地上植物物种的空间分布。此前,学者们已对喀斯特地区菌根生态学做了大量研究,喀斯特地区 AM 真菌对植物生长

状况和养分利用转移影响的研究主要集中在菌根植物光合生理(Chen et al., 2014)、AM 真菌与宿主植物的抗逆性(何跃军和钟章成, 2011)、AM 植物的氮磷营养利用(何跃军等, 2007)等方面, 而对菌根作用下植物根、茎、叶不同器官化学计量特征的研究还相对缺乏。AM 通过与植物相互作用影响植物营养元素转移、养分吸收和元素化学计量特征的改变, 从而影响了植物功能的发挥(Landis and Fraser, 2008; Johnson, 2010), 如 AM 真菌菌丝体通过交换植物碳水化合物吸收土壤中的养分 N、P 供给宿主植物分配到根、茎、叶中促进植物生长(Smith and Read, 2008), 或者通过分解土壤中有机矿质养分并转移给氮匮乏土壤中的宿主植物从而调节植物营养性状适应(He et al., 2017), 促进异质生境资源再分配而对生态系统的稳定性产生影响。此外, 植物根系外延菌丝体可能与多种植物联合形成庞大的地下菌丝网, 这种菌丝网在不同植物个体间进行水分和营养元素传递和交换, 改变了植物的营养性状(He et al., 2006; Fellbaum et al., 2014), 对维持植物物种多样性和生态系统的稳定性具有重要功能(Selosse et al., 2006)。高度异质的喀斯特生境中维持了较高的植物物种多样性, 这些物种由不同生长型的木本植物和草本植物组成, 并生长于同一生境, 如乔木型香樟(*Cinnamomum camphora*, Ci)、灌木型构树(*Broussonetia papyrifera*, Br)和草本型鬼针草(*Bidens pilosa*, Bi)等植物常共存于同一喀斯特小生境, 并且喀斯特生态系统因广泛发育的岩石裂隙导致土壤养分(如 N、P)容易流失, 植物个体是如何通过菌根网络体系调控植物组织器官和土壤养分互作以适应喀斯特异质生境的研究当前还没有涉及。将植物各器官养分状况、AM 菌丝和土壤三者联系起来探讨不同植物各器官中 N、P 含量及元素分配对 AM 真菌的响应, 对进一步了解喀斯特地区不同 AM 植物养分吸收差异和喀斯特植被稳定性维持机制具有重要意义。本书拟通过植物在供 N 条件下接种丛枝菌根真菌, 研究邻体植物和土壤 N、P 含量及其化学计量比的变化规律, 探索菌根网络对不同功能型植物香樟、构树和鬼针草的功能适应, 旨在探索喀斯特植物群落菌根功能适应的维持机制。

9.2.1 材料及方法

实验装置见图 9-1, 即由 1 个口径为 60cm 的聚丙烯塑料大盆和 7 个圆柱形塑料隔室构成, 圆柱形隔室大小为 11.8cm × 14.0cm(直径×高度)、厚度为 2mm。塑料大盆作为一个单元, 每个单元内包含了 7 个柱形隔室, 其中 1 个隔室作为接种室接种幼套球囊霉放置在大盆中央, 另外 6 个隔室放置在周围作为菌丝室, 实验单元 6 个重复。接种室底部开 4cm 直径的圆孔连接大盆底部外侧, 并与 6cm 直径的培养皿连通, 培养皿与接种室底部之间用 2mm 孔径的尼龙网隔离以保证香樟幼苗根系能够穿透尼龙网到达培养皿但阻隔土壤下渗。从每个隔室底部向上 3~10cm 的柱壁上钻 1cm 的圆孔带, 孔间间隔 2cm。20μm 和 0.45μm 的尼龙网(Amersham Hybond, USA)采用 JEAOBOND S-3860 聚丙烯胶水进行粘接, 结合使用助剂 T-210 使隔网牢固粘贴在隔室壁两侧, 确保其不变形、不移动。接种室和其中 3 个菌丝室用 20μm 尼龙网黏附。另外 3 个菌丝室用 0.45μm 尼龙网黏附, 其中 20μm 尼龙网可以允许菌丝通过, 却阻隔植物根系通过, 0.45μm 隔网阻隔菌丝和根系通过(吴强盛和夏仁学, 2004)。接种室外部培养皿放入 8mL 浓度为 0.5%的$(NH_4)_2SO_4$溶液,这样接种室内的 AM 菌丝体能够穿透 20μm 尼龙网进入各菌丝室,并侵染菌丝室植物根系,在装置内不同隔室的植物个体间形成菌丝网。

实验材料与处理见 9.1.1 节。

9.2.2 结果与分析

1. 不同处理条件下各隔室植物菌根侵染率和菌丝密度

如表 9-2 所示,20μm 处理条件下各菌丝室植物侵染率在 43.50%～61.75%,中央接种室香樟的侵染率为 63.30%,接种室与香樟、构树菌丝室之间侵染率没有显著差异,而鬼针草与其他隔室间差异显著。对菌丝密度而言,20μm 处理条件下各菌丝室的菌丝长度之间无显著差异,但接种室分别与各菌丝室间存在显著差异。

表 9-2 不同处理下各隔室植物侵染率和菌丝密度

项目	隔网	香樟	构树	鬼针草	香樟(接种室)
侵染率/%	20μm	55.50±2.7a	61.75±5.18a	43.50±6.47b	63.30±4.81a
	0.45μm	0	0	0	
菌丝密度/(m/g 土)	20μm	2.97±0.22b	3.74±0.28b	2.36±0.15b	5.21±0.51a
	0.45μm	0	0	0	

注:同列中不同小写字母(a、b)表示相同隔网处理下不同隔室间差异显著($P<0.05$);20μm 隔网处理表示隔室中有菌丝,0.45μm 隔网处理表示隔室中无菌丝。

2. AM 菌丝网对三种植物根、茎、叶的 N、P 含量的影响

在 20μm 和 0.45μm 隔网处理下,三种植物根、茎和叶的 N、P 含量分析见表 9-3,总体上隔网不同程度地影响了三种植物根、茎、叶的 N、P 含量。与 0.45μm 相比,20μm 隔网处理香樟茎、叶的 N、P 含量显著增加,而根的 N、P 含量差异不显著;20μm 隔网处理显著提高了构树叶的 N、P 含量和根的 P 含量,显著降低了构树茎的 N 含量;20μm 隔网处理显著提高了鬼针草叶的 N、P 含量。对同一隔网处理下不同物种同一器官间 N、P 含量进行分析,0.45μm 隔网处理下,茎、叶 N 含量的变化趋势一致,三种植物彼此间存在显著差异,表现为鬼针草>构树>香樟;根 N 和叶 P 含量在香樟和鬼针草间差异不显著,但二者均与构树存在显著差异;20μm 处理下,茎、叶 N 含量在三种植物间存在显著差异,表现为鬼针草>构树>香樟,就根、茎、叶 P 含量而言,不同物种彼此间差异均未达到显著性水平。

表 9-3 不同处理下各隔室植物 N、P 含量

隔室植物	隔网	氮含量			磷含量		
		根	茎	叶	根	茎	叶
接种室香樟	20μm	6.62±0.22	2.39±0.07	14.18±0.34	0.96±0.13	0.37±0.04	0.89±0.07
香樟	20μm	4.01±0.08xa	2.41±0.08xc	9.16±0.19xc	1.01±0.31xa	0.43±0.04xa	0.98±0.01xa

续表

隔室植物	隔网	氮含量			磷含量		
		根	茎	叶	根	茎	叶
构树	0.45μm	3.72±0.22xa	2.28±0.1yc	8.16±0.21yc	1.09±0.09xa	0.23±0.13ya	0.82±0.01ya
	20μm	2.68±0.12xb	3.69±0.06yb	15.88±0.26xb	1.03±0.06xa	0.52±0.04xa	0.96±0.07xa
鬼针草	0.45μm	2.92±0.13xb	3.93±0.1xb	14.76±0.35yb	0.86±0.1ya	0.52±0.06xa	0.67±0.04yb
	20μm	3.94±0.25xa	4.91±0.23xa	19.6±0.23xa	1.11±0.13xa	0.66±0.18xa	1.04±0.06xa
	0.45μm	3.62±0.09xa	5.33±0.25xa	19.01±0.29ya	0.97±0.14xa	0.46±0.11xa	0.84±0.11ya

注:同列中不同小写字母(x、y)表示同一物种同一组织器官在不同隔网处理(20μm、0.45μm)下N、P含量差异显著($P<0.05$),同列中不同小写字母(a、b、c)表示同一隔网处理下不同物种同一器官间差异显著。

3. AM菌丝网对三种植物根、茎、叶N、P化学计量比的影响

对不同隔网处理下植物N、P化学计量比进行分析(图9-6)。与0.45μm隔网处理相比,香樟在20μm隔网处理下茎、叶和总N、P化学计量比均显著降低,根N、P化学计量比增加但未达到显著性差异水平;20μm隔网处理的构树根、叶和总N、P化学计量比表现为显著性降低,鬼针草在20μm隔网处理下茎、叶和总N、P化学计量比均显著降低,根N、P化学计量比差异不显著。对同一隔网处理下不同物种同一器官间N、P化学计量比进行分析,0.45μm隔网处理下,香樟和鬼针草茎N、P化学计量比差异不显著,但二者与构树存在显著差异,叶和总N、P化学计量比变化一致,均为构树和鬼针草差异不显著,但二者与香樟存在显著差异,不同植物间根N、P化学计量比差异不显著;20μm隔网处理下,不同植物间各器官N、P化学计算比变化规律不尽相同,总N、P化学计算比表现为不同植物间差异显著,鬼针草>构树>香樟,根的N、P化学计量比为香樟与鬼针草间差异不显著,二者分别与构树存在显著差异,叶的N、P化学计量比为构树与鬼针草间差异不显著,二者分别与香樟存在显著差异,香樟、构树、鬼针草间茎N、P化学计量比差异不显著。

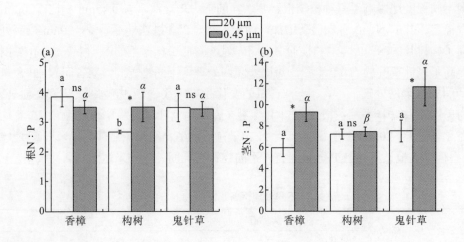

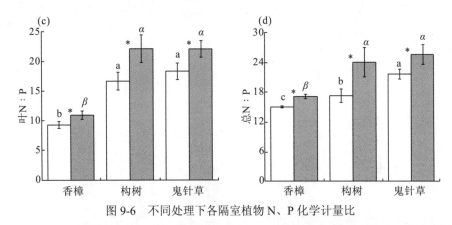

图 9-6 不同处理下各隔室植物 N、P 化学计量比

注：图中不同小写字母（a、b、c）和不同希腊字母（α、β、γ）表示相同处理不同植物个体间差异显著（$P<0.05$），*表示不同处理下同种植物个体间差异显著，ns 为不显著（$P>0.05$）。接种室香樟根、茎、叶和总的 N、P 化学计量比分别为 6.92±0.31、6.38±0.27、15.91±0.44、13.28±0.25。

4. AM 菌丝网影响三种植物根、茎、叶的 N、P 摄取量

对不同隔网处理时不同植物各器官 N、P 摄取量进行分析发现（图 9-7），与 0.45μm 隔网处理相比，香樟在 20μm 隔网处理的根、茎、叶的 N 摄取量分别提高了 63.48%、54.81% 和 45.37%；不同处理间 N 摄取量差异显著；香樟在不同处理下根、茎和叶的 P 摄取量变化与 N 摄取量相似；香樟各器官 P 摄取量显著提高。与 0.45μm 隔网处理相比，20μm 隔网处理显著提高了构树根的 P 摄取量和鬼针草茎的 P 摄取量；不同处理下构树和鬼针草根、茎、叶的 N 摄取量差异均未达到显著水平。对同一隔网处理下不同物种同一器官间 N、P 摄取量进行分析，0.45μm 隔网处理下，香樟、构树、鬼针草间根的 N 摄取量、根和茎的 P 摄取量彼此差异达到显著水平，构树>鬼针草>香樟；20μm 隔网处理下，不同植物间茎的 N 摄取量、根和茎的 P 摄取量彼此差异显著，茎的 N、P 摄取量为鬼针草>构树>香樟，根的 P 摄取量为构树>鬼针草>香樟。

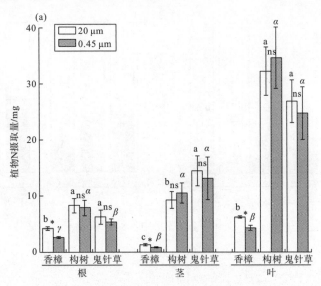

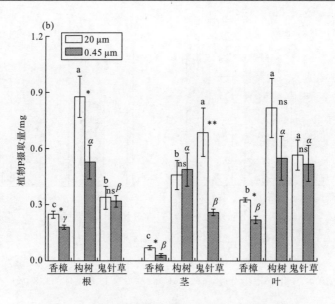

图 9-7　各隔室植物根、茎、叶的 N、P 摄取量

5. AM 菌丝网对植物各器官 N、P 分配比例的影响

不同处理下三种植物各器官内 N、P 含量的分配格局如图 9-8 所示，与 0.45μm 隔网处理相比，20μm 隔网处理的香樟、构树和鬼针草的 N 含量在各器官内的分配比例均未出现较大的波动，香樟根和茎分别增加 2.42%、0.1%，叶降低 2.52%；构树根增加 1.72%，茎和叶分别降低 1.07%、0.65%；鬼针草根和茎分别增加 0.72%、0.03%，叶降低 0.76%。与 0.45μm 隔网处理相比，20μm 隔网处理的香樟、构树和鬼针草各自的 P 含量在各器官内的分配比例有较大的差异，香樟根和叶分别降低 3.4%、0.39%，茎增加 3.79%；构树根和叶分别增加 6.98%、2.93%，茎降低 9.91%；鬼针草根和叶分别降低 7.84%、11.64%，茎增加 19.49%。

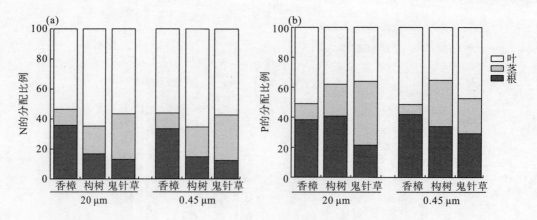

图 9-8　不同处理下各隔室植物各器官 N、P 分配比例

6. AM 菌丝网对不同隔室土壤 N、P 浓度及 N、P 化学计量比的影响

对同一植物的不同处理下隔室土壤养分进行分析发现(表 9-4),与 0.45μm 隔网处理相比,20μm 隔网处理的香樟隔室土壤全磷浓度显著增加,土壤碱解氮浓度及土壤 N、P 化学计量比显著降低;不同处理下,构树隔室中土壤全氮、碱解氮、全磷、有效磷及土壤的 N、P 化学计量比差异均未达到显著水平;与 0.45μm 隔网处理相比,20μm 隔网处理的鬼针草隔室中土壤有效磷浓度显著提高,土壤的 N、P 化学计量比显著降低。对相同处理下不同植物隔室中土壤养分进行分析,0.45μm 隔网处理下,土壤全氮、土壤的 N、P 化学计量比均表现为香樟与构树间差异不显著,但二者分别与鬼针草存在显著差异,土壤碱解氮表现为构树与鬼针草间差异不显著,二者分别与香樟存在显著差异;20μm 隔网处理下,香樟、构树、鬼针草间土壤的 N、P 化学计量比彼此差异显著,表现为鬼针草>构树>香樟,土壤全氮、碱解氮、全磷、有效磷浓度在不同植物隔室间差异均不显著。

表 9-4 不同处理各隔室土壤氮磷浓度

隔室植物	隔网	全氮/(g/kg)	碱解氮/(mg/kg)	全磷/(g/kg)	有效磷/(mg/kg)	氮磷比
接种室香樟	20μm	1.64±0.30	173.43±9.52	0.16±0.02	17.00±0.98	10.24±0.28
香樟	20μm	1.48±0.18xa	161.00±3.12ya	0.17±0.01xa	15.59±1.51xa	8.69±0.10yc
	0.45μm	1.57±0.63xb	200.43±17.62xa	0.13±0.04ya	11.93±4.11xa	10.16±0.35xb
构树	20μm	1.65±0.36xa	139.83±24.17xa	0.16±0.01xa	18.56±0.57xa	10.19±0.22xb
	0.45μm	1.62±0.23xb	167.65±13.57xb	0.17±0.01xa	17.30±0.89xa	9.93±0.18xb
鬼针草	20μm	1.91±0.40xa	172.55±9.97xa	0.17±0.00xa	18.40±0.41xa	11.24±0.21ya
	0.45μm	2.53±0.25xa	163.80±8.05xb	0.17±0.01xa	14.86±1.90ya	14.82±0.12xa

注:同列中不同小写字母(x、y)表示同一植物隔室中土壤养分含量在不同隔网处理(20μm、0.45μm)间差异显著($P<0.05$),同列中不同小写字母(a、b、c)表示同一隔网处理下不同物种隔室中土壤养分含量间差异显著。

9.2.3 讨论

土壤是植物生长所需养分的主要来源,特定的土壤理化性状决定着植被类型(王长庭等,2010),同时,不同植被类型的土壤养分因植物凋落物、根系分泌物以及与土壤微生物间的作用不同而存在一定的差异(德科加等,2014;魏孝荣等,2007)。土壤全氮量和全磷量是衡量土壤养分供应状况的重要指标,全氮是供应植物有效氮素的源和库,磷是植物生长必需的营养元素之一,土壤中全磷质量分数可反映土壤对植被的潜在供磷能力。在本研究中,不同处理条件下,三种受体室土壤全氮含量变化范围为 1.48~2.53,全磷含量变化范围为 0.13~0.17,均低于我国土壤全氮、全磷含量平均水平(Tian et al.,2010),其原因可能是喀斯特地区保水保肥性差,随着石漠化程度的加剧,生态系统中的可利用氮很容易通过侵蚀、淋溶、挥发等方式大量流失(董雪等,2013)而降低了土壤养分含量。不同处理下,各隔室中土壤全氮浓度和构树、鬼针草土壤全磷浓度差异均没有发生显著变化。可见,丛枝菌根菌丝网对香樟土壤中全磷浓度起重要调节作用,但对构树、鬼针草土壤的 N、

P 浓度影响不大。土壤 N、P 化学计量比可以作为养分限制类型的有效预测指标(王绍强等，2008)，N、P 化学计量比较高表明土壤中 P 元素可能存在缺乏，P 对该土壤植物生长的限制性强；反之，则说明 N 元素缺乏。本研究中，0.45μm 隔网处理条件下土壤 N、P 化学计量比变化范围为 9.93～14.82，平均 N、P 化学计量比值为 11.64(表 9-4)，20μm 隔网处理下土壤 N、P 化学计量比变化范围为 8.69～11.24，平均 N、P 化学计量比值为 10.04，AM 真菌菌丝降低了菌丝室土壤 N、P 化学计量比，一定程度削弱了植物生长的 P 限制作用，表明 AM 真菌菌丝网在土壤中可能与植物根系形成菌根共生体，增加 N、P 同化作用，促进养分吸收，克服植物生长营养限制(Smith S E and Smith F A，2011；Hajong et al.，2013)。三种受体室土壤 N、P 化学计量比彼此间差异显著，说明喀斯特地区不同植物类型土壤 N、P 化学计量比存在显著差异，不同受体室植物之间存在不同的养分限制类型，这可能是不同植被类型土壤含水量变化、土壤 pH 等影响土壤 N、P 化学计量比(肖烨等，2014)。

植物体 N、P 含量变化一方面受到植物生存策略的影响，另一方面与当地的环境因素(如温度、纬度、土壤水分、群落演替、微生物作用、土壤水分及肥力)密切相关(Elser et al.，2000)，而丛枝菌根真菌作为土壤微生物对植物养分含量具有相当重要的影响。由表 9-3 可知，香樟、构树和鬼针草三种受体植物叶片 N 含量的变化范围为 8.16～19.6，均低于全国平均水平(20.24)(Han et al.，2005)，三种植物叶片 P 含量的变化范围为 0.67～1.04，均低于全国平均水平(1.46)(Han et al.，2005)，可见喀斯特地区植物叶片 N、P 含量相对较低，这与任书杰等(2007)、Piao 等(2005)的研究结果相符。同时，对不同处理植物根、茎、叶的 N、P 含量进行比较可知，香樟、构树和鬼针草根、茎的 N 含量变化不大，菌丝网的存在显著提高了三种植物叶的 N、P 含量，说明 AM 真菌菌丝网影响植物对 N、P 的吸收和利用，尤其对叶片的 N、P 具有显著影响，这与 Johnson(2010)的研究结果一致，其原因可能是菌丝网对植物营养元素(如 N、P)的调节作用改变了植物体内元素化学计量(Landis et al.，2008)。有研究表明，植物叶片的 N、P 含量越高，其光合速率越高、生长速率越快、资源竞争能力越强。阎凯(2011)的研究也发现草本植物的 N、P 和 K 含量均高于木本植物，本研究中相同处理下鬼针草的叶片 N 含量显著高于香樟和构树，表明相对乔木型香樟和灌木型构树，草本植物鬼针草可能具有较强的资源获取能力和较高的利用效率。

植物的 N、P 含量及其化学计量比特征反映了植物对水分胁迫等不利环境的防御和适应策略(戚德辉等，2016)，当环境条件发生变化时，尤其是在遭遇到逆境胁迫时，植物会通过一定的机制调整以使自身的化学计量比维持在一个相对稳定的范围内(赵维奇等，2015)。本研究中，不同处理下香樟、构树和鬼针草各器官的 N、P 化学计量比对 AM 真菌菌丝的响应存在差异，三种植物的根、茎 N、P 化学计量比或增加或降低，但植物叶和总 N、P 化学计量比均表现为显著降低，说明 AM 真菌菌丝网可以吸收和传递植物根系吸收范围以外的更多的土壤养分以保证植物正常生长发育，并差异性地影响不同植物吸收、利用 N、P 而降低植物叶片的 N、P 化学计量比。植物叶片的 N、P 化学计量比值可以作为判断限制植物生长的营养元素的指标(Tessier et al.，2003)，N、P 化学计量比小于 14 的植物生长主要受到 N 元素的限制，N、P 化学计量比大于 16 的植物生长主要受 P 元素的限制。由图 9-6(c)可知，三种植物在无 AM 真菌菌丝存在时，其 N、P 化学计量比平均值为 18.4，大于全国森林的平均值 16(Han et al.，2005；潘复静等，2011)；AM 真菌作用下其 N、P 化学计量比平均值为 14.8，说明喀斯特地区可能存在 P 元素供应比较稀缺的情况，植物生长受到 P 限制，而 AM 真菌菌丝网降低了 P 对三种植物生长的限制作用，这可能与 AM 真菌促进植物对 P 的吸收有关，使 P 不再是植物生长的主要限制因子，该发现对低 P 地区植物的生长具有重要意义。本研究中鬼针草相比于其他两种植物有较高的叶 N、P 含量，三种植物各器官间 N、P 化学计量比均表现为根<茎<叶，这与生长速率假说(growth rate hypothesis)(Elser et al.，1996；Sterner et al.，2002)相符合，即植物体内营养元素的浓度和比值在物种之间存在较大的差异，寿命短、生长快速的植物叶片养分含量高于寿命长、生长相对较慢的物种。此外，也有研究认为，生长速度快的部位相较于生长速度慢的部位往往有较低的 N、P 化学计量比(Matzek et al.，2009)。AM 真菌菌丝网非平衡性影响不同受体植物各部分 N、P 摄取量，且 N、P 含量在根、茎和叶的分配也存在差异，如李红林等(2016)认为，各器官对元素的吸收利用具有特异性。AM 真菌菌丝显著提高了香樟根、茎、叶的 N、P 摄取量，其 N、P 在不同处理下分配规律一致，均表现为叶>根>茎，而构树、鬼针草各部分 N 摄取量差异不显著，N 含量分配均表现为叶>茎>根。AM 真菌菌丝显著提高了构树根 P 摄取量和鬼针草茎 P 摄取量；同时，构树体内 P 含量在根中的分配最高，茎中 P 含量最低，而鬼针草体内 P 含量分配比例恰好相反。可见，不同处理下构树、鬼针草体内 N 摄取量及分配比例均未出现较大的波动，而更加显著地影响了 P 的摄取和分配；同时，AM 真菌菌丝网更大程度影响香樟对养分的吸收和分配，其原因可能是菌丝网对地下资源的分配会依据不同植物对资源的需求程度进行，如 Merrild 等(2013)的研究认为，菌丝网可为大型植物提供最多的 C，而小型植物得到的 C 则不足。

实验研究表明，丛枝菌根菌丝网不同程度地调节了三种植物的 N、P 的吸收，显著降低了三个物种植株总 N、P 化学计量比和叶片 N、P 化学计量比，并不同程度地影响植株根和茎的 N、P 化学计量比以及土壤 N、P 化学计量比。喀斯特适生植物生长受 N、P 营养元素限制，丛枝菌根菌丝网可以促进 N、P 养分吸收，缓解植物营养受限而促进植物生长。生态化学计量学为研究菌根真菌与喀斯特适生植物之间的相互作用机制提供了新的思路。然而，菌丝网影响喀斯特地区植物、土壤的化学计量学特征，以及作为判断养分限制指标值的范围仍需要在不同尺度以及自然生境中进一步研究。

第10章 外源碳酸钙和丛枝菌根对植物-土壤体系的交互影响

10.1 施加外源性碳酸钙和丛枝菌根菌丝体对樟树幼苗生长性状的影响

10.1.1 材料与方法

1. 实验装置

本实验采用分室系统(microcosm)法(图10-1),参照Hodge等(2001)的方法进行改进。装置由聚乙烯(polyethylene)材质制成,整体外尺寸为360mm×250mm×140mm,单格内尺寸为110mm×110mm×118mm。装置主体分为2个部分(图10-1),即HOST组和TEST组。HOST组中均种植受体植物樟树并接种AM真菌菌剂,TEST室中按照实验设计放置或不放置$Ca^{13}CO_3$,并放置灭菌土。HOST室底部均匀开有6个直径0.5cm的圆孔防止积水。HOST室与TEST室之间隔板厚度为1mm,在隔板之间使用手钻均匀钻10mm孔(其中一孔位于对角线的中点,再在对角线上距离中点30mm处取4个点钻孔),共5个。HOST室与TEST室之间隔板两侧采用菌丝隔网处理(M^+处理,采用20μm尼龙网,隔离植物根系向相邻隔室生长,但AM菌丝可通过;M^-处理,0.45μm尼龙网,隔离菌丝与植物根系向相邻隔室生长)。HOST组4个隔室底部均匀开有6个0.5cm直径的圆孔防止积水。

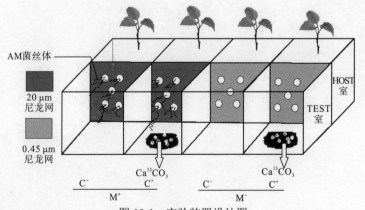

图10-1 实验装置设计图

注:M^+为20μm尼龙隔网,M^-为0.45μm尼龙隔网;C^+为TEST隔室施加$Ca^{13}CO_3$处理,C^-为TEST隔室不施加$Ca^{13}CO_3$处理。下同。

2. 实验处理

本实验采用隔室分离系统,设计种植隔室组(HOST 组)和菌丝测试隔室组(TEST 组),每一个 HOST 组和 TEST 组由 4 个相同的隔室组成,共计 8 个隔室,组成一个实验单元。在 TEST 组中采用外源 ^{13}C-碳酸钙处理(C^+处理,向 TEST 隔室中添加 ^{13}C-碳酸钙;C^-处理,不向 TEST 隔室添加 ^{13}C-碳酸钙),HOST 隔室与 TEST 隔室之间采用菌丝隔网处理(M^+处理,采用 20μm 尼龙网,隔离植物根系向相邻隔室生长,但菌丝可通过;M^-处理,0.45μm 尼龙网,隔离菌丝与植物根系向相邻隔室生长)。实验共 6 个重复。每个隔室装有 1450g 灭菌土壤基质,其中 HOST 室中放入 1100g 灭菌土,再放入 50g 培养菌剂搅拌均匀,播入 6 粒颗粒饱满、大小一致的樟种子(种子经过 0.1%高锰酸钾溶液消毒 10min),添加 350g 灭菌土作为表层土壤,TEST 室中直接放入 1450g 灭菌土壤。实验接种完成后浇足水分,放置在贵州大学林学院苗圃(106°40′43″E,26°25′39″N,H1120m)温室大棚中常规培养。当幼苗出土 3 周后间苗,留置 3 株幼苗。播种后 8 周进行同位素标记,在 TEST 室中下部放置过 100 目筛混合均匀的 4g $Ca^{13}CO_3$(其中 $Ca^{13}CO_3$=0.408g,$CaCO_3$=3.592g)混合粉末($\delta^{13}C$=96.01%,购于长沙贝塔医药科技有限公司),同位素标记 8 周后收获所有的实验土壤和植物材料,其中土壤在室内自然风干,并过筛得到<0.25mm、0.25~1.00mm、1.00~2.00mm、>2.00mm 四个粒径的土样,将土样和植物进行指标测试。

3. 供试材料

本实验以丛枝菌根-幼套球囊霉(*Glomus etunicatum*)作为供试菌种,菌种购于北京农林科学院营养与资源研究所,该菌种为喀斯特地区常见的 AM 真菌,该菌种保藏于本实验室 4℃保鲜冰箱中。本实验中所用接种剂为利用已灭菌的生长基质种植的白三叶草(*Trifolium repens*)扩繁 4 个月得到,经镜下观察所得到的接种剂中含 AM 真菌孢子(孢子密度≥10 个/g,无其他品种孢子存在)、菌丝片段及侵染根段等。实验土壤采集于贵阳市花溪区典型喀斯特地段的石灰土,按石灰土︰河沙=3︰1 的体积比充分混合作为植物培养基质。实验基质在 126℃、0.14MPa 下连续湿热灭菌 1h 备用。基质理化性质:pH 为 6.92,全氮为 2160mg/kg,碱解氮为 137.43mg/kg,全磷为 170mg/kg,速效磷为 19.58mg/kg。本研究所采用的植物是西南喀斯特地貌上常见的优势植物樟(*Cinnamomum camphora*),本实验所用樟种子采自贵阳市花溪区同一成年健壮植株。2015 年 10 月采集成熟饱满的樟树果实,放置于盛满清水的塑料中浸泡 24h,反复揉搓除去果皮,使用清水反复冲洗除去种子表面的油脂,自然风干,装入玻璃瓶常温保存。$Ca^{13}CO_3$ 标记品于 2016 年 3 月向长沙贝塔医药科技有限公司购买,^{13}C 丰度为 96.01%,纯度大于 99.0%。同位素标记在播种后两个月进行,将 5.57g $Ca^{13}CO_3$ 与 54.50g $CaCO_3$($CaCO_3$ 含量大于 99.0%)混合均匀,过筛 100 目。按照实验设计,在 TEST 隔室中下部放置过筛后混合均匀的 4g $Ca^{13}CO_3$(其中 $Ca^{13}CO_3$ 0.408g,$CaCO_3$ 3.592g)混合粉末,6 组重复,共放置在 12 个隔室中。樟树幼苗播种后 16 周收获,使用 100cm 直尺测量株高,使用数字游标卡尺测量地径,并进行记录。在测量株高与地径后,收获植株和土壤材料。土壤在室内自然风干,并过筛得到<0.25mm、0.25~1.00mm、1.00~2.00mm、>2.00mm 四个粒径的土样。

4. 常规指标测定

①叶面积测定使用扫描仪对植物叶片进行扫描，利用 Adobe Photoshop 软件对其进行分析，计算出叶面积。②根系形态指标测定采用根系数字化扫描仪进行扫描，用 LA-S 系列植物根系分析系统对根系总表面积、根总长、根系平均直径等进行测定与分析。③生物量测定按根、茎、叶各部分分别收获植物材料，65℃烘干至恒重，称取其质量。根冠比=根系生物量/地上部分生物量。④N 素测定采用碱解扩散法+半微量开氏法(张韫，2011)。⑤磷素测定采用钼锑抗比色法(张韫，2011)。⑥植物钙浓度测定采用原子吸收光谱法(谭燕贞等，1988)。吸取待测液 10mL 于 50mL 容量瓶中，加 1mL 50g/L 镧溶液用水稀释至标度，摇匀。根据原子吸收分光光度计的工作条件，用钙灯以试剂空白溶液调节吸收值到零，然后测定测读液的吸收值，在工作曲线上查得钙的浓度(μg/mL)。钙工作曲线的绘制：分别吸取 100μg/mL 钙标准溶液 0mL、1mL、2mL、4mL、6mL、8mL、10mL 于一系列 50mL 的容量瓶中,各加 1mL 的 50g/L 的镧溶液用水稀释至标度,摇匀。得 0μg/mL、2μg/mL、4μg/mL、8μg/mL、12μg/mL、16μg/mL、20μg/mL 钙标准系列溶液，在与测定时相同的工作条件下在原子吸收分光光度计上，用钙灯以试剂空白溶液调节吸收值到零，由稀到浓测定钙标准系列溶液的吸收值，并绘制工作曲线。代入公式计算钙浓度。钙摄取量=该种植物部位的生物量×对应的钙浓度。⑦土壤有机质测定采用重铬酸钾氧化-外加热法测定(文启孝，1984)。准确称量风干土样 0.300g，加入重铬酸钾和浓硫酸各 5mL，充分混匀后，在加热恒温条件下(恒温 180℃沸腾 5min)，用一定量的标准重铬酸钾-硫酸溶液氧化土壤有机质(氧化程度 90%,多余的重铬酸钾用标准硫酸亚铁溶液滴定,由消耗的重铬酸钾量计算有机碳含量)，再乘以 1.724(有机碳换算成有机质的经验常数)和 1.1(方法校正系数)，即为土壤有机质的含量。

5. 侵染率测定

测定方法参考《中国丛枝菌根真菌资源与种质资源》(王幼珊等，2012)。需要以下几个步骤：固定、透明、染色、制片和观察。①固定，选取植物根系中幼嫩的根系，经清水清洗干净后剪成约 1cm 长的根段，用 FAA 固定液固定 4h 以上；②透明，取出经 FAA 固定液固定处理后的根段，清洗干净并略微晾干，于 90℃、10%的 KOH 溶液中浸泡 30min(经 10%的 KOH 溶液处理的目的是除去根部皮层细胞中的细胞质，便于后期进行染色观察)；③染色，染色主要采用乳酸甘油法(Phillips and Hayman，1970)，将透明处理的根段放入玻璃烧杯，并加入 5%的乳酸溶液，浸泡 3~5min 后倒去乳酸溶液，加入酸性品红染色剂，90℃恒温水浴加热浸泡半个小时，倒去染色剂，于乳酸甘油混合液中反复浸泡多次，直到除去多余染色剂为止，浸泡在乳酸甘油混合液中待用；④制片与观察，将染色处理过且粗细均一的植物根段整齐地摆放在洁净的载玻片上，每一载玻片可以放置 10 个根段，放上盖玻片，用镊子柄轻轻摁压盖玻片，在光学显微镜下观察，并记录侵染状况。菌根侵染率(%)=(侵染根段长÷观察根段长)×100%。

6. 根外菌丝密度测定

测定方法参考《中国丛枝菌根真菌资源与种质资源》(王幼珊等, 2012)。取土壤样品 2.0g 加 250mL 蒸馏水在搅拌器中搅拌 30s,将搅拌好的悬浊液转移至三角瓶中,静置 1min。然后用移液枪在液面下同一深度处分两次吸取 10mL 悬浊液进行真空抽滤,在滤器上直接滴加 1~2 滴 0.05%的酸性品红,5min 后,将染料抽干,放置在载玻片下置于 200 倍显微镜下随机选择取 25 个点进行观察,并记下菌丝与网格的交叉点数。菌丝密度(m/g 土壤)=11/14×总交叉点数×网格单元格长度(m)×滤膜上样块面积(cm^2)/[网格面积(cm^2)×所称土样质量(g)]。

7. 孢子计数

采用湿筛倾析—蔗糖离心法分离孢子(Biermann and Linderman, 1981)。称取自然风干的土壤 10g,放入烧杯中,加入约 1L 蒸馏水,充分搅拌混匀,每隔 10min 搅拌一次,重复三次后再静置 30min。采用两层土壤筛(上层土壤筛为 200 目,下层土壤筛为 400 目),将烧杯中的土壤溶液搅拌均匀后静置 10s 左右,然后迅速过滤,这样反复两遍。过滤完后将下层土壤筛中的过滤残留物冲洗后转移入 100mL 的离心管中。置于离心机中以 $3000r·min^{-1}$ 离心 3min。离心完毕后,取出离心管,轻轻弃去上悬液。然后向离心管中加入 50%蔗糖溶液约 60mL。将离心管中管底沉淀和蔗糖溶液充分摇匀后以 $3000r·min^{-1}$ 离心 8s。离心结束后,取出离心管,将上悬液倒入 400 目的土壤筛中用蒸馏水充分冲洗以除去残留的蔗糖溶液。冲洗数分钟后,将土壤筛中的孢子混合物倒进干净培养皿中,在体视镜下进行分格计数。

8. $\delta^{13}C$ 同位素及 C 含量测定

将收获的樟树幼苗分为根、茎、叶在 105℃条件下烘干至恒重,采用球磨机粉碎,过筛 100 目后装入锡箔纸作为待测样品。土壤经自然风干过筛分成 4 个粒径装入锡箔纸中。土壤样品植物的同位素 $\delta^{13}C$ 和碳含量委托国家海洋局第三海洋研究所进行测定。所用仪器为 Thermal Finnigan TC/EA-IRMS 测试仪,型号 DELTA V Advantage。

9. 易提取土壤球囊霉素相关蛋白(EE-GRSP)和总提取土壤球囊霉素相关蛋白(T-GRSP)的测定

采用改进的 Wright 的土壤球囊霉素相关蛋白提取法(Wright and Upadhyaya, 1996)。EE-GRSP 提取:准确称取 0.500g 的风干土样放入 10mL 的塑料离心管中,在离心管中加入 8mL $20mmol·L^{-1}$、pH 7.0 的柠檬酸钠溶液作为球囊霉素浸提液,充分混匀后在 121℃、103kPa 条件下提取 30min,冷却后 $10000r·min^{-1}$ 离心 10min,准确称量上清液,4℃低温保存待检。T-GRSP 提取:准确称取 0.500g 的风干土样放入 10mL 的塑料离心管中,在离心管中加入 8mL $50mmol·L^{-1}$、pH7.0 的柠檬酸钠溶液作为球囊霉素浸提液,充分混匀后在 121℃、103kPa 条件下提取 1h,冷却后 $10000r·min^{-1}$ 离心 10min,准确称量上清液,以上过程重复三次,直至上清液基本呈无色,合并上清液,4℃低温保存待检。T-GRSP 和

EE-GRSP 中球囊霉素含量利用 Bradford 法(谢小林等,2011; Wright and Upadhyaya,1996)测定。

10. 数据处理及分析

数据采用 SPSS statistics 19.0 进行统计分析,采用 ANOVO-LSD 多重比较分析,在 5%水平下比较检验各处理平均值之间的差异显著性,利用 Microsoft Excel 2013 和 Origin8.5 制作图表。

10.1.2 结果与分析

1. 施加外源碳酸钙对樟树幼苗根系侵染率、土壤孢子密度及菌丝密度的影响

接种丛枝菌根真菌后,在四个处理中侵染率无显著差异。侵染率在 32.12%~34.00%。HOST 隔室中四个处理的孢子密度无显著差异,范围为 20~22 个孢子/10g 土样;TEST 隔室中,比较外源性碳酸钙对孢子密度的影响,在 M^+ 和 M^- 隔网处理下,C^- 处理和 C^+ 处理的孢子密度均无显著差异;比较 AM 菌丝体对孢子密度的影响,在 C^- 处理和 C^+ 处理下,M^+ 隔网的孢子密度均显著高于 M^- 处理。对菌丝密度而言,HOST 隔室中,四个处理下菌丝密度无显著差异;TEST 室中,比较外源性碳酸钙对菌丝密度的影响,M^+ 和 M^- 隔网处理下,C^- 处理和 C^+ 处理的菌丝密度均无显著差异;比较 AM 菌丝体对菌丝密度的影响,在 C^- 处理和 C^+ 处理下,M^+ 隔网的菌丝密度均显著高于 M^- 处理。结果表明,AM 菌丝体穿过,能够提高相邻隔室的孢子密度和菌丝密度(图 10-2)。

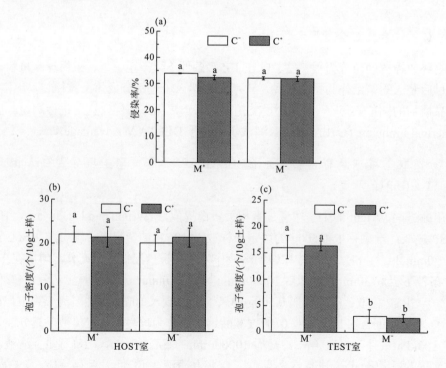

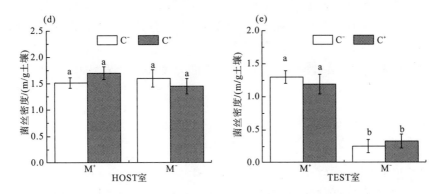

图 10-2 不同处理对樟树幼苗根系侵染率(a)、土壤孢子密度(b，c)
及隔室菌丝密度(d，e)的影响(平均值±标准误)

注：M^+为 20μm 尼龙隔网，M^-为 0.45μm 尼龙隔网；C^+为 TEST 室施加 $Ca^{13}CO_3$ 处理，
C^-为 TEST 室不施加 $Ca^{13}CO_3$ 处理。英文小写字母(a，b)不同表示处理之间差异显著。下同。

2. 施加外源碳酸钙和 AM 菌丝体对樟树幼苗表型性状的影响

如图 10-3 所示，四种处理的苗高差异不显著。在地径中，比较外源碳酸钙对地径的影响，在 M^+隔网条件下的 C^+处理的地径比 C^-处理提高了 5.31%；在 M^-隔网条件下，C^+处理的地径比 C^-处理提高了 0.48%。比较 AM 菌丝体对地径的影响，在 C^+处理条件下，

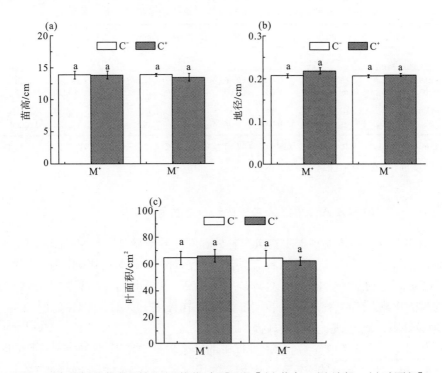

图 10-3 樟树幼苗表观性状(平均值±标准误) [(a)苗高；(b)地径；(c)叶面积]

M^+处理下的地径(0.218cm/株)与 M^-处理(0.208cm/株)差异不显著；在 C^-处理条件下，M^+处理下的地径(0.207cm/株)与 M^-处理(0.207cm/株)无差异，但统计分析表明，四种处理的地径均无显著差异。在叶面积中，四个处理间无显著差异($P>0.05$)。上述分析表明，在 M^+或 M^-处理下，TEST 室中有无外源性碳酸钙对樟树幼苗苗高、地径、叶面积均无显著性影响。

3. 施加外源碳酸钙和 AM 菌丝体对樟树幼苗根系性状的影响

植物根系形态指标主要有根总长、表面积、体积、平均直径、根尖数及分叉数等，这些指标在一定程度上反映了根系生长特征。如表 10-1 所示，比较外源碳酸钙对根系性状的影响，在 M^+隔网处理下，C^+处理与 C^-处理在根尖数和分叉数有显著性差异；在 M^-隔网处理下，C^+处理与 C^-处理无显著性差异。比较 AM 菌丝体对根系性状的影响，在 C^-处理条件下，M^+隔网处理与 M^-隔网处理在根总长、表面积、体积、平均直径、根尖数、分叉数均表现出无显著性差异；在 C^+处理条件下，M^+隔网处理时樟树幼苗根总长、表面积、根尖数、分叉数高于 M^-隔网处理，体积增长，但统计分析表明，差异性不显著。以上结果表明，在 AM 菌丝体隔网处理下，添加外源性碳酸钙能够增加樟树幼苗根尖数和分叉数。在外源性碳酸钙处理下，AM 菌丝体能够增加樟树幼苗根总长、表面积、体积、平均直径、根尖数、分叉数，这可能是 AM 菌丝体对 TEST 隔室中养分和碳的利用影响了樟树幼苗根系性状。

表 10-1 外源碳酸钙与 AM 菌丝体对樟树幼苗根系性状的影响

处理	根总长/cm		表面积/cm²		体积/cm³		平均直径/mm		根尖数		分叉数	
	C^-	C^+	C^-	C^+	C^-	C^+	C^-	C^+	C^-	C^+	C^-	C^+
M^+	120.40±5.93ab	132.92±7.75a	22.39±1.10ab	24.64±1.66a	0.48±0.03a	0.56±0.04a	0.66±0.02a	0.65±0.01a	142.00±9.67b	188.33±10.20a	236.06±14.87b	268.56±14.12a
M^-	127.18±5.96ab	111.62±7.08b	21.49±1.31ab	19.87±1.52b	0.45±0.03a	0.45±0.04a	0.62±0.02a	0.66±0.02a	170.39±11.13ab	146.22±12.45b	246.94±17.22ab	224.50±21.98b

注：M^+为20μm 尼龙隔网，M^-为0.45μm 尼龙隔网；C^+为 TEST 室施加 $Ca^{13}CO_3$ 处理，C^-为 TEST 室不施加 $Ca^{13}CO_3$ 处理。英文小写字母(a, b)不同表示处理之间差异显著。下同。

4. 施加外源碳酸钙和 AM 菌丝体对樟树幼苗生物量的影响

如图 10-4 所示，樟树幼苗根生物量在各处理间差异不显著，但 M^+处理下的根生物量均高于 M^-处理。对茎生物量而言，比较外源碳酸钙对茎生物量的影响，在 M^+和 M^-隔网条件下，C^+处理下的茎生物量较 C^-处理均有所提高，但无显著性差异。比较 AM 菌丝体对茎生物量的影响，在 C^-处理条件下，M^+处理(1.101g/株)显著高于 M^-处理(0.853g/株)；在 C^+处理条件下，M^+处理比 M^-处理提高了 19.78%，但无显著性差异。在叶生物量中，四个处理之间均无显著性差异，但 M^+处理下的叶生物量均高于 M^-处理。对总生物量而言[图 10-4(b)]，比较外源碳酸钙对总生物量的影响，在 M^+和 M^-隔网条件下，C^+处理下的总生物量较 C^-处理均有所提高，但无显著性差异。比较 AM 菌丝体对总生物量的影响，在 C⁻ 处理条件下，M⁺ 处理(1.778g/株)显著高于 M⁻ 处理(1.467g/株)；在 C⁺ 处理条件下，M⁺ 处理与 M⁻ 处理差异不显著。比较同一植株根、茎、叶生物量的差异，在四种处理下，根、茎、叶生物量之间均表现为两两差异显著，总体上生物量表现为茎>根>叶。对根冠比而言[图 10-4(c)]，M⁻ 隔网处理下，C⁻ 处理的根冠比显著高于 C⁺ 处理；M⁺ 隔网处理下，C⁻ 处理的根冠比与 C⁺ 处理无显著性差异。以上结果表明，AM 菌丝体和外源碳酸钙均能够促进樟树幼苗总生物量的积累，在无外源碳酸钙的处理下，AM 菌丝体对总生物量的影响达到显著水平，并降低植物的根冠比。

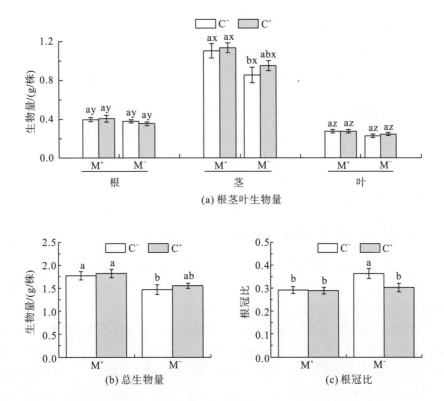

图 10-4　外源碳酸钙与 AM 菌丝体对樟树幼苗生物量的影响(平均值±标准误)

10.1.3　小结

在樟树幼苗根系侵染率、土壤孢子密度及隔室菌丝密度分析中，四种处理的根系侵染率无显著性差异。①HOST 室中，孢子密度和菌丝密度差异不显著；TEST 室中，孢子密度和菌丝密度都呈现 M⁺ 隔网处理显著高于 M⁻ 隔网处理，说明 AM 菌丝体穿过，能够提高相邻隔室的孢子密度和菌丝密度。在 TEST 室中施加外源性碳酸钙，对 HOST 室中樟树幼苗根系侵染率、土壤孢子密度及隔室菌丝密度无显著性影响。②对外源碳酸钙与 AM 菌丝体对樟树幼苗表型性状影响的分析发现，四个处理对樟树幼苗苗高、地径、叶面积都无显著性影响。在 AM 菌丝体隔网处理下,添加外源性碳酸钙能够增加樟树幼苗根尖数和分叉数。施加外源性碳酸钙处理下,AM 菌丝体能够显著增加樟树幼苗根总长、表面积、根尖数、分叉数,这可能是 AM 菌丝体对 TEST 隔室中养分和碳的利用影响了樟树幼苗根系性状。③施加外源碳酸钙和 AM 菌丝体均能够促进樟树幼苗总生物量的积累。在无外源碳酸钙的处理下,AM 菌丝体对茎生物量和总生物量的影响达到显著水平,并降低植物的根冠比;施加外源碳酸钙处理下,AM 菌丝体能够提高根、茎、叶生物量及总生物量,但差异不显著。

10.2 施加外源性碳酸钙和丛枝菌根菌丝体对樟树幼苗养分的影响

10.2.1 材料与方法

材料与方法见 10.1.1 节。

10.2.2 结果分析

1. 施加外源碳酸钙和 AM 菌丝体对樟树幼苗氮的影响

1) 外源碳酸钙和 AM 菌丝体对樟树幼苗氮浓度及分配的影响

如表 10-2 所示,在樟树幼苗根系的氮浓度中,比较外源碳酸钙对根氮浓度的影响,M^+隔网处理下,C^+处理(24.31mg/g)的氮浓度显著高于 C^-处理(14.37mg/g);M^-隔网处理下,C^+处理的氮浓度与 C^-处理无显著差异。比较 AM 菌丝体对根氮浓度的影响,C^+处理条件下,M^+隔网处理的氮浓度(24.31mg/g)显著高于 M^-处理(15.91mg/g);C^-处理条件下,M^+处理的氮浓度与 M^-处理差异不显著。在樟树幼苗叶片的氮浓度中,比较外源碳酸钙对叶氮浓度的影响,M^+隔网处理下,C^+处理的氮浓度(23.85mg/g)显著高于 C^-处理(15.24mg/g);M^-隔网处理下,C^+处理的氮浓度与 C^-处理无显著差异。比较 AM 菌丝体对叶氮浓度的影响,C^+处理条件下,M^+隔网处理的氮浓度(23.85mg/g)显著高于 M^-处理(19.83mg/g);C^-处理条件下,M^+处理的氮浓度较 M^-处理降低了 28.45%,有显著性差异。比较同一植株根、茎、叶氮浓度的差异,在 M^+隔网处理下的 C^-处理中,叶的氮浓度最高(15.24mg/g),与茎的氮浓度(10.73mg/g)差异显著,与根的氮浓度(14.37mg/g)差异不显著;在 M^+隔网处理下的 C^+处理中,叶和根的氮浓度差异不显著,叶和茎的氮浓度差异显著。在 M^-隔网处理下的 C^-处理中,根、茎、叶的氮浓度之间表现为两两显著,氮浓度呈现叶>根>茎;在 M^-隔网处理下的 C^+处理中,叶和根的氮浓度差异不显著,叶和茎的氮浓度差异显著。结果表明,施加外源碳酸钙处理下,AM 菌丝体能够显著增加樟树幼苗根、叶的氮浓度。

表 10-2　外源碳酸钙和 AM 菌丝体对植物氮浓度的影响(平均值±标准误)

处理	根/(mg/g)		茎/(mg/g)		叶/(mg/g)	
	C^-	C^+	C^-	C^+	C^-	C^+
M^+	14.37±1.30bx	24.31±0.88ax	10.73±0.57aby	11.87±0.47ay	15.24±0.51cx	23.85±1.65ax
M^-	15.21±0.99by	15.91±0.60bx	9.26±0.60bz	10.90±0.72aby	21.30±0.61abx	19.83±1.54bx

2) 外源碳酸钙和 AM 菌丝体对樟树幼苗氮摄取量及分配的影响

如图 10-5(a)所示,在樟树幼苗根系氮摄取量中,比较外源碳酸钙对根氮摄取量的影响,M^+隔网处理下,C^+处理的氮摄取量(6.79mg/株)显著高于 C^- 处理(4.00mg/株);M^-隔网处理下,C^+处理的氮摄取量与 C^-处理无显著差异。比较 AM 菌丝体对根的氮摄取量的影响,C^+处理条件下,M^+隔网处理的氮摄取量(6.79mg/株)显著高于 M^-处理(3.99mg/株);C^-处理条件下,M^+处理的氮摄取量与 M^-处理差异不显著。在茎的氮摄取量中,比较外源碳酸钙对茎的氮摄取量的影响,在 M^+和 M^-隔网处理下,C^+处理下的氮摄取量均高于 C^-处理,但差异并不显著。比较 AM 菌丝体对茎的氮摄取量的影响,C^+和 C^-处理条件下的 M^+处理与 M^-处理差异均不显著。对樟树幼苗叶片氮摄取量而言,比较外源碳酸钙对叶氮摄取量的影响,在 M^+隔网处理下,C^+处理下的氮摄取量显著高于 C^-处理;在 M^-隔网处理下,C^+处理下的氮摄取量与 C^-处理无显著性差异。比较 AM 菌丝体对叶片氮摄取量的差异,C^+处理条件下的 M^+处理的氮摄取量较 M^-处理提高 44.78%,有显著性差异;C^-处理条件下的 M^+处理的氮摄取量与 M^-处理差异不显著。对氮总摄取量而言[图 10-5(b)],比较外源碳酸钙对氮总摄取量的影响,在 M^+隔网处理下,C^+处理下的氮摄取量(38.60mg/株)显著高于 C^-处理(25.03mg/株);在 M^-隔网处理下,C^+处理下的氮摄取量与 C^-处理无显著性差异。比较 AM 菌丝体对总氮摄取量的影响,C^+处理条件下的 M^+处理(38.60mg/株)与 M^-处理(28.55mg/株)差异显著;C^-处理条件下的 M^+处理(25.03mg/株)与 M^-处理(25.26mg/株)差异不显著。比较同一植株根、茎、叶氮摄取量的差异,在四个处理中都呈现叶的氮摄取量显著高于根和茎的氮摄取量,但根和茎的氮摄取量之间无显著性差异。

以上结果表明,在外源碳酸钙处理下,AM 菌丝体能够显著提高樟树幼苗根、叶、总氮摄取量,四种处理下不会改变氮在植物体中的分配,氮在叶中的分配显著高于根和茎,但根和茎之间无显著性差异。

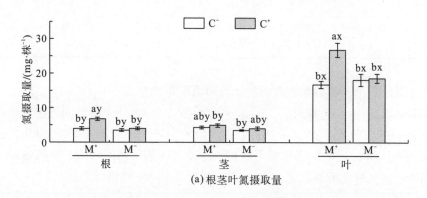

(a) 根茎叶氮摄取量

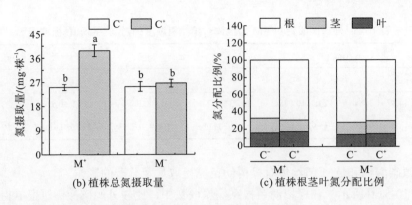

(b) 植株总氮摄取量　　　　　(c) 植株根茎叶氮分配比例

图 10-5　外源碳酸钙和 AM 菌丝体对樟树幼苗氮摄取量和分配比例的影响(平均值±标准误)

3) 外源碳酸钙和 AM 菌丝体对樟树幼苗氮分配比例的影响

樟树幼苗所摄取的氮分配到植物根、茎、叶中所占的比例在四个处理中的情况如图 10-5(c)所示,就对氮的摄取量而言,M^+隔网处理下的C^+处理较C^-处理时根增加 10.08%,茎降低 26.13%,叶增加 4.33%;就氮的摄取量而言,M^-隔网处理下的C^+处理较C^-处理时根增加 7.28%,茎增加 7.30%,叶增加 2.87%。

2. 施加外源碳酸钙和 AM 菌丝体对樟树幼苗磷的影响

1) 外源碳酸钙和 AM 菌丝体对樟树幼苗磷浓度的影响

如表 10-3 所示,在樟树幼苗根、茎、叶磷浓度中,四个处理间差异不显著。比较同一植株根、茎、叶磷浓度的差异,在 M^+隔网处理下的未施加外源性碳酸钙 C^- 处理中,根的磷浓度(0.69mg/g)显著高于茎的磷浓度(0.34mg/g),但与叶的磷浓度(0.57mg/g)差异不显著;在 M^+隔网处理下的施加外源性碳酸钙 C^+处理中,根、茎、叶的磷浓度差异不显著;在 M^-隔网处理下的未施加外源性碳酸钙 C^- 处理中,根的磷浓度(0.95mg/g)显著高于茎(0.46mg/g)和叶的磷浓度(0.49mg/g),茎和叶之间差异不显著;在 M^-隔网处理下的施加外源性碳酸钙 C^+处理中,根、茎、叶的磷浓度差异不显著。

表 10-3　外源碳酸钙和 AM 菌丝体对植物磷浓度的影响

处理	根/(mg/g)		茎/(mg/g)		叶/(mg/g)	
	C^-	C^+	C^-	C^+	C^-	C^+
M^+	0.69±0.13ax	0.92±0.22ax	0.34±0.06ay	0.47±0.06ax	0.57±0.04axy	0.57±0.06ax
M^-	0.95±0.13ax	0.78±0.12ax	0.46±0.11ay	0.39±0.06ay	0.49±0.06ay	0.53±0.02ax

2) 外源碳酸钙和 AM 菌丝体对樟树幼苗磷摄取量的影响

如图 10-6(a)所示,在樟树幼苗根和茎的磷摄取量中,四个处理间无显著性差异。在叶片的磷摄取量中,比较外源碳酸钙对磷摄取量的影响,M^+和 M^-隔网处理下,C^+处理的磷摄取量均高于 C^-处理,但差异并不显著。比较 AM 菌丝体对磷摄取量的影响,C^+处理条件下,M^+隔网处理的磷摄取量(0.64mg/株)显著高于 M^-处理(0.50mg/株);C^-处理条件下，M⁺处理的磷摄取量(0.63mg/株)显著高于 M⁻处理(0.42mg/株)。在樟树幼苗的总摄取量中[图 10-6(b)]，比较外源碳酸钙对磷摄取量的影响，M⁺和 M⁻隔网处理下，C⁺处理下的磷摄取量均高于 C⁻处理，但差异并不显著。比较 AM 菌丝体对磷摄取量的影响，C⁺和 C⁻处理下，M⁺处理磷摄取量均高于 M⁻处理，但无显著性差异。比较同一植株根、茎、叶磷摄取量的差异，在四个处理中都呈现叶的磷摄取量显著高于根和茎的磷摄取量，但根和茎的磷摄取量之间无显著性差异。结果表明，外源碳酸钙和 AM 菌丝体均能增加樟树幼苗叶和总磷摄取量。

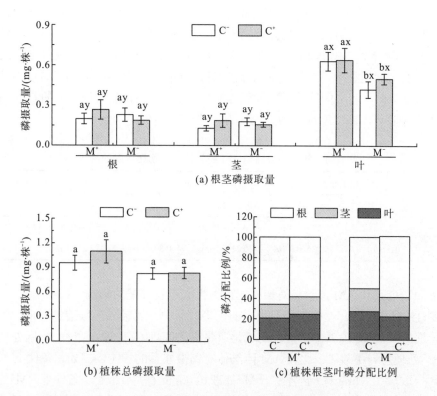

图 10-6　外源碳酸钙和 AM 菌丝体对樟树幼苗磷摄取量和分配比率的影响(平均值±标准误)

3) 外源碳酸钙和 AM 菌丝体对樟树幼苗磷分配比率的影响

樟树幼苗所摄取的磷分配到植物根、茎、叶中所占的比例在四个处理中的情况如图 10-6(c)所示，就对磷的摄取量而言，M⁺隔网处理下，C⁺处理较 C⁻处理时根增加 17.79%，茎增加 28.15%，叶降低 12.71%；就对磷的摄取量而言，M⁻隔网处理下，C⁺处理较 C⁻处理时根降低 18.41%，茎降低 12.44%，叶增加 17.59%。

3. 施加外源碳酸钙和 AM 菌丝体对樟树幼苗钙的影响

1) 外源碳酸钙和 AM 菌丝体对樟树幼苗钙浓度及分配的影响

如表 10-4 所示，在樟树幼苗根系钙浓度中，比较外源碳酸钙对钙浓度的影响，M⁺处理下，C⁺处理的钙浓度(0.83mg/g)显著高于 C⁻处理(0.22mg/g)；M⁻处理下，C⁺处理的钙浓度(0.24mg/g)与 C^- 处理(0.30mg/g)差异不显著。比较 AM 菌丝体对钙浓度的影响,在 C^+ 处理下,M^+ 处理下钙浓度显著高于 M^- 处理;在 C^- 处理下,M^+ 隔网处理下钙浓度与 M^- 处理差异不显著。对茎而言,比较外源碳酸钙对钙浓度的影响,M^+ 隔网处理下的 C^+ 处理钙浓度(0.76mg/g)显著高于 C^- 处理(0.21mg/g);M^+ 隔网处理下的 C^+ 处理钙浓度较 C^- 处理增加 280.95%,有显著性差异。比较 AM 菌丝体对钙浓度的影响,在 C^+ 和 C^- 处理下,M^+ 处理的钙浓度与 M^- 处理均不显著。在叶片中,比较外源碳酸钙对钙浓度的影响,M^+ 处理下的 C^+ 处理的钙浓度(6.18mg/g)显著高于 C^- 处理(5.94mg/g);M^- 处理下的 C^+ 处理的钙浓度(4.33mg/g)与 C^- 处理(4.21mg/g)差异不显著。比较 AM 菌丝体对钙浓度的影响,在 C^+ 和 C^- 处理下,M^+ 处理的钙浓度均显著高于 M^- 处理。比较同一植株根、茎、叶钙浓度的差异,在 M^+ 隔网下,C^- 处理和 C^+ 处理中均为叶的钙浓度显著高于茎和根的钙浓度,但茎和根的钙浓度之间无显著性差异;在 M^- 隔网处理下的 C^- 处理中,叶的钙浓度显著高于茎和根的钙浓度,但茎和根的钙浓度之间无显著性差异;在 M^- 隔网处理下的 C^+ 处理中,表现为两两差异显著,钙浓度从大到小依次为:叶>茎>根。

表 10-4 外源碳酸钙和 AM 菌丝体对植物钙浓度的影响

处理	根/(mg/g)		茎/(mg/g)		叶/(mg/g)	
	C^-	C^+	C^-	C^+	C^-	C^+
M^+	0.22±0.02by	0.83±0.01ay	0.21±0.01by	0.76±0.01ay	5.94±0.07bx	6.18±0.04ax
M^-	0.30±0.11by	0.24±0.03bz	0.21±0.02by	0.80±0.03ay	4.21±0.02cx	4.33±0.03cx

2)外源碳酸钙和 AM 菌丝体对樟树幼苗钙摄取量及分配的影响

如图 10-7(a)所示,在樟树幼苗根系的钙摄取量中,比较外源碳酸钙对根的钙摄取量的影响,在 M^+ 隔网处理下,C^+ 处理的钙摄取量显著高于 C^- 处理;在 M^- 隔网处理下,C^+ 处理与 C^- 处理差异不显著。比较 AM 菌丝体对钙摄取量的影响,C^+ 处理条件下,M^+ 隔网处理的钙摄取量(0.34mg/株)显著高于 M^- 处理(0.08mg/株);C^- 处理条件下,M^+ 处理的钙摄取量与 M^- 处理差异不显著。在茎的钙摄取量中,比较外源碳酸钙对钙摄取量的影响,M^+ 和 M^- 隔网处理下,C^+ 处理的钙摄取量均显著高于 C^- 处理。比较 AM 菌丝体对钙摄取量的影响,C^+ 处理条件下,M^+ 处理的钙摄取量较 M^- 处理提高了 15.29%,差异显著;C^- 处理条件下,M^+ 处理的钙摄取量与 M^- 处理差异不显著。对叶片的钙摄取量而言,比较外源碳酸钙对根的钙摄取量的影响,在 M^+ 和 M^- 隔网处理下,C^+ 处理的钙摄取量均高于 C^- 处理,但差异不显著。比较 AM 菌丝体对钙摄取量的影响,C^+ 处理条件下,M^+ 隔网处理的钙摄取量(1.72mg/株)显著高于 M^- 处理(1.08mg/株);C^- 处理条件下,M^+ 处理的钙摄取量(1.65mg/株)显著高于 M^- 处理(0.97mg/株)。对钙总摄取量而言[图 10-7(b)],四个处理之间两两差异显著。比较外源碳酸钙对根的钙摄取量的影响,M^+ 和 M^- 隔网处理下,C^+ 和 C^- 处理均差异显著。比较 AM 菌丝体对钙摄取量的影响,C^+ 处理条件下的 M^+ 隔网处理的钙摄取量(3.05mg/株)显著高于 M^- 处理(2.01mg/株);C^- 处理条件下的 M^+ 处理的钙摄取量(2.24mg/株)显著高于 M^- 处理(1.48mg/株)。比较同一植株根、茎、叶钙摄取量的差异,根、茎、叶的钙摄取量之间表现为两两差异显著，钙摄取量呈现叶>茎>根。

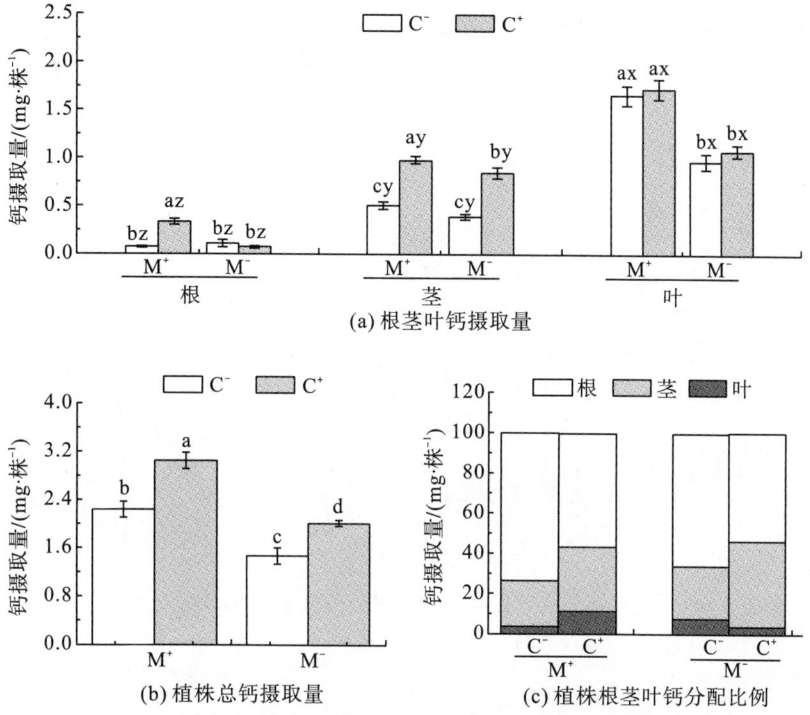

图 10-7 外源碳酸钙和 AM 菌丝体对樟树幼苗钙取量和分配比率的影响（平均值±标准误）

3）外源碳酸钙和 AM 菌丝体对樟树幼苗钙分配比例的影响

樟树幼苗所摄取的钙分配到植物根、茎、叶中所占的比例在四个处理中的情况如图 10-7（c）所示。就对钙的摄取量而言，M^+ 隔网处理下，C^+ 处理较 C^- 处理时根降低 212.32%，茎增加 41.11%，叶增加 23.50%；就对钙的摄取量而言，M^- 隔网处理下，C^+ 处理较 C^- 处理时根降低 46.43%，茎增加 60.49%，叶降低 18.02%。

4. 施加外源碳酸钙和 AM 菌丝体对樟树幼苗碳的影响

1）外源碳酸钙和 AM 菌丝体对樟树幼苗碳含量的影响

如图 10-8 所示，在樟树幼苗根、茎、叶的碳含量中，四种处理下的碳含量差异不显著。对同一株樟树幼苗根、茎、叶中碳含量的分配进行分析，M^+ 隔网处理下的 C^- 和 C^+ 处理中，根的碳含量显著低于茎和叶，但茎和叶中碳含量无显著性差异。在 M^- 隔网处理下的 C^- 处理中，根的碳含量显著低于茎和叶的碳含量，但茎和叶的碳含量无显著性差异；在 M^- 隔网处理下的 C^+ 处理中，根、茎、叶的碳含量无显著性差异。

2）外源碳酸钙和 AM 菌丝体对樟树幼苗 $\delta^{13}C$ 值的影响

如图 10-9 所示，在樟树幼苗根、茎的 $\delta^{13}C$ 值中，总体上，C^+ 处理下的 $\delta^{13}C$ 值均高于 C^- 处理，但四种处理下的 $\delta^{13}C$ 值差异不显著。在叶的 $\delta^{13}C$ 值中，比较外源碳酸钙对叶的 $\delta^{13}C$ 值的影响，在 M^+ 和 M^- 处理下，C^+ 处理和 C^- 处理的 $\delta^{13}C$ 值均无显著差异。比较 AM

菌丝体对叶的$\delta^{13}C$值的影响，C^+处理条件下的M^+处理的$\delta^{13}C$值高于M^-处理，但差异不显著；C^-处理条件下的M^+处理的$\delta^{13}C$值显著高于M^-处理。对同一株樟树幼苗根、茎、叶中$\delta^{13}C$值进行分析，M^+隔网处理下，C^-处理和C^+处理中，根、茎、叶的$\delta^{13}C$值无显著性差异；M^-隔网处理下C^-处理和C^+处理中，叶的$\delta^{13}C$值显著低于茎和根，但茎和根的$\delta^{13}C$值无显著性差异。总体看来，施加外源碳酸钙能提高植株的$\delta^{13}C$值，AM菌丝体在施加外源碳酸钙处理下能够增加根、茎、叶中$\delta^{13}C$的量。

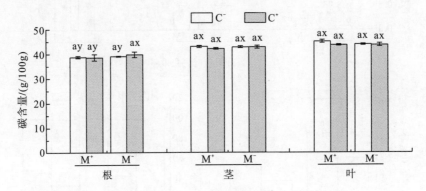

图10-8 外源碳酸钙和AM菌丝体对樟树幼苗碳含量的影响(平均值±标准误)

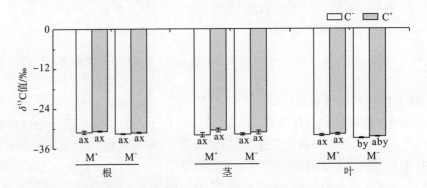

图10-9 外源碳酸钙和AM菌丝体对樟树幼苗$\delta^{13}C$的影响(平均值±标准误)

10.2.3 小结

施加外源碳酸钙处理下，AM菌丝体能够显著增加樟树幼苗根、叶的氮浓度，以及根、叶、总氮摄取量，四种处理下不会改变氮在植物体中的分配，氮在叶中的分配显著高于根和茎，但根和茎之间无显著性差异。施加外源碳酸钙能够提高樟树幼苗总磷摄取量。施加外源碳酸钙处理下，AM菌丝体能够显著增加樟树幼苗叶的磷摄取量。对磷在根、茎、叶中的分配比例分析发现，施加外源性碳酸钙，能够降低磷在根和茎中的比例，但AM菌丝体能够改变磷在樟树幼苗根、茎、叶的分配比例，增加磷在根和茎中的比例。AM菌丝体和外源碳酸钙能提高樟树幼苗根、茎、叶中钙浓度和钙摄取量，在施加外源性碳酸钙下，AM菌丝体能够显著提高根、茎和总钙摄取量。对钙在樟树幼苗根、茎、叶的分配比例中分析发现，AM 菌丝体能够增加钙在根和茎中的分配，降低钙在叶中的分配。外源性碳酸钙和 AM 菌丝体对樟树幼苗根、茎、叶的碳含量的影响不显著，施加外源碳酸钙能够增加根、茎、叶中的 $\delta^{13}C$ 值，AM 菌丝体能提高叶中 $\delta^{13}C$ 量。

10.3　施加外源碳酸钙和丛枝菌根菌丝体对土壤养分的影响

10.3.1　材料与方法

材料与方法见 10.1.1 节。

10.3.2　结果分析

1. 施加外源碳酸钙和 AM 菌丝体对不同粒径土壤氮的影响

1) 施加外源碳酸钙和 AM 菌丝体对 HOST 室不同粒径土壤全氮的影响

如图 10-10 所示，在 HOST 室中，对同一粒径土壤在不同处理下进行比较。四个粒径下，均有 C^+ 处理下的土壤全氮浓度高于 C^- 处理。①在粒径<0.25mm 和 0.25~1.00mm 的土壤中，比较外源性碳酸钙对土壤氮浓度的影响，M^+ 处理和 M^- 处理下，C^+ 处理的全氮浓度均高于 C^- 处理，但差异均不显著；比较 AM 菌丝体对土壤氮浓度的影响，无论是 C^+ 或 C^- 处理，M^+ 处理下的土壤氮浓度均高于 M^- 处理，但差异均不显著。②在 1.00~2.00mm 粒径的土壤中，比较外源性碳酸钙对土壤氮浓度的影响，可知 M^+ 处理时 C^+ 处理的全氮浓度(0.45g/kg)显著高于 C^- 处理(0.23g/kg)，而 M^- 处理时 C^+ 处理(0.36g/kg)和 C^- 处理(0.29g/kg)的土壤全氮浓度差异不显著。比较 AM 菌丝体对土壤氮浓度的影响，可知在 C^- 处理条件下，M^+ 处理和 M^- 处理的土壤全氮浓度差异均不显著；可知在 C^+ 处理条件下，M^+ 处理时全氮浓度较 M^- 处理有所增加，但差异并不显著。③在粒径>2.00mm 的土壤中，四个处理间土壤全氮浓度差异均不显著。对同一处理下不同粒径的土壤进行比较，各处理中不同粒径的土壤全氮浓度无显著性差异。总体上，施加外源性碳酸钙和 AM 菌丝体均能够提高 HOST 室土壤中的全氮浓度。

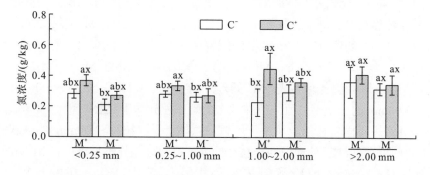

图 10-10　外源碳酸钙和 AM 菌丝体对 HOST 室不同粒径土壤全氮的影响(平均值±标准误)

2)施加外源碳酸钙和 AM 菌丝体对 TEST 室不同粒径土壤全氮的影响

如图 10-11 所示,在 TEST 室中,对同一粒径土壤在不同处理下进行比较。①在粒径<0.25mm 的土壤中,比较外源性碳酸钙对土壤氮浓度的影响,M^+和 M^-处理下,C^+处理下的土壤全氮浓度均高于 C^-处理,但差异不显著。比较 AM 菌丝体对土壤氮浓度的影响,C^-处理下,M^+处理的土壤全氮含量(0.28g/kg)与 M^-(0.21g/kg)差异不显著;C^+处理下,M^+处理的氮浓度(0.37g/kg)与 M^-处理(0.27g/kg)差异显著。②在粒径 0.25~1.00mm 和 1.00~2.00mm 的土壤中,四种处理差异均不显著。③在粒径>2.00mm 的土壤中,比较外源性碳酸钙对土壤氮浓度的影响,可知 M^+隔网处理下,C^+处理时的氮浓度(0.70g/kg)显著高于 C^-处理(0.46g/kg);M^-隔网处理下,C^+处理的氮浓度(0.53g/kg)高于 C^-处理(0.42g/kg),但差异不显著。比较 AM 菌丝体对土壤氮浓度的影响,在 C^-处理条件下,M^+处理和 M^-处理差异不显著;在 C^+处理条件下,M^+处理(0.70g/kg)显著高于 M^-处理(0.53g/kg)。对同一处理下不同粒径的土壤进行比较,在四个处理下,0.25~1.00mm 粒径的氮浓度最低,与粒径 1.00~2.00mm、>2.00mm 差异显著。

以上结果表明,施加外源性碳酸钙和 AM 菌丝体均能提高 TEST 室中粒径<0.25mm 和粒径>2.00mm 的土壤全氮浓度,尤其在粒径>2.00mm 的土壤中,AM 菌丝体在施加外源性碳酸钙处理下,能显著提高土壤全氮浓度。

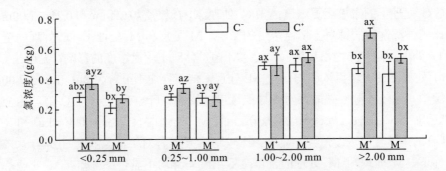

图 10-11 外源碳酸钙和 AM 菌丝体对 TEST 室不同粒径土壤全氮的影响(平均值±标准误)

3)施加外源碳酸钙和 AM 菌丝体对 HOST 室不同粒径土壤碱解氮的影响

如图 10-12 所示,在 HOST 室中,对同一粒径土壤在不同处理下进行比较。①在粒径<0.25mm 的土壤中,比较外源性碳酸钙对土壤碱解氮浓度的影响,M^+隔网处理下,C^+处理下的碱解氮浓度(157.5mg/kg)显著高于 C^-处理(122.5mg/kg);M^-隔网处理下,C^+处理(105.00mg/kg)与 C^-处理(123.67mg/kg)的碱解氮浓度差异不显著。比较 AM 菌丝体对土壤碱解氮浓度的影响,C^-处理下,M^+处理的土壤碱解氮含量与 M^-差异不显著;C^+处理下,M^+处理的土壤碱解氮浓度与 M^-处理差异显著。②粒径 0.25~1.00mm、1.00~2.00mm、>2.00mm 的土壤碱解氮浓度在四个处理中差异均不显著。

对同一处理下不同粒径的土壤进行比较,总体上看,粒径>2.00mm 的碱解氮浓度最低,在 M^+隔网处理下,C^-处理中四个粒径的碱解氮浓度差异不显著;在 M^+隔网处理下,C^+处理中粒径<0.25mm 的碱解氮浓度高于其他三个粒径,其中与粒径 0.25~

1.00mm、>2.00mm 的碱解氮浓度差异显著；M⁻隔网处理下，C⁻处理中粒径<0.25mm 的碱解氮浓度高于其他三个粒径，其中与粒径>2.00mm 的碱解氮浓度差异显著；M⁻隔网处理下，C⁺处理中粒径 0.25~1.00mm 的碱解氮浓度高于其他三个粒径，其中与粒径>2.00mm 的碱解氮浓度差异显著。

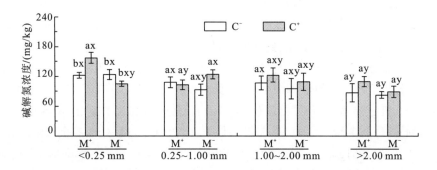

图 10-12　外源碳酸钙和 AM 菌丝体对 HOST 室不同粒径土壤碱解氮的影响（平均值±标准误）

以上结果表明，在粒径 1.00~2.00mm、>2.00mm 的土壤中施加外源性碳酸钙能够提高碱解氮浓度，其中在粒径<0.25mm 的土壤中，AM 菌丝体在施加外源碳酸钙的处理下，能够显著提高土壤碱解氮浓度。

4) 施加外源碳酸钙和 AM 菌丝体对 TEST 室不同粒径土壤碱解氮的影响

如图 10-13 所示，在 TEST 室中，对同一粒径土壤在不同处理下进行比较。粒径<0.25mm、0.25~1.00mm、1.00~2.00mm、>2.00mm 的土壤中，四种处理的碱解氮浓度差异均不显著；在粒径>2.00mm 的土壤中，C⁺处理下的土壤碱解氮浓度较 C⁻处理均有所提高，但差异并不显著。

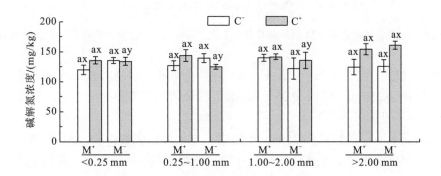

图 10-13　外源碳酸钙和 AM 菌丝体对 TEST 室不同粒径土壤碱解氮的影响（平均值±标准误）

对同一处理下不同粒径的土壤进行比较，在 M⁻隔网处理下，C⁺处理中粒径>2.00mm 的碱解氮浓度显著高于其他三个粒径，而在其他处理中，四个粒径差异均不显著。

以上结果表明，外源碳酸钙和 AM 菌丝体对 TEST 室土壤碱解氮浓度无显著影响。

2. 施加外源碳酸钙和 AM 菌丝体对不同粒径土壤磷的影响

1)施加外源碳酸钙和 AM 菌丝体对 HOST 室不同粒径土壤全磷的影响

如图 10-14 所示,在 HOST 室中,对同一粒径土壤在不同处理下进行比较。①在粒径 <0.25mm 的土壤中,比较外源性碳酸钙对土壤全磷浓度的影响,在 M^+ 和 M^- 隔网处理下,C^+ 与 C^- 之间差异均不显著。比较 AM 菌丝体对土壤全磷浓度的影响,C^- 处理下,M^+ 处理与 M^- 差异不显著;C^+ 处理下,M^+ 处理的全磷浓度(0.63g/kg)与 M^- 处理(0.57g/kg)差异显著。②在粒径 0.25~1.00mm 的土壤中,比较外源性碳酸钙对土壤全磷浓度的影响,在 M^+ 隔网处理下,C^+ 处理下的全磷浓度与 C^- 处理差异不显著;在 M^- 隔网处理下,C^+ 处理全磷浓度(0.60g/kg)显著高于 C^- 处理(0.52g/kg)。比较 AM 菌丝体对土壤全磷浓度的影响,C^- 处理下,M^+ 处理的全磷浓度与 M^- 差异不显著;C^+ 处理下,M^- 处理的全磷浓度(0.60g/kg)显著高于 M^+ 处理(0.51g/kg)。③在粒径>2.00mm 的土壤中,比较外源性碳酸钙对土壤全磷浓度的影响,在 M^+ 和 M^- 隔网处理下,均有 C^+ 处理下的全磷浓度高于 C^- 处理,但差异不显著。比较 AM 菌丝体对土壤全磷浓度的影响,在 C^- 和 C^+ 两种处理下,M^+ 处理的土壤全磷浓度均高于 M^- 处理,但差异不显著。

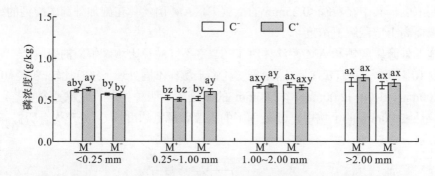

图 10-14 外源碳酸钙和 AM 菌丝体对 HOST 室不同粒径土壤全磷的影响(平均值±标准误)

对同一处理下不同粒径的土壤进行比较,四个处理下粒径>2.00mm 的土壤全磷含量最高,与粒径<0.25mm、粒径 0.25~1.00mm 的全磷浓度差异两两显著,与粒径 1.00~2.00mm 差异不显著。

以上结果表明,在粒径<0.25mm 土壤中,施加外源碳酸钙和 AM 菌丝体均能提高 HOST 室土壤全磷浓度,而 AM 菌丝体在施加外源碳酸钙的处理下,能够显著提高土壤全磷浓度。

2)施加外源碳酸钙和 AM 菌丝体对 TEST 室不同粒径土壤全磷的影响

如图 10-15 所示,在 TEST 室中,对同一粒径土壤在不同处理下进行比较。在粒径 <0.25mm、粒径 0.25~1.00mm、粒径 1.00~2.00mm、粒径>2.00mm 的土壤中,四个处理下全磷浓度差异均不显著。

对同一处理下不同粒径的土壤进行比较,在 M^+ 处理下,粒径>2.00mm 和粒径 1.00~2.00mm 的土壤全磷浓度显著高于粒径<0.25mm 和粒径 0.25~1.00mm;在 M^- 处理下,粒

径0.25～1.00mm的全磷浓度最低，与其他三个粒径全磷浓度差异显著。

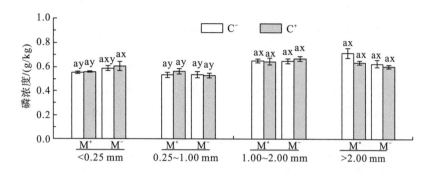

图10-15　外源碳酸钙和AM菌丝体对TEST室不同粒径土壤全磷的影响(平均值±标准误)

以上结果表明，外源碳酸钙和AM菌丝体对TEST室中土壤全磷浓度没有显著影响。

3) 施加外源碳酸钙和AM菌丝体对HOST室不同粒径土壤有效磷的影响

如图10-16所示，在HOST室中，对同一粒径土壤在不同处理下进行比较。①在粒径<0.25mm的土壤中，四个处理下的土壤有效磷浓度差异不显著。②在粒径1.00～2.00mm的土壤中，比较外源性碳酸钙对土壤有效磷浓度的影响，在M^+隔网处理下，C^-处理下的有效磷浓度显著高于C^+处理；在M^-隔网处理下，C^+处理有效磷浓度(21.58mg/kg)显著高于C^-处理(17.71mg/kg)。比较AM菌丝体对土壤有效磷浓度的影响，C^-处理下，M^+处理(18.50mg/kg)的有效磷浓度显著高于M^-处理(17.71mg/kg)；C^+处理下，M^-处理的有效磷浓度与M^+处理差异不显著。

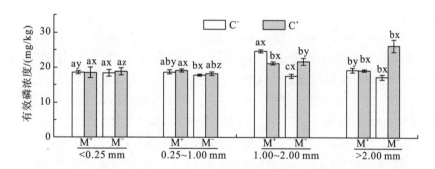

图10-16　外源碳酸钙和AM菌丝体对HOST室不同粒径土壤有效磷的影响(平均值±标准误)

4) 施加外源碳酸钙和AM菌丝体对TEST室不同粒径土壤有效磷的影响

如图10-17所示，在TEST室中，对同一粒径土壤在不同处理下进行比较。①在粒径<0.25mm和粒径1.00～2.00mm的土壤中，四个处理下的土壤有效磷浓度差异不显著。②在粒径0.25～1.00mm的土壤中，比较外源性碳酸钙对土壤有效磷浓度的影响，在M^+和M^-隔网处理下，C^+与C^-之间差异均不显著。比较AM菌丝体对土壤有效磷浓度的影响，C^+处理和C^-处理下，均有M^+隔网处理下的有效磷浓度高于M^-处理，其中在C^+处理下，M^+处理的有效磷浓度(18.53mg/kg)与M^-处理的有效磷浓度(15.72mg/kg)差异显著。

③在粒径>2.00mm 的土壤中，比较外源性碳酸钙对土壤有效磷浓度的影响，在 M^+ 和 M^- 隔网处理下，C^+ 与 C^- 间差异均不显著。比较 AM 菌丝体对土壤有效磷浓度的影响，C^- 处理下，M^+ 处理的有效磷浓度(15.91g/kg)显著高于 M^- 处理(14.77g/kg)；而 C^+ 处理下，M^+ 处理的有效磷浓度与 M^- 差异不显著。

对同一处理下不同粒径的土壤进行比较，四个处理下均存在粒径 1.00～2.00mm 的土壤有效磷浓度最低，与粒径<0.25mm 的有效磷浓度差异显著。

结果表明，AM 菌丝体能增加 TEST 室中粒径 0.25～1.00mm、粒径>2.00mm 土壤的有效磷浓度。

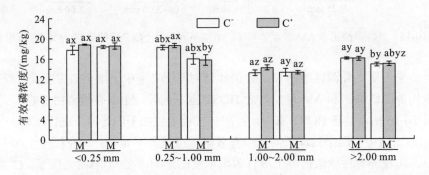

图 10-17　外源碳酸钙和 AM 菌丝体对 TEST 室不同粒径土壤有效磷的影响(平均值±标准误)

3. 施加外源碳酸钙和 AM 菌丝体对不同粒径土壤碳含量的影响

1) 施加外源碳酸钙和 AM 菌丝体对 HOST 室中不同粒径土壤碳含量的影响

如图 10-18 所示，在 HOST 室中，对同一粒径土壤在不同处理下进行比较。粒径<0.25mm、粒径 0.25～1.00mm、粒径 1.00～2.00mm、粒径>2.00mm 的土壤中，四种处理的土壤碳含量差异均不显著。①在粒径<0.25mm 的土壤中，比较外源性碳酸钙对土壤碳含量的影响，在两种不同隔网的 M^+ 和 M^- 处理下，C^+ 处理下的土壤碳含量均高于 C^- 处理，但差异不显著；比较 AM 菌丝体对土壤碳含量的影响，在 C^+ 和 C^- 处理下，M^+ 隔网处理下的土壤碳含量均高于 M^- 处理，但差异不显著。②在粒径>2.00mm 的土壤中，比较外源性碳酸钙对土壤碳含量的影响，M^+ 处理下，C^+ 处理的碳含量较 C^- 处理提高了 19.57%；M^- 处理下，C^+ 处理的碳含量较 C^- 处理提高了 49.27%。比较 AM 菌丝体对土壤碳含量的影响，C^- 处理下，M^+ 处理的碳含量比 M^- 处理提高了 37.07%；C^+ 处理下，M^+ 处理的碳含量比 M^- 处理提高了 9.77%，但统计分析结果表明，四种处理差异不显著。

比较不同粒径土壤在相同处理下的差异可知，仅在 M^+ 处理下，C^- 处理中粒径<0.25mm 的土壤碳含量最高(4.01g/100g)，显著大于粒径>2.00mm 的土壤碳含量(2.81g/100g)。其他三个处理下，四个粒径之间差异不显著。

以上结果表明，外源性碳酸钙和 AM 菌丝体能够增加粒径<0.25mm 和粒径>2.00mm 的土壤碳含量。

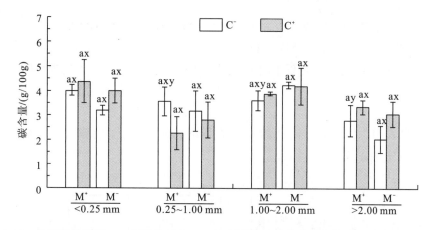

图 10-18　外源碳酸钙和 AM 菌丝体对 HOST 室不同粒径土壤碳含量的影响（平均值±标准误）

2）施加外源碳酸钙和 AM 菌丝体对 TEST 室中不同粒径土壤碳含量的影响

如图 10-19 所示，在 TEST 室中，对同一粒径土壤在不同处理下进行比较。粒径<0.25mm、粒径 0.25～1.00mm、粒径 1.00～2.00mm、粒径>2.00mm 的土壤中，四种处理的土壤碳含量差异均不显著。比较不同粒径土壤在相同处理下的差异，土壤碳含量的差异也不显著。结果表明，外源性碳酸钙和 AM 菌丝体对 TEST 室中的土壤碳含量影响不显著。

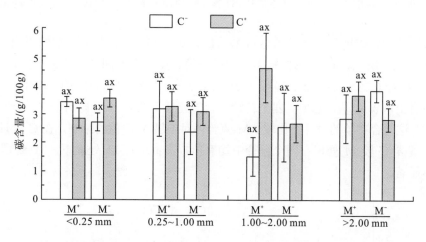

图 10-19　外源碳酸钙和 AM 菌丝体对 TEST 室不同粒径土壤碳含量的影响（平均值±标准误）

4. 施加外源碳酸钙和 AM 菌丝体对不同粒径土壤 $\delta^{13}C$ 值的差异

1）施加外源碳酸钙和 AM 菌丝体对 HOST 室中不同粒径土壤 $\delta^{13}C$ 值的影响

如图 10-20 所示，HOST 室中，对同一粒径土壤在不同处理下进行比较。在粒径<0.25mm 的土壤中，比较外源性碳酸钙对土壤 $\delta^{13}C$ 值的影响，M^+ 处理下，C^+ 处理的 $\delta^{13}C$ 值较 C^- 处理提高了 20.17%，但差异不显著；而 M^- 处理下的 C^+ 处理较 C^- 处理降低了 7.40%。比较 AM 菌丝体对土壤 $\delta^{13}C$ 值的影响，在 C^- 处理下，M^+ 处理的 $\delta^{13}C$ 值较 M^- 处理降低

23.22%;而在 C^+ 处理下,M^+ 处理下的 $\delta^{13}C$ 值较 M^- 处理提高了 9.02%。

比较不同粒径土壤在相同处理下的差异,总体上,粒径<0.25mm 的土壤 $\delta^{13}C$ 值均高于其他三个粒径,其中在 M^+ 处理下的 C^+ 处理、M^- 处理的 C^+ 和 C^- 处理中,粒径<0.25mm 的土壤 $\delta^{13}C$ 值与粒径 0.25~1.00mm、粒径 1.00~2.00mm、粒径>2.00mm 的土壤 $\delta^{13}C$ 值有显著性差异。

以上结果表明,AM 菌丝体在施加外源性碳酸钙的处理下,能够增加 HOST 室中粒径<0.25mm 土壤中的 $\delta^{13}C$ 含量。

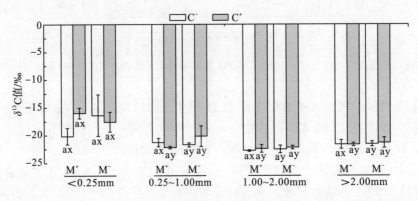

图 10-20 外源碳酸钙和 AM 菌丝体对 HOST 室不同粒径土壤 $\delta^{13}C$ 值的影响(平均值±标准误)

2) 施加外源碳酸钙和 AM 菌丝体对 TEST 室中不同粒径土壤 $\delta^{13}C$ 值的影响

如图 10-21 所示,在 TEST 室中,对同一粒径土壤在不同处理下进行比较。在粒径<0.25mm、粒径 0.25~1.00mm、粒径 1.00~2.00mm、粒径>2.00mm 的土壤中,比较外源性碳酸钙对土壤 $\delta^{13}C$ 值的影响,四个粒径中,C^+ 处理下的 $\delta^{13}C$ 值均高于 C^- 处理,并有显著性差异,这符合实验的设计。比较 AM 菌丝体对土壤 $\delta^{13}C$ 值的影响,在 C^+ 处理下,M^- 处理的土壤 $\delta^{13}C$ 较 M^+ 处理在四个粒径中均有所提高;而在 C^- 处理下,M^- 处理与 M^+ 处理差异不显著。

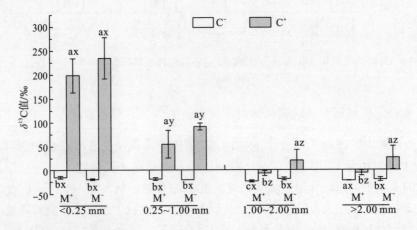

图 10-21 外源碳酸钙和 AM 菌丝体对 TEST 室不同粒径土壤 $\delta^{13}C$ 值的影响(平均值±标准误)

比较同一处理的土壤在不同粒径中的差异，在 C⁻ 处理下，四个粒径的 $\delta^{13}C$ 值无显著性差异。在 C⁺ 处理下，M⁺ 和 M⁻ 处理中，均出现 $\delta^{13}C$ 值在粒径<0.25mm 的土壤中最高，显著高于其他三个粒径；粒径 0.25～1.00mm 土壤中的 $\delta^{13}C$ 值显著高于粒径 1.00～2.00mm、粒径>2.00mm，但粒径 1.00～2.00mm 和粒径>2.00mm 之间差异并不显著。

结果表明，四个粒径中施加外源性碳酸钙处理下，M⁻ 处理 $\delta^{13}C$ 值均高于 M⁺ 处理，说明 AM 菌丝体能够利用 TEST 室中的外源性碳酸钙。

5. 施加外源碳酸钙和 AM 菌丝体对不同粒径土壤球囊霉素含量的影响

1) 施加外源碳酸钙和 AM 菌丝体对不同粒径土壤易提取球囊霉素的影响

(1) 如表 10-5 所示，在 HOST 室中，对同一粒径土壤在不同处理下进行比较。粒径 0.25～1.00mm、粒径 1.00～2.00mm、粒径>2.00mm 的土壤中，四种处理中差异均不显著；在粒径<0.25mm 的土壤中，比较外源性碳酸钙对土壤易提取球囊霉素含量的影响，M⁺ 处理和 M⁻ 处理下的 C⁺ 与 C⁻ 处理的土壤易提取球囊霉素含量差异均不显著。比较 AM 菌丝体对土壤易提取球囊霉素含量的影响，在 C⁻ 处理条件下，M⁺ 处理的土壤易提取球囊霉素含量显著高于 M⁻ 处理；而 C⁺ 处理条件下，M⁺ 处理和 M⁻ 处理差异不显著。

对同一处理下不同粒径的土壤进行比较，在 M⁺ 处理下，粒径>2.00mm 的土壤易提取球囊霉素含量最低，与粒径<0.25mm、粒径 0.25～1.00mm、粒径 1.00～2.00mm 差异显著，但这三种粒径之间差异不显著。

以上结果表明，土壤易提取球囊霉素含量受外源碳酸钙的影响并不显著，AM 菌丝体在 C⁻ 处理条件下能够显著提高粒径<0.25mm 的土壤易提取球囊霉素的含量，但在 C⁺ 处理下效果不显著。由此推论，AM 菌丝体和外源碳酸钙可能存在交互作用，影响 HOST 室粒径<0.25mm 的土壤中的易提取球囊霉素的含量。

(2) 在 TEST 室中，对同一粒径土壤在不同处理下进行比较。在粒径<0.25mm 的土壤中，四种处理间差异并不显著；在粒径 0.25～1.00mm 的土壤中，比较外源性碳酸钙对土壤易提取球囊霉素含量的影响，M⁺ 处理和 M⁻ 处理下，C⁺ 与 C⁻ 处理的土壤易提取球囊霉素含量差异均不显著。比较 AM 菌丝体对土壤易提取球囊霉素含量的影响，在 C⁺ 和 C⁻ 处理条件下，M⁺ 处理的土壤易提取球囊霉素含量均显著高于 M⁻ 处理。在粒径>2.00mm 的土壤中，比较外源性碳酸钙对土壤易提取球囊霉素含量的影响，在 M⁺ 处理条件下，C⁺ 处理 (0.04mg/g) 的易提取球囊霉素含量显著高于 C⁻ 处理 (0.02mg/g)；而在 M⁻ 处理条件下，C⁺ 处理 (0.04mg/g) 的易提取球囊霉素含量显著低于 C⁻ 处理 (0.05mg/g)。

对同一处理下不同粒径的土壤进行比较，四种处理下在粒径 1.00～2.00mm 土壤中易提取球囊霉素含量最高。

以上结果表明，AM 菌丝体能够提高 TEST 室粒径 0.25～1.00mm、1.00～2.00mm 土壤中易提取球囊霉素的含量。

表 10-5　施加外源碳酸钙和 AM 菌丝体对不同粒径土壤易提取球囊霉素的影响（平均值±标准误）

隔室	处理	土壤易提取球囊霉素/(mg/g)							
		<0.25mm		0.25~1.00mm		1.00~2.00mm		>2.00mm	
		C^-	C^+	C^-	C^+	C^-	C^+	C^-	C^+
HOST 室	M^+	0.06±0.01ax	0.06±0.01ax	0.06±0.01ax	0.08±0.01ax	0.07±0.01ax	0.07±0.01ax	0.04±0.01ay	0.05±0.01ay
	M^-	0.05±0.01bz	0.06±0.01ay	0.06±0.01ay	0.06±0.01ay	0.08±0.01ax	0.09±0.02ax	0.05±0.01az	0.05±0.01ay
TEST 室	M^+	0.06±0.02ay	0.06±0.01ay	0.06±0.01ay	0.06±0.01ay	0.08±0.01abx	0.09±0.01ax	0.02±0.01cz	0.04±0.01bz
	M^-	0.05±0.01ay	0.05±0.01ay	0.05±0.01by	0.05±0.01by	0.07±0.01bx	0.08±0.01abx	0.05±0.01ay	0.04±0.01bz

2）施加外源碳酸钙和 AM 菌丝体对 HOST 室中不同粒径土壤总提取球囊霉素的影响

如图 10-22 所示，在 HOST 室中，对同一粒径土壤在不同处理下进行比较。①在粒径<0.25mm 的土壤中，比较外源性碳酸钙对土壤总提取球囊霉素含量的影响，M^- 处理条件下，C^+ 处理的土壤总提取球囊霉素含量(0.53mg/g)显著高于 C^- 处理(0.47mg/g)；M^+ 处理条件下，C^+ 与 C^- 处理的土壤总提取球囊霉素含量差异不显著。比较 AM 菌丝体对土壤总提取球囊霉素含量的影响，在 C^- 处理条件下，M^+ 处理的土壤总提取球囊霉素含量(0.57mg/g)显著高于 M^- 处理(0.47mg/g)；而 C^+ 处理条件下，M^+ 处理和 M^- 处理差异不显著。②在粒径 1.00~2.00mm 的土壤中，C^+ 与 C^- 间的差异性<0.25mm，土壤中 C^+ 与 C^- 的差异性一致。③在粒径>2.00mm 的土壤中，比较外源性碳酸钙对土壤总提取球囊霉素含量的影响，M^- 和 M^+ 处理条件下，C^+ 处理的土壤总提取球囊霉素含量均显著高于 C^- 处理。比较 AM 菌丝体对土壤总提取球囊霉素含量的影响，在 C^- 处理条件下，M^+ 处理的土壤总提取球囊霉素含量(0.52mg/g)显著高于 M^- 处理(0.39mg/g)，而在 C^+ 处理条件下，M^+ 处理和 M^- 处理差异不显著。

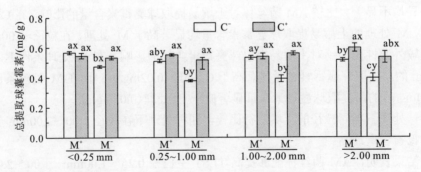

图 10-22　外源碳酸钙和 AM 菌丝体对 HOST 室不同粒径土壤总提取球囊霉素的影响（平均值±标准误）

对同一处理下不同粒径的土壤进行比较，在 C^- 处理条件下，均有粒径<0.25mm 的土壤总提取球囊霉素含量最高，与其他三个粒径差异显著；而在 C^+ 处理条件下，四种处理时四个粒径之间无显著差异。

以上结果表明,施加外源碳酸钙能够增加 HOST 室中的土壤总提取球囊霉素含量;AM 菌丝体在无外源性碳酸钙时能够显著增加土壤总提取球囊霉素含量,施加外源碳酸钙后 AM 菌丝体的作用反而被减弱。

3）施加外源碳酸钙和 AM 菌丝体对 TEST 室中不同粒径土壤的总提取球囊霉素的影响

如图 10-23 所示,在 TEST 室中,对同一粒径土壤在不同处理下进行比较。①在粒径<0.25mm 的土壤中,比较外源性碳酸钙对土壤总提取球囊霉素含量的影响,发现 M^- 处理条件下,C^+ 处理的土壤总提取球囊霉素含量(0.56mg/g)显著高于 C^- 处理(0.39mg/g);M^+ 处理条件下,C^+ 与 C^- 处理的土壤总提取球囊霉素含量差异不显著。比较 AM 菌丝体对土壤总提取球囊霉素含量的影响,发现在 C^- 处理条件下,M^+ 处理的土壤总提取球囊霉素含量(0.54mg/g)显著高于 M^- 处理(0.39mg/g);而 C^+ 处理条件下,M^+ 处理和 M^- 处理差异不显著。②在粒径为 1.00～2.00mm 的土壤中,比较结果和粒径<0.25mm 的一致。③在粒径>2.00mm 的土壤中,比较外源性碳酸钙对土壤总提取球囊霉素含量的影响,发现 M^- 条件下,C^+ 处理的土壤总提取球囊霉素含量显著高于 C^- 处理,而 M^+ 条件下 C^+ 与 C^- 无显著差异。比较 AM 菌丝体对土壤总提取球囊霉素含量的影响,发现在 C^- 处理条件下,M^+ 处理的土壤总提取球囊霉素含量(0.53mg/g)显著高于 M^- 处理(0.42mg/g);而在 C^+ 处理条件下,M^+ 显著高于 M^-。

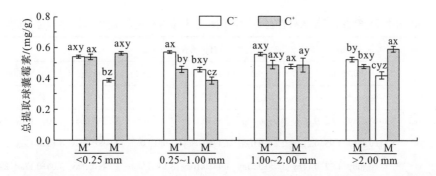

图 10-23 外源碳酸钙和 AM 菌丝体对 TEST 室不同粒径土壤总提取球囊霉素的影响(平均值±标准误)

对同一处理下不同粒径的土壤进行比较,发现在 C^- 处理条件下,均有粒径<0.25mm 的土壤总提取球囊霉素含量最高,与其他三个粒径差异显著;而在 C^+ 处理条件下,四种处理时四个粒径之间无显著差异。

以上结果表明,施加外源碳酸钙能够增加 TEST 室中粒径<0.25mm 的土壤的总提取球囊霉素含量;AM 菌丝体在无外源性碳酸钙时能够显著增加土壤总提取球囊霉素含量,施加外源碳酸钙后 AM 菌丝体的作用反而被减弱。

6. 施加外源碳酸钙和 AM 菌丝体对不同粒径土壤中有机质含量的影响

(1)如表 10-6 所示,在 HOST 室中,对同一粒径土壤在不同处理下进行比较。粒径<0.25mm、粒径为 0.25～1.00mm、粒径为 1.00～2.00mm、粒径>2.00mm 的土壤中,四种处理中有机质含量差异均不显著。

对同一处理下不同粒径的土壤进行比较，发现四个处理下，粒径>2.00、粒径为1.00~2.00mm的土壤中的有机质含量显著高于粒径<0.25mm和粒径为0.25~1.00mm的土壤中的有机质含量。

以上结果表明，外源碳酸钙和AM菌丝体对HOST室中的有机质含量无显著性影响，有机质含量在粒径>2.00mm、粒径为1.00~2.00mm的土壤中比粒径<0.25mm和粒径为0.25~1.00mm的土壤中高。

(2) 在TEST室中，对同一粒径土壤在不同处理下进行比较。在粒径为0.25~1.00mm、粒径为1.00~2.00mm、粒径>2.00mm的土壤中，四种处理中有机质含量差异均不显著。在粒径<0.25mm的土壤中，比较外源性碳酸钙对土壤有机质含量的影响，发现在M^+和M^-处理下，C^+与C^-处理的有机质含量差异均不显著。比较AM菌丝体对土壤有机质含量的影响，发现在C^-和C^+处理条件下，M^+处理的土壤有机质含量均显著低于M^-处理。

对同一处理下不同粒径的土壤进行比较，四个处理下，粒径>2.00mm、粒径为1.00~2.00mm的土壤中的有机质含量显著高于粒径<0.25mm和粒径为0.25~1.00mm的土壤中有机质的含量。

以上结果表明，外源碳酸钙对TEST室中的有机质含量无显著性影响，AM菌丝体降低了TEST室粒径<0.25mm的土壤中的有机质含量。

表10-6 施加外源碳酸钙和AM菌丝体对不同粒径土壤有机质含量的影响（平均值±标准误）

隔室	处理	有机质含量/(mg/g)							
		<0.25mm		0.25~1.00mm		1.00~2.00mm		>2.00mm	
		C^-	C^+	C^-	C^+	C^-	C^+	C^-	C^+
HOST室	M^+	1.90±0.23ay	1.62±0.07ay	2.03±0.35ay	1.56±0.11ay	2.90±0.06ax	3.02±0.06ax	2.80±0.10ax	2.89±0.08ax
	M^-	1.74±0.05ay	1.95±0.26ay	1.44±0.09az	1.49±0.08ay	3.05±0.06ax	2.94±0.10ax	3.15±0.15ax	2.93±0.19ax
TEST室	M^+	1.78±0.20by	1.72±0.15by	1.75±0.21ay	1.44±0.10ay	3.14±0.08ax	2.74±0.28ax	3.06±0.12ax	2.82±0.18ax
	M^-	2.69±0.10ay	2.68±0.10ax	1.60±0.09az	1.74±0.23ay	3.16±0.16ax	3.04±0.06ax	3.19±0.11ax	3.04±0.17ax

总体上，施加外源性碳酸钙和AM菌丝体均能够提高HOST室土壤中四个粒径的全氮浓度；施加外源性碳酸钙和AM菌丝体均能提高TEST室中粒径<0.25mm和粒径>2.00mm的土壤中的全氮浓度；AM菌丝体在施加外源碳酸钙处理下，能够显著增加TEST室中粒径>2.00mm的土壤中的全氮浓度；施加外源性碳酸钙在粒径为1.00~2.00mm、粒径>2.00mm的土壤中能够提高HOST室的碱解氮浓度，其中在粒径<0.25mm的土壤中，AM菌丝体在施加有外源碳酸钙的处理下，能够显著提高土壤碱解氮浓度。但在TEST室中，外源性碳酸钙和AM菌丝体对土壤碱解氮浓度无显著影响。施加外源碳酸钙和AM菌丝体均能提高HOST室中粒径<0.25mm的土壤中的全磷浓度，AM菌丝体在施加有外源碳酸钙的处理下，对该粒径全磷浓度的提高达到显著水平。在TEST室中，施加外源碳酸钙和AM菌丝体对土壤中的全磷浓度没有显著影响，但AM菌丝体能增加TEST室中粒径为0.25~1.00mm、粒径>2.00mm的土壤中的有效磷浓度。在HOST室中，外源碳酸钙和AM

菌丝体能够增加粒径<0.25mm、粒径>2.00mm 的土壤中的碳含量，但差异不显著；在 TEST 室中，外源性碳酸钙和 AM 菌丝体对 TEST 室中土壤中的碳含量影响不显著。AM 菌丝体在施加外源性碳酸钙的处理下，能够增加 HOST 室中粒径<0.25mm 的土壤中的 $\delta^{13}C$ 含量，施加外源碳酸钙能够增加 TEST 室中四个粒径土壤的 $\delta^{13}C$ 值。施加外源性碳酸钙时，AM 菌丝体可通过的 M^+ 处理的 $\delta^{13}C$ 值较 M^- 处理低，这可能是因为 AM 菌丝体将 TEST 室中的外源性碳酸钙转移到了 HOST 室。HOST 室中，土壤易提取球囊霉素含量受外源碳酸钙的影响并不显著，AM 菌丝体在未施加外源碳酸钙处理下能够显著提高粒径<0.25mm 的土壤的易提取球囊霉素的含量，但在施加外源碳酸钙时效果不显著。由此推断，AM 菌丝体和外源碳酸钙可能存在交互作用，影响 HOST 室粒径<0.25mm 的土壤中的易提取球囊霉素的含量。TEST 室中土壤中的易提取球囊霉素含量受外源性碳酸钙的影响并不显著，而 AM 菌丝体能够提高 TEST 室中粒径为 0.25～1.00mm、粒径为 1.00～2.00mm 的土壤中的易提取球囊霉素的含量。施加外源碳酸钙均能增加 HOST 室和 TEST 室中土壤的总提取球囊霉素含量。AM 菌丝体在无外源性碳酸钙时能够显著增加土壤的总提取球囊霉素含量，施加外源碳酸钙后 AM 菌丝体的作用反而被减弱。外源碳酸钙对 HOST 室和 TEST 室中的有机质含量无显著性影响，AM 菌丝体降低了 TEST 室中粒径<0.25mm 的土壤的有机质含量。

10.4 外源碳酸钙和丛枝菌根菌丝体对植物-土壤养分性状的双因素方差分析

10.4.1 材料与方法

材料与方法见 10.1.1 小节。

10.4.2 结果分析

如图 10-24 所示，构建外源碳酸钙因素和菌丝隔网因素进行双因素实验。外源碳酸钙因素：TEST 室施加 $Ca^{13}CO_3$（C^+处理），TEST 室不施加 $Ca^{13}CO_3$（C^-处理）。菌丝隔网因素：HOST 室和 TEST 室之间隔板两侧黏附两种不同孔径的尼龙网，分别做 20μm 的隔网处理（M^+处理）和 0.45μm 的隔网处理（M^-处理）。在 SPSS Statistics 19.0 中用 Two-Avona 进行双因素方差分析，分析外源碳酸钙因素和隔网因素对香樟幼苗和隔室土壤养分的影响。

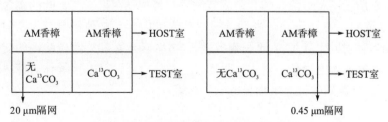

图 10-24 外源碳酸钙和隔网处理示意图

1. 施加外源碳酸钙和 AM 菌丝体对樟树幼苗养分的影响

1) 施加外源碳酸钙和 AM 菌丝体对樟树幼苗氮、磷、钙摄取量的影响

如表 10-7 所示,对樟树幼苗氮摄取量而言,AM 菌丝体和外源碳酸钙对根、叶、总氮摄取量均有显著的影响,AM 菌丝体和外源碳酸钙的交互作用对叶和总氮摄取量有极显著影响。对樟树幼苗磷摄取量而言,AM 菌丝体对叶和总磷摄取量较大影响,在叶中达到显著水平;而外源碳酸钙,AM 菌丝体和外源碳酸钙的交互作用对樟树幼苗磷的利用没有显著影响。对樟树幼苗钙摄取量而言,AM 菌丝体对根、茎、叶和总钙摄取量有极显著影响,外源碳酸钙对根、茎和总钙摄取量也有极显著影响,但 AM 菌丝体和外源碳酸钙的交互作用仅对根有显著影响,对茎、叶和总钙摄取量无显著影响。以上结果表明,AM 菌丝体和外源碳酸钙能够影响樟树幼苗对氮的利用,在茎中影响不显著可能与氮在植株中的分配有关;AM 菌丝体能够显著影响植物对磷养分的摄取。总体上看,AM 菌丝体和外源碳酸钙对樟树幼苗钙的摄取有显著影响,但 AM 菌丝体和外源碳酸钙的交互作用仅在根中有显著影响。

表 10-7 外源碳酸钙和 AM 菌丝体对樟树幼苗养分的影响

处理	养分	根摄取量		茎摄取量		叶摄取量		总摄取量	
		F	P	F	P	F	P	F	P
外源碳酸钙(C)		15.186	0.001**	1.610	0.219	11.394	0.003**	17.537	0.000**
隔网(M)	氮	15.345	0.001**	4.250	0.052	4.780	0.041*	11.091	0.003**
外源碳酸钙×隔网(M×C)		7.850	0.011*	0.032	0.861	9.802	0.005**	11.962	0.002**
外源碳酸钙(C)		0.114	0.739	0.032	0.860	0.696	0.414	0.613	0.443
隔网(M)	磷	0.175	0.680	0.004	0.952	7.796	0.011*	4.155	0.055
外源碳酸钙×隔网(M×C)		1.062	0.315	2.090	0.164	0.288	0.597	0.420	0.524
外源碳酸钙(C)		18.251	0.000**	119.282	0.000**	1.121	0.302	33.183	0.000**
隔网(M)	钙	18.072	0.000**	9.481	0.006**	55.098	0.000**	59.506	0.000**
外源碳酸钙×隔网(M×C)		29.335	0.000**	0.051	0.824	0.041	0.842	1.339	0.261

注:*表示 $P<0.05$,作用显著;**表示 $P<0.01$,作用极显著。下同。

2) 施加外源碳酸钙和 AM 菌丝体对樟树幼苗碳含量、$\delta^{13}C$ 值、生物量的影响

如表 10-8 所示,AM 菌丝体和外源碳酸钙对樟树幼苗根、茎、叶的碳含量影响不显著。对樟树幼苗的 $\delta^{13}C$ 值而言,外源碳酸钙对茎和叶的 $\delta^{13}C$ 值影响较大,但未达到显著水平;AM 菌丝体对叶中 $\delta^{13}C$ 值的影响极显著,AM 菌丝体和外源碳酸钙的交互作用对樟树幼苗 $\delta^{13}C$ 值的影响不显著。对生物量而言,整体上看,AM 菌丝体对樟树幼苗生物量有显著影响,而外源碳酸钙对生物量影响不显著。

表 10-8　外源碳酸钙和 AM 菌丝体对樟树幼苗碳的影响

处理	指标	根		茎		叶		总摄取量	
		F	P	F	P	F	P	F	P
外源碳酸钙(C)		0.712	0.415	0.678	0.428	0.794	0.390	—	—
隔网(M)	碳含量	1.942	0.189	0.161	0.696	0.456	0.512	—	—
外源碳酸钙×隔网(M×C)		0.954	0.348	0.736	0.409	0.564	0.467	—	—
外源碳酸钙(C)		1.205	0.294	3.737	0.077*	2.219	0.162	—	—
隔网(M)	$\delta^{13}C$ 值	2.997	0.109	0.161	0.695	13.246	0.003**	—	—
外源碳酸钙×隔网(M×C)		0.003	0.959	0.618	0.447	0.234	0.637	—	—
外源碳酸钙(C)		0.080	0.781	0.956	0.340	0.351	0.560	0.589	0.452
隔网(M)	生物量	1.933	0.180	11.525	0.003**	4.605	0.044*	11.084	0.003**
外源碳酸钙×隔网(M×C)		0.570	0.459	0.229	0.637	0.267	0.611	0.064	0.802

2. 施加外源碳酸钙和 AM 菌丝体对土壤养分的影响

1) 外源碳酸钙和 AM 菌丝体对 HOST 室土壤氮磷养分的影响

如表 10-9 所示，对土壤全氮而言，AM 菌丝体对粒径<0.25mm、粒径为 0.25～1.00mm 的土壤的全氮浓度有显著影响，外源碳酸钙对粒径为 1.00～2.00mm 的土壤的全氮浓度有显著影响，但 AM 菌丝体和外源碳酸钙的交互作用对土壤的全氮无显著影响。对土壤碱解氮而言，AM 菌丝体对粒径<0.25mm 的土壤碱解氮浓度有显著影响，外源碳酸钙、AM 菌丝体和外源碳酸钙的交互作用对碱解氮的影响均不显著。对土壤全磷而言，AM 菌丝体对粒径<0.25mm 的土壤有极显著影响，AM 菌丝体和外源碳酸钙的交互作用对粒径为 0.25～1.00mm 的土壤的全磷有显著影响。对土壤有效磷而言，总体上看，AM 菌丝体对 HOST 室土壤的有效磷浓度有显著影响，外源碳酸钙对粒径>2.00mm 的土壤中的有效磷浓度有极显著影响，AM 菌丝体和外源碳酸钙的交互作用在粒径为 1.00～2.00mm、粒径>2.00mm 的土壤中对有效磷浓度的影响也达到极显著水平。以上结果表明，AM 菌丝体对 HOST 室中土壤的氮磷养分均有一定影响。AM 菌丝体和外源碳酸钙的交互作用对粒径为 1.00～2.00mm、粒径>2.00mm 的土壤的有效磷浓度有极显著效应，说明 AM 菌丝体能够利用相邻隔室的外源碳酸钙对 HOST 室的磷养分造成一定影响。

表 10-9　外源碳酸钙和 AM 菌丝体对 HOST 室土壤养分的影响

处理	养分	粒径							
		<0.25mm		0.25～1.00mm		1.00～2.00mm		>2.00mm	
		F	P	F	P	F	P	F	P
外源碳酸钙(C)		2.851	0.107	1.628	0.217	5.393	0.031*	0.305	0.587
隔网(M)	全氮	4.641	0.044*	5.523	0.029*	0.022	0.884	0.686	0.417
外源碳酸钙×隔网(M×C)		0.085	0.774	0.113	0.741	1.525	0.232	0.019	0.892
外源碳酸钙(C)		2.639	0.124	1.367	0.259	0.766	0.392	1.322	0.264
隔网(M)	碱解氮	20.734	0.000**	0.023	0.882	0.541	0.471	1.111	0.304
外源碳酸钙×隔网(M×C)		5.341	0.034*	0.401	0.535	0.001	0.972	0.450	0.510

续表

处理	养分	<0.25mm		0.25~1.00mm		1.00~2.00mm		>2.00mm	
		F	P	F	P	F	P	F	P
外源碳酸钙(C)	全磷	0.047	0.831	1.364	0.257	0.264	0.613	1.051	0.317
隔网(M)		10.797	0.004**	3.628	0.071	0.012	0.915	1.295	0.269
外源碳酸钙×隔网(M×C)		0.324	0.576	5.293	0.032*	0.614	0.442	0.067	0.798
外源碳酸钙(C)	有效磷	0.041	0.841	1.959	0.177	0.155	0.698	17.854	0.000**
隔网(M)		0.003	0.956	5.284	0.032*	22.643	0.000**	5.967	0.024*
外源碳酸钙×隔网(M×C)		0.117	0.736	0.000	0.990	30.025	0.000**	18.790	0.000**

2) 外源碳酸钙和 AM 菌丝体对 TEST 室土壤氮磷养分的影响

如表 10-10 所示，对土壤全氮含量而言，AM 菌丝体和外源碳酸钙对粒径<0.25mm、粒径>2.00mm 的土壤中的全氮含量有显著影响，但 AM 菌丝体和外源碳酸钙的交互作用对其的影响不显著。对土壤全磷含量而言，AM 菌丝体对粒径<0.25mm、粒径>2.00mm 的土壤中的全磷含量有显著影响，外源碳酸钙对粒径>2.00mm 的土壤中的全磷含量有显著影响，但 AM 菌丝体和外源碳酸钙的交互作用对土壤中的全磷含量影响不显著。对土壤有效磷含量而言，AM 菌丝体对粒径为 0.25~1.00mm、粒径>2.00mm 的土壤有极显著影响。结果表明，AM 菌丝体和外源碳酸钙对粒径<0.25mm、粒径>2.00mm 的土壤中的全氮含量有显著影响，但 AM 菌丝体和外源碳酸钙的交互作用对土壤中的全氮含量影响不显著。AM 菌丝体对磷的影响达到显著水平，但 AM 菌丝体和外源碳酸钙的交互作用会削弱这种功能。

表 10-10 外源碳酸钙和 AM 菌丝体对 TEST 室土壤养分的影响

处理	养分	<0.25mm		0.25~1.00mm		1.00~2.00mm		>2.00mm	
		F	P	F	P	F	P	F	P
外源碳酸钙(C)	全氮	5.626	0.028*	0.466	0.502	0.260	0.616	11.803	0.003**
隔网(M)		7.121	0.015*	1.511	0.233	0.374	0.548	4.408	0.049*
外源碳酸钙×隔网(M×C)		0.198	0.661	0.914	0.350	0.260	0.616	1.785	0.197
外源碳酸钙(C)	碱解氮	0.780	0.389	1.156	0.297	0.098	0.759	7.808	0.012
隔网(M)		0.108	0.746	0.311	0.584	2.591	0.126	0.013	0.911
外源碳酸钙×隔网(M×C)		0.252	0.622	0.645	0.433	0.028	0.868	0.013	0.911
外源碳酸钙(C)	全磷	0.359	0.557	0.292	0.596	0.085	0.774	4.169	0.056
隔网(M)		3.774	0.068	0.385	0.543	0.277	0.605	5.538	0.03*
外源碳酸钙×隔网(M×C)		0.190	0.668	0.606	0.446	0.329	0.573	1.424	0.248
外源碳酸钙(C)	有效磷	1.221	0.282	0.008	0.929	0.734	0.402	0.031	0.863
隔网(M)		0.152	0.701	10.210	0.005**	0.538	0.472	9.140	0.007**
外源碳酸钙×隔网(M×C)		0.478	0.497	0.147	0.705	0.708	0.410	0.031	0.863

3）外源碳酸钙和 AM 菌丝体对 HOST 室土壤碳含量、$\delta^{13}C$ 值、有机质、球囊霉素的影响

如表 10-11 所示，外源碳酸钙和 AM 菌丝体对土壤碳含量、$\delta^{13}C$ 值和有机质的影响不显著，但对易提取球囊霉素而言，AM 菌丝体对粒径<0.25mm、粒径为 0.25～1.00mm、粒径为 1.00～2.00mm 的土壤中的易提取球囊霉素含量有显著性影响，AM 菌丝体和外源碳酸钙的交互作用对粒径>2.00mm 的土壤中的易提取球囊霉素含量有显著性影响。AM 菌丝体、外源性碳酸钙、AM 菌丝体和外源碳酸钙的交互作用对总提取球囊霉素均有显著影响。

表 10-11 外源碳酸钙和 AM 菌丝体对 HOST 室土壤碳的影响

处理	指标	粒径							
		<0.25mm		0.25～1.00mm		1.00～2.00mm		>2.00mm	
		F	P	F	P	F	P	F	P
外源碳酸钙(C)		1.183	0.298	0.010	0.924	1.645	0.226	1.054	0.325
隔网(M)	碳含量	1.133	0.308	1.215	0.299	0.095	0.764	2.300	0.155
外源碳酸钙×隔网(M×C)		0.177	0.681	0.375	0.555	0.179	0.680	0.196	0.665
外源碳酸钙(C)		0.268	0.615	0.110	0.746	0.341	0.572	0.027	0.872
隔网(M)	$\delta^{13}C$ 值	0.149	0.707	0.616	0.448	0.186	0.676	0.116	0.740
外源碳酸钙×隔网(M×C)		0.884	0.367	1.465	0.249	0.004	0.948	0.024	0.880
外源碳酸钙(C)		0.026	0.875	1.289	0.270	0.002	0.969	0.253	0.620
隔网(M)	有机质	0.230	0.637	2.901	0.104	0.187	0.670	2.035	0.169
外源碳酸钙×隔网(M×C)		1.892	0.184	1.808	0.194	2.601	0.122	1.283	0.271
外源碳酸钙(C)		0.152	0.701	0.084	0.775	0.491	0.492	0.070	0.795
隔网(M)	易提取球囊霉素	7.657	0.012*	5.389	0.031*	2.460	0.132	0.008	0.931
外源碳酸钙×隔网(M×C)		1.201	0.286	0.150	0.703	0.660	0.426	4.453	0.048*
外源碳酸钙(C)		1.509	0.234	67.251	0.000**	23.629	0.000**	17.735	0.000**
隔网(M)	总提取球囊霉素	15.492	0.001**	54.740	0.000**	10.835	0.004**	12.679	0.002**
外源碳酸钙×隔网(M×C)		7.804	0.011*	19.282	0.000**	20.743	0.000**	1.193	0.288

4）外源碳酸钙和 AM 菌丝体对 TEST 室土壤碳含量、$\delta^{13}C$ 值、有机质、球囊霉素的影响

如表 10-12 所示，外源碳酸钙和 AM 菌丝体对土壤碳含量无显著影响。施加外源性碳酸钙对 TEST 室中土壤的 $\delta^{13}C$ 值有显著性影响。对有机质而言，AM 菌丝体对粒径<0.25mm 的土壤中的有机质含量有显著影响。对易提取球囊霉素而言，AM 菌丝体对粒径为 0.25～1.00mm、粒径>2.00mm 的土壤中的易提取球囊霉素的含量有显著影响，AM 菌丝体和外源碳酸钙的交互作用对粒径>2.00mm 的土壤中的易提取球囊霉素的含量也有显著影响。对总球囊霉素而言，AM 菌丝体对粒径<0.25mm、粒径为 0.25～1.00mm 的土壤中的总球囊霉素的含量有极显著影响，外源碳酸钙、AM 菌丝体和外源碳酸钙的交互作用对粒径<0.25mm、粒径为 0.25～1.00mm、粒径>2.00mm 的土壤中的总球囊霉素的含量有极显著影响。

表 10-12 外源碳酸钙和 AM 菌丝体对 TEST 室土壤碳的影响

处理	指标	粒径							
		<0.25mm		0.25~1.00mm		1.00~2.00mm		>2.00mm	
		F	P	F	P	F	P	F	P
外源碳酸钙(C)	碳含量	0.207	0.657	0.304	0.592	1.957	0.192	0.028	0.871
隔网(M)		0.000	0.986	0.476	0.505	0.157	0.700	0.010	0.921
外源碳酸钙×隔网(M×C)		5.880	0.032	0.210	0.656	1.658	0.227	2.091	0.179
外源碳酸钙(C)	$\delta^{13}C$ 值	68.388	0.000**	39.496	0.000**	5.636	0.035*	5.781	0.033*
隔网(M)		0.323	0.580	1.364	0.266	1.854	0.198	1.771	0.208
外源碳酸钙×隔网(M×C)		0.489	0.498	1.681	0.219	0.913	0.358	1.292	0.278
外源碳酸钙(C)	有机质	0.048	0.829	0.260	0.616	2.359	0.140	1.697	0.208
隔网(M)		42.168	0.000**	0.195	0.663	0.913	0.351	1.407	0.250
外源碳酸钙×隔网(M×C)		0.032	0.860	1.850	0.189	0.671	0.422	0.111	0.742
外源碳酸钙(C)	易提取球囊霉素	0.378	0.545	0.456	0.507	3.620	0.072	0.155	0.698
隔网(M)		4.229	0.053	46.406	0.000**	1.975	0.175	69.138	0.000**
外源碳酸钙×隔网(M×C)		0.163	0.690	0.203	0.657	0.786	0.386	101.731	0.000**
外源碳酸钙(C)	总提取球囊霉素	48.340	0.000**	32.345	0.000**	1.160	0.294	13.473	0.002**
隔网(M)		25.415	0.000**	34.432	0.000**	1.976	0.175	0.023	0.882
外源碳酸钙×隔网(M×C)		48.828	0.000**	1.759	0.200	2.088	0.164	38.765	0.000**

10.4.3 小结

AM 菌丝体能够影响樟树幼苗对氮、磷、钙的利用,对樟树磷、钙利用的影响尤为显著。施加外源碳酸钙对樟树幼苗氮、钙的摄取也有一定影响。AM 菌丝体和外源碳酸钙的交互作用对樟树幼苗叶、总氮摄取量,根对钙的摄取量有极显著影响。AM 菌丝体和外源碳酸钙对樟树幼苗根、茎、叶的碳含量影响不显著。AM 菌丝体对叶中 $\delta^{13}C$ 值的影响极显著,AM 菌丝体和外源碳酸钙的交互作用对樟树幼苗中的 $\delta^{13}C$ 值的影响不显著。AM 菌丝体对樟树幼苗生物量有显著影响,而外源碳酸钙对生物量影响不显著。AM 菌丝体对 HOST 室中土壤的氮磷养分均有一定影响。AM 菌丝体和外源碳酸钙的交互作用对粒径为 1.00~2.00、粒径>2.00mm 的土壤的有效磷浓度有极显著效应,说明 AM 菌丝体能够利用相邻隔室的外源碳酸钙,对 HOST 室的磷养分造成了一定影响。在 TEST 室中,AM 菌丝体和外源碳酸钙对粒径<0.25mm、粒径>2.00mm 的土壤的全氮含量有显著影响,但 AM 菌丝体和外源碳酸钙的交互效应对全氮含量影响不显著。AM 菌丝体对磷的影响达到显著水平,但 AM 菌丝体和外源碳酸钙的交互作用会削弱这种功能。外源碳酸钙和 AM 菌丝体对土壤碳含量影响不显著,AM 菌丝体对某些粒径的有机质、易提取球囊霉素含量、总提取球囊霉素含量的影响达到显著水平,AM 菌丝体和外源碳酸钙的交互作用对易提取球囊霉素、总提取球囊霉素有显著性影响。施加外源性碳酸钙对 TEST 室中土壤的 $\delta^{13}C$ 值、总提取球囊霉素有显著性影响。

10.5 讨 论

AM 菌丝体能提高樟树幼苗根、茎、叶的生物量和总生物量，外源碳酸钙有促进樟树幼苗总生物量积累的能力。无外源碳酸钙处理时，AM 菌丝体对茎生物量和总生物量的影响达到显著水平，并降低植物的根冠比；施加外源碳酸钙处理下，AM 菌丝体能够提高植株生物量，但差异不显著。施加外源性碳酸钙对植株侵染率、孢子密度和菌丝密度的影响均不显著。施加外源碳酸钙处理时，AM 菌丝体显著改善了樟树幼苗的根总长、根表面积、根尖数、根分叉数，但对樟树幼苗表型性状无显著影响。施加外源碳酸钙能提高植株的 $\delta^{13}C$ 值，AM 菌丝体在施加外源碳酸钙处理时提高了根、茎、叶的 $\delta^{13}C$ 值。但施加外源性碳酸钙和 AM 菌丝体对樟树幼苗根、茎、叶的碳含量的影响不显著。施加外源碳酸钙处理时，AM 真菌通过菌丝体提高了植物对氮、磷、钙养分的摄取并能增加磷在根、茎、叶中的比例，降低钙在叶中的分配比例。施加外源碳酸钙和 AM 菌丝体能提高土壤中氮磷养分的含量。AM 菌丝体在施加外源碳酸钙时，能够显著提高 HOST 室粒径>2.00mm 的土壤的全氮浓度和粒径<0.25mm 的土壤的碱解氮浓度和全磷浓度。施加外源碳酸钙和 AM 菌丝体能够增加土壤的总提取球囊霉素含量，但外源碳酸钙对易提取球囊霉素含量的影响不显著。AM 菌丝体在未施加外源碳酸钙处理时能够提高土壤中总提取球囊霉素的含量和易提取球囊霉素的含量。外源碳酸钙和 AM 菌丝体均能增加 HOST 室中粒径<0.25mm、粒径>2.00mm 的土壤的碳含量，施加外源碳酸钙和 AM 菌丝体对植株和土壤的 $\delta^{13}C$ 值均有影响，但二者的交互作用对土壤和植株 $\delta^{13}C$ 值的影响不显著。

生物量是植物获取能力的主要表现，对植物的生长发育和结构形成有着至关重要的影响(宇万太和于永强，2001)。在本研究中，AM 菌丝体能提高樟树幼苗根、茎、叶的生物量和总生物量，外源碳酸钙能促进樟树幼苗总生物量的积累。四种处理下，生物量在根茎叶中的分配并未受到影响，但在无外源碳酸钙时，AM 菌丝体能够降低植物的根冠比。根冠比的降低意味着植物不需要增加根系的比例，这可能是由于 AM 菌丝体扩大了吸收面积，从而使植物减少了地下部分生物量的消耗。植物形态性状的可塑性是植物能够适应各种异质环境的条件之一(Sultan，2000)。在本研究中，四种处理对樟树幼苗的苗高、地径、叶面积均无显著影响，但在根系性状的影响中，施加外源碳酸钙后，AM 菌丝体能显著提高樟树幼苗根的总长、表面积、体积、平均直径、根尖数、分叉数，但在未施加外源性碳酸钙时，差异并不显著。分析结果说明，AM 菌丝体与外源性碳酸钙存在一定关系，影响了植物的根系性状。AMF 作为直接联系土壤和植物根系的一类微生物，其生长和生态效应也必然受到土壤的影响。但在该研究中，施加外源性碳酸钙对植株侵染率、孢子密度和菌丝密度的影响并不显著。在杨中宝等(2005)的研究中也发现，施加外源性养分不能增加孢子的产孢数量。

Cameron 等(2008)在兰花菌根共生体中发现，碳在宿主植物和菌根中存在双向传递，而喀斯特适生植物能够交替利用碳酸盐岩经过风化作用产生的碳酸氢根离子作为碳源(吴沿友等，2011)，因此，我们提出问题：这个过程中 AM 菌丝体是否充当了媒介？在本研究中，施加外源碳酸钙能够增加根、茎、叶中的 $\delta^{13}C$ 值，AM 菌丝体能提高叶中的 $\delta^{13}C$，说明外源碳酸钙能够被植物所利用，除了外源碳酸钙自身存在扩散作用，AM 菌丝体也有一定的贡献。共生体中的碳能够影响其他养分(如氮、磷)在植物体中的平衡(何树斌等，2016；Hyodo，2015；Fellbaum et al.，2014；Ryan et al.，2012)，在本研究中发现，施加外源碳酸钙时，AM 菌丝体能够显著增加樟树幼苗根、叶的氮浓度，以及根、叶的总氮摄取量，说明碳的转移带动了植物对氮的摄取，这可能是因为碳的供应促进了 AM 菌丝体的生长，并为同化的氮提供了碳骨架(Fellbaum et al.，2012a，b)。发生在根外菌丝获取的碳对氮的转运并不是消极的，这与 Fellbaum 等(2012a)的结论不一致，这可能是由于喀斯特适生植物光合固碳障碍，增加了对无机态碳的吸收，从而发生的适应性改变。AM 共生体之间的交换不仅发生在碳氮之间，还发生在碳磷之间。AM 共生体发生碳磷交换遵循互惠交易原则(Kiers，2011)，即 AM 菌丝体将磷提供给宿主植物换取碳源，而碳源的增加对植物磷的摄取也有促进作用。对磷的研究结果表明，施加外源碳酸钙能够提高樟树幼苗的总磷摄取量。施加外源碳酸钙时，AM 菌丝体能够显著增加樟树幼苗叶的磷摄取量，但在根和茎中并不显著。这可能是由于植物在高钙的土壤基质中会将过量的钙储存于根部，形成钙化根，导致根部对磷的吸收障碍(冉琼，2014)。养分在植物体中的分配方式是对环境适应的响应机制，施加外源性碳酸钙能够降低磷在根和茎中的比例，但 AM 菌丝体能够改变磷在樟树幼苗根、茎、叶中的分配比例，增加磷在根和茎中的比例。喀斯特生境大量的碳酸盐岩基质经过风化作用形成土壤高钙，在本研究中，AM 菌丝体和外源碳酸钙均能提高樟树幼苗根、茎、叶中的钙浓度和钙摄取量，其中在施加外源性碳酸钙时，AM 菌丝体能够显著提高根、茎和总钙摄取量。结果表明，碳酸钙中的钙离子能够被植物所利用，而 AM 菌丝体对钙的转移有促进作用，这与邓溧等(2016)的研究结果一致。

AM 真菌能改善土壤理化性质(李新川等，2017；王志刚等，2016；任爱天等，2014；贺学礼等，2013；Giovannetti et al.，2004)，AM 菌丝体能够对土壤氮素循环产生直接影响(陈永亮等，2014)，土壤全氮量与 AM 菌丝泡囊丰度、丛枝丰度呈正相关关系(岳英男等，2014)。本实验中，AM 菌丝体在施加有外源碳酸钙时，能够提高 HOST 室土壤中的氮浓度。在 TEST 室中，施加外源性碳酸钙和 AM 菌丝体均能提高 TEST 室中粒径<0.25mm 和粒径>2.00mm 的土壤的全氮浓度，说明 AM 菌丝体能够影响土壤中全氮的含量。HOST 室中宿主植物的氮浓度在不同处理中的差异较土壤中大，其原因可能是 AM 菌丝体可以吸收各种简单形态的氮，包括铵态氮、硝态氮(Tanaka and Yano，2005；Hawkins and George，2000)和一些氨基酸(Hawkins and George，2000)，并直接传递给植物吸收利用，因此，植物氮浓度的差异更大。AM 菌丝体能够增加磷的吸收范围，提高土壤中磷的空间有效性(任爱天等，2014)。在本实验中，在 HOST 室中施加外源碳酸钙和 AM 菌丝体均能提高 HOST 室粒径<0.25mm 的土壤的全磷浓度，在双因素分析中，AM 菌丝体对粒径<0.25mm 的土壤的全磷浓度有极显著影响，AM 菌丝体对 HOST 室土壤的有效磷浓度也有显著影响。但在 TEST 室中，施加外源碳酸钙和 AM 菌丝体对土壤全磷浓度没有显著影响，这可能是菌丝体提高了土壤中酶的活性，如蛋白酶和磷酸酶(Kumari，2010)，这些酶是有利于土壤养分活化的，因此，HOST 室中 AM 菌丝体对磷的影响较为显著。但引起酶活性改变可能还与植物的根系有关，而 TEST 室中无根系存在，所以对氮磷养分的改善并不显著。AM 真菌

对土壤碳的固持有一定作用。AM 菌丝体分泌的球囊霉素是有机碳源的一部分，在本实验中，施加外源碳酸钙均能增加 HOST 室和 TEST 室中土壤的总提取球囊霉素含量。AM 菌丝体在无外源性碳酸钙时能够显著增加土壤的总提取球囊霉素含量，施加外源碳酸钙后 AM 菌丝体的作用反而被减弱。对于易提取球囊霉素而言，AM 菌丝体在未施加外源碳酸钙时能够显著提高粒径<0.25mm 的土壤的易提取球囊霉素的含量，但在施加外源碳酸钙处理时效果不显著。说明外源碳酸钙和 AM 菌丝体存在一定的交互作用，在表 10-11 的双因素分析结果中也验证了这个结论，该结论与贺学礼等(2013)、王志刚等(2016)的研究结果一致。施加外源碳酸钙能够增加 TEST 室中四个粒径的 $\delta^{13}C$ 值。AM 菌丝体在 TEST 室施加有外源性碳酸钙时，能够增加 HOST 室中粒径<0.25mm 的土壤中的 $\delta^{13}C$ 含量，而 TEST 室中，施加外源碳酸钙时，AM 菌丝体可通过的 M^+ 处理的 $\delta^{13}C$ 值比 AM 菌丝体不能通过的 M^- 处理低，说明 AM 菌丝体利用了 TEST 室中外源碳酸钙并将其转移到了 HOST 室粒径<0.25mm 的土壤中。AM 菌丝体降低了 TEST 室粒径<0.25mm 的土壤中的有机质含量，说明 AM 菌丝体能够分解土壤中的有机质，这与 Hodge 等(2001)的结论一致。

参 考 文 献

鲍士旦. 2000. 土壤农化分析[M]. 3 版. 北京: 中国农业出版社.

柏艳芳, 郭绍霞, 李敏, 等. 2011. 入侵植物与丛枝菌根真菌的相互作用. 应用生态学报, 22(9): 2457-2463.

曹建华, 袁道先, 潘根兴. 2003. 岩溶生态系统中的土壤. 地球科学进展, 18: 37-44.

常河, 朱红惠, 陈杰忠. 2009. 土著 AM 真菌对荔枝实生苗生长和光合特性的影响. 热带作物学报, 30 (7): 912-917.

陈德祥, 李意德, 骆土寿, 等. 2003. 海南岛尖峰岭热带山地雨林下层乔木中华厚壳桂光合生理生态特性的研究. 林业科学研究, 16(5): 540-547.

陈梅梅, 陈保冬, 王新军, 等. 2009. 不同磷水平土壤接种丛枝菌根真菌对植物生长和养分吸收的影响. 生态学报, 29(4): 1980-1986.

陈应龙, 弓明钦. 1999. 蓝桉和尾叶桉混合菌根研究 II. 混合菌根的接种效应. 林业科学研究, 12(6): 1-9.

陈永亮, 陈保冬, 刘蕾, 等. 2014. 丛枝菌根真菌在土壤氮素循环中的作用. 生态学报, 34(17): 4807-4815.

陈志超, 石兆勇, 田长彦. 2008. 接种 AM 真菌对短命植物生长发育及矿质养分吸收的影响. 植物生态学报, 32 (3): 648-653.

德科加, 张德罡, 王伟, 等. 2014. 施肥对高寒草甸植物及土壤 N、P、K 的影响. 草地学报, 22(2): 299-305.

邓漯, 曾明, 李燕. 2016. 盆栽柑桔苗接种丛枝菌根真菌的生长与钙氮吸收效应. 中国南方果树, (3): 55-57.

邓胤, 罗文倩, 朱金山, 等. 2008. 不同氮磷水平条件下接种 AMF 对玉米生长的影响. 中国农学通报, 24(12): 301-303.

董鸣. 1996. 资源异质性环境中的植物克隆生长: 觅食行为. 植物学报, 38(10): 828-835.

董雪, 王春燕, 黄丽, 等. 2013. 侵蚀程度对不同粒径团聚体中养分含量和红壤有机质稳定性的影响. 土壤学报, 50(3): 525-533.

杜有新, 潘根兴, 李恋卿, 等. 2010. 黔中喀斯特山区退化生态系统生物量结构与 N、P 分布格局及其循环特征. 生态学报, 30(23): 6338-6347.

杜照奎, 何跃军. 2011. 光皮树幼苗接种丛枝菌根真菌的光合生理响应. 贵州农业科学, 39(8): 31-35.

冯固, 白灯莎, 杨茂秋, 等. 1999. 盐胁迫对 VA 菌根形成及接种 VAM 真菌对植物耐盐性的效应. 应用生态学报, 10(1): 79-82.

冯固, 杨茂秋, 白灯莎, 等. 1997. VA 菌根真菌对石灰性土壤不同形态磷酸盐有效性的影响. 植物营养与肥料学报, 3(1): 43-48.

冯海艳, 冯固, 王敬国, 等. 2003. 植物磷营养状况对丛枝菌根真菌生长及代谢活性的调控. 菌物系统, 22 (4): 589-598.

冯玉龙, 曹坤芳, 冯志立. 2002. 生长光强对 4 种热带雨林树苗光合机构的影响. 植物生理与分子生物学学报, 28(2): 153-160.

弓明钦, 陈应龙, 仲崇录. 1997. 菌根研究及应用. 北京: 中国林业出版社.

弓明钦, 陈羽, 王凤珍. 2004. AM 菌根化的两种桉树苗对青枯病的抗性研究. 林业科学研究, 17(4): 441-446.

关松荫. 1986. 土壤酶及其研究方法. 北京: 农业出版社.

何树斌, 王燚, 程宇阳, 等. 2016. 丛枝菌根真菌与柳枝稷协同固碳机制及对土壤碳氮循环的调控. 草地学报, 24(4): 802-806.

何维明, 马风云. 2000. 水分梯度对沙地柏幼苗荧光特征和气体交换的影响. 植物生态学报, 24(5): 630-634.

何兴元, 吴清凤, 田春杰, 等. 2002. 刺槐共生菌盆栽接种实验. 林业科学, 38(4): 78-83.

何跃军, 杜照奎, 吴长榜, 等. 2012a. 喀斯特土壤接种 AM 菌剂对光皮树幼苗形态特征和生物量分配的影响. 西南大学学报(自然科学版), 34(10).

何跃军, 钟章成. 2011. 喀斯特土壤上香樟幼苗接种不同 AM 真菌后的耐旱性效应. 植物研究, 31: 513-517.

何跃军, 钟章成. 2012. 水分胁迫和接种丛枝菌根对香樟幼苗根系形态特征的影响. 西南大学学报(自然科学版), (04): 33-39.

何跃军, 钟章成, 刘济明, 等. 2005. 喀斯特退化生态系统不同恢复阶段土壤酶活性研究. 应用生态学报, 16: 1077-1081.

何跃军, 钟章成, 刘济明, 等. 2007a. VA 真菌对构树(*Broussonetia papyrifera*)幼苗物质代谢的影响. 生态学报, 27(12): 5455-5462.

何跃军, 钟章成, 刘济明, 等. 2007b. 构树幼苗对接种丛枝菌根真菌的生长响应. 应用生态学报, 18(10): 2209-2213.

何跃军, 钟章成, 刘济明, 等. 2007c. 构树(*Broussonetia papyrifera*)幼苗氮、磷吸收对接种 AM 真菌的响应. 生态学报, 27(11): 4840-4847.

何跃军, 钟章成, 董鸣. 2012. AMF 对喀斯特土壤枯落物分解和对宿主植物的养分传递. 生态学报, (8): 2525-2531.

何跃军, 钟章成, 刘锦春, 等. 2008. 石灰岩土壤基质上构树幼苗接种丛枝菌根(AM)真菌的光合特征. 植物研究, 28(4): 452-457. 27(11): 4840-4846.

贺金生, 韩兴国. 2010. 生态化学计量学: 探索从个体到生态系统的统一化理论. 植物生态学报, 34(1): 2-6.

贺学礼, 郭辉娟, 王银银. 2013. 土壤水分和 AM 真菌对沙打旺根际土壤理化性质的影响. 河北大学学报(自然科学版), 33(5): 508-513.

贺学礼, 赵丽莉. 1999. 非灭菌条件下 VA 菌根真菌对小麦生长发育的影响. 土壤通报, 30(2): 57-59.

贺学礼, 赵丽莉, 李生秀. 2000. 水分胁迫及 VA 菌根接种对绿豆生长的影响. 核农学报, 14(4): 290-294.

黄京华, 骆世明, 曾任森. 2003. 丛枝菌根菌诱导植物抗病的内在机制. 应用生态学报, 14(5): 819-822.

黄艺, 陈有键, 陶澍. 2000. 菌根植物根际环境对污染土壤中 Cu、Zn、Pb、Cd 形态的影响. 应用生态学报, 11(3): 431-434.

季彦华, 刘万学, 刘润进, 等. 2013. 丛枝菌根真菌在外来植物入侵演替中的作用与机制. 植物生理学报, 49(10): 973-980.

蒋家淡, 林延生, 詹正宜, 等. 2001. 菌根生物技术应用现状与研究进展. 甘肃农业大学学报, 36(2): 221-225.

蒋智林, 刘万学, 万方浩, 等. 2008. 植物竞争能力测度方法及其应用评价. 生态学杂志, 27(6): 985-992.

雷增普, 王昌温, 吴炳云. 1991. 生物制剂在油松侧柏育苗造林中的应用. 北京林业大学学报, (s2): 83-91.

李博, 陈家宽, A R 沃金森. 1998. 植物竞争研究进展. 植物学通报, 15(4): 18-29.

李昌珠, 张良波, 李培旺. 2010. 油料树种光皮树优良无性系选育研究. 中南林业科技大学学报(自然科学版), 30(7): 1-8.

李红林, 贡璐, 洪毅. 2016. 克里雅绿洲旱生芦苇茎叶 C、N、P 化学计量特征的季节变化. 生态学报, 36(20): 6547-6555.

李建平, 李涛, 赵之伟. 2003. 金沙江干热河谷(元谋段)丛枝菌根真菌多样性研究. 菌物学报, 22(4): 604-612.

李景阳, 王朝富, 樊廷章. 1991. 试论碳酸盐岩风化壳与喀斯特成土作用. 中国岩溶, 10: 29-38.

李敏, 陈琳, 肖燕, 等. 2009. 丛枝真菌对互花米草和芦苇氮磷吸收的影响. 生态学报, 29(7): 3960-3969.

李瑞玲, 王世杰, 周德全, 等. 2003. 贵州岩溶地区岩溶性与土地石漠化的空间相关分析. 地理学报, 58(2): 314-320.

李涛, 李建平, 赵之伟. 2004. 丛枝菌根真菌的两个中国新记录种. 菌物学报, 23(1): 144-145.

李侠, 张俊伶. 2009. 丛枝菌根根外菌丝对铵态氮和硝态氮吸收能力的比较. 植物营养与肥料学报, 15(3): 683-689.

李晓林, 冯固. 2001. 丛枝菌根生理生态. 北京: 华文出版社.

李晓林, 姚青. 2000. VA 菌根与植物的矿质营养. 自然科学进展, 10: 524-531.

李昕竺. 2013. 烟草丛枝菌根真菌(AMF)多样性研究. 成都: 四川农业大学.

李新川, 盛建东, 李桂真, 等. 2017. 谢家沟不同类型草地 AM 真菌侵染状况与土壤理化性质的关系. 中国农学通报, 33(2): 87-92.

李元敬, 刘智蕾, 何兴元, 等. 2014. 丛枝菌根共生体中碳、氮代谢及其相互关系. 应用生态学报, 25(3): 903-910.

梁宇, 郭良栋, 马克平. 2002. 菌根真菌在生态系统中的作用. 植物生态学报, 26(6): 739-745.

林波, 刘庆, 吴彦. 2004. 森林凋落物研究进展. 生态学杂志, 23: 60-64.

林先贵, 郝文英. 1989. 不同植物对 VA 菌根菌的依赖性. 植物生态学报(英文版), (9): 721-725.

刘锦春, 钟章成. 2009. 水分胁迫和复水对石灰岩地区柏木幼苗根系生长的影响. 生态学报, 29(12): 6439-6445.

刘伦辉, 谢寿昌, 张建华, 等. 1985. 紫茎泽兰在我国的分布、危害与防除途径的探讨. 生态学报, 5(1): 2-6.

刘敏, 峥嵘, 白淑兰, 等. 2016. 丛枝菌根真菌物种多样性研究进展. 微生物学通报, 43(8): 1836-1843.

刘平. 2010. 接种 AM 菌根菌对柑橘铁素吸收效应的影响研究. 重庆: 西南大学.

刘萍, 李明军. 2007. 植物生理学实验技术. 北京: 科学出版社.

刘润进, 陈应龙. 2007. 菌根学. 北京: 科学出版社.

刘润进, 李晓林. 2000. 丛枝菌根及其应用. 北京: 科学出版社.

刘润进, 焦惠, 李岩, 等. 2009. 丛枝菌根真菌物种多样性研究进展. 应用生态学报, 20(9): 2301-2307.

刘淑娟, 张伟, 王克林, 等. 2011. 桂西北喀斯特峰丛洼地表层土壤养分时空分异特征. 生态学报, 31: 3036-3043.

刘玉国, 刘长成, 李国庆, 等. 2011. 贵州喀斯特山地 5 种森林群落的枯落物储量及水文作用. 林业科学, 47: 82-88.

罗亚勇, 张宇, 张静辉, 等. 2012. 不同退化阶段高寒草甸土壤化学计量特征. 生态学杂志, 31(2): 254-26

鲁萍, 桑卫国, 马克平. 2005. 外来入侵种紫茎泽兰研究进展与展望. 植物生态学报, 29(6): 1029-1037.

孟祥霞, 李敏. 2004. 葫芦科蔬菜对丛枝菌根真菌依赖性的研究. 中国生态农业学报, 9(2): 50-51.

毛永民, 鹿金颖. 2000. VA 菌根真菌对酸枣实生苗生长和蒸腾作用的影响. 河北农业大学学报, 23(2): 44-47.

宁晓波, 项文化, 方晰, 等. 2009. 贵阳花溪石灰岩、石灰土与定居植物化学元素含量特征. 林业科学, 45(5): 34-41.

潘复静, 张伟, 王克林, 等. 2011. 典型喀斯特峰丛洼地植被群落凋落物 C: N: P 生态化学计量特征. 生态学报, 31(2): 335-343.

潘瑞炽, 董愚得. 1995. 植物生理学. 北京: 高等教育出版社.

齐国辉, 郗荣庭, 杨玉明. 1997. 田间接种 VA 菌根菌对富士苹果苗木生长的影响. 河北果树, (2): 11-12.

戚德辉, 温仲明, 王红霞, 等. 2016. 黄土丘陵区不同功能群植物碳氮磷生态化学计量特征及其对微地形的响应. 生态学报, 36(20): 6420-6430.

钱淑萍. 2001. 土壤全磷测定方法讨论. 新疆农业科技, (4): 24-25.

强胜. 1998. 世界性恶性杂草——紫茎泽兰研究的历史及现状. 武汉植物学研究, 16(4): 366-372.

秦海滨, 贺超兴. 2007. 丛枝菌根真菌对温室有机土栽培黄瓜的作用研究. 内蒙古农业大学学报(自然科学版), 28(3): 69-72.

屈雁朋. 2009. 西北地区葡萄园 AM 真菌的筛选, 鉴定和接种效应. 咸阳: 西北农林科技大学.

冉琼. 2014. 岩溶区旱钙土壤基质中丛枝菌根真菌(AMF)对玉米幼苗的生态效应. 重庆: 西南大学.

任爱天, 鲁为华, 杨洁晶, 等. 2014. 不同磷水平下 AM 真菌对紫花苜蓿生长和磷利用的影响. 中国草地学报, 36(6): 72-78.

任安芝, 高玉葆. 2005. 干旱胁迫下内生真菌感染对黑麦草光合色素和光合产物的影响. 生态学报, 25(2): 225-231.

任书杰, 于贵瑞, 陶波, 等. 2007. 中国东部南北样带 654 种植物叶片氮和磷的化学计量学特征研究. 环境科学, 28(12): 1-9.

盛江梅, 吴小芹. 2007. 菌根真菌与植物根际微生物互作关系研究. 西北林学院学报, 22(5): 104-108.

宋福强, 杨国亭, 孟繁荣. 2004. 丛枝菌根化大青杨苗木根际微域环境的研究. 生态环境, 13(2): 211-216.

宋会兴, 彭远英, 钟章成. 2008. 旱生境中接种丛枝菌根真菌对三叶鬼针草(Bidens pilosa L.)光合特征的影响. 生态学报, 28: 3744-3751.

宋会兴, 彭远英, 钟章成. 2007a. 干旱生境中 VA 菌根对宿主植物的影响及其机制. 土壤通报, 37: 787-791.

宋会兴, 钟章成, 王开发. 2007b. 土壤水分和接种 VA 菌根对构树根系形态和分形特征的影响. 林业科学, 43(7): 142-147.

宋勇春, 冯固. 2000. 泡囊丛枝菌根对红三叶草根际土壤磷酸酶活性的影响. 应用与环境生物学报, 6(2): 171-175.

宋勇春, 李晓林, 冯固. 2001. 泡囊丛枝(VA)菌根对玉米根际磷酸酶活性的影响. 应用生态学报, 12(4): 593-596.

谭燕贞, 苏青. 1988. 用原子吸收分光光度法联合测定植株试样中钾、钙、镁、铁、锰、锌、铜的研究. 农业研究与应用, (2): 24-29.

唐振尧, 何首林. 1991. 菌根促进柑桔吸收难溶性磷肥的机理研究. 中国柑桔, 20(2): 7-10.

田大伦, 罗勇, 项文化, 等. 2004. 樟树幼树光合特性及其对CO_2浓度和温度升高的响应. 林业科学, 40(5): 88-92.

田蜜, 陈应龙, 李敏, 等. 2013. 丛枝菌根结构与功能研究进展. 应用生态学报, 24(8): 2369-2376.

王长庭, 龙瑞军, 王根绪, 等. 2010. 高寒草甸群落地表植被特征与土壤理化性状、土壤微生物之间的相关性研究. 草业学报, 19(6): 25-34.

王丁, 姚健, 薛建辉. 2009. 土壤干旱胁迫对樟树(*Cinnamomum camphora* (L.) Presl)苗木水力结构特征. 生态学报, 29(5): 2725-2731.

王丁, 姚健, 杨雪, 等. 2011. 干旱胁迫条件下6种喀斯特主要造林树种苗木叶片水势及吸水潜能变化. 生态学报, 31(8): 2216-2226.

王发园, 林先贵, 周健民. 2004. 中国AM真菌的生物多样性. 生态学杂志, 23(6): 149-154.

王晶英, 敖红. 2003. 植物生理生化实验技术与原理. 哈尔滨: 东北林业大学出版社.

王鹏鹏, 何跃军, 吴长榜, 等. 2015a. 接种丛枝菌根真菌对紫茎泽兰生长及氮磷营养的影响. 西部林业科学, (5): 85-89.

王鹏鹏, 何跃军, 吴长榜, 等. 2015b. 不同种植模式下丛枝菌根真菌对紫茎泽兰和黄花蒿竞争的影响. 重庆师范大学学报(自然科学版), (3): 154-159.

王庆成, 程云环. 2004. 土壤养分空间异质性与植物根系的觅食反应. 应用生态学报, 15(6): 1063-1068.

王绍强, 于贵瑞. 2008. 生态系统碳氮磷元素的生态化学计量学特征. 生态学报, 28(8): 3937-3947.

王世杰, 季宏军, 欧阳自远. 1999. 碳酸盐岩风化成土作用的初步研究. 中国科学(D辑), 29: 441-449.

王小坤, 赵洪海, 李敏, 等. 2014. 丛枝菌根真菌与小麦孢囊线虫的相互作用. 植物病理学报, 44(1): 97-106.

王幼珊, 张淑彬, 张美庆. 2012. 中国丛枝菌根真菌资源与种质资源. 北京: 中国农业出版社.

王元贞, 柯玉琴, 潘廷国. 2002. 不同类型菌根菌对烟草幼苗生理代谢的影响. 应用生态学报, 13(1): 84-90.

王元贞, 张木清, 柯玉琴, 等. 1994. 水分胁迫下菌根菌对甘蔗上的效应. 福建农业大学学报, 23(4): 383-385.

王元贞, 张木清, 柯玉琴, 等. 1995. 菌根菌接种对甘蔗根系发育的影响. 福建农业大学学报, 24(3): 318-322.

王志刚, 郭洋楠, 毕银丽, 等. 2016. 接种AM真菌对采煤沉陷区复垦植物生长及土壤化学生物性状的影响. 北方园艺, (24): 163-170.

韦启藩, 陈鸿昭, 吴志东. 1983. 广西弄岗自然保护区石灰土的地球化学特征. 土壤学报, 20: 30-41.

魏孝荣, 邵明安. 2007. 黄土高原沟壑区小流域坡地土壤养分分布特征. 生态学报, 27(2): 603-612.

魏源, 王世杰, 刘秀明, 等. 2011. 不同喀斯特小生境中土壤丛枝菌根真菌的遗传多样性. 植物生态学报, 35: 1083-1090.

文启孝. 1984. 土壤有机质研究法. 北京: 农业出版社.

吴长榜, 何跃军. 2011. 接种AM菌剂对樟树幼苗生长效应的影响. 贵州农业科学, 39(6): 161-165.

吴强盛, 王幼珊, 夏仁学. 2006. 枳实生苗抗旱丛枝菌根真菌菌种比较的研究. 园艺学报, 33(3): 613-616.

吴强盛, 夏仁学. 2004. 水分胁迫下丛枝菌根真菌对枳实生苗生长和渗透调节物质含量的影响. 植物生理与分子生物学学报, 30(5): 583-588.

吴强盛, 夏仁学, 胡利明. 2004. 土壤未灭菌条件下丛枝菌根对枳实生苗生长和抗旱性的影响. 果树学报, 21(4): 315-318.

吴沿友, 蒋九余, 帅世文, 等. 1997. 诸葛菜的喀斯特适生性的无机营养机制探讨. 中国油料, 19: 47-49.

吴沿友, 邢德科, 刘莹. 2011. 植物利用碳酸氢根离子的特征分析. 地球与环境, 39(2): 273-277.

向业勋. 1991. 紫茎泽兰的分布、危害及防除意见. 杂草科学, (4): 10-11.

肖烨, 商丽娜, 黄志刚, 等. 2014. 吉林东部山地沼泽湿地土壤碳、氮、磷含量及其生态化学计量学特征. 地理科学, 34(8): 994-1001.

谢小林, 许朋阳, 朱红惠, 等. 2011. 球囊霉素相关土壤蛋白的提取条件. 菌物学报, 30(1): 92-99.

徐大平, Dell B, 弓明钦, 等. 2004. 施 P 肥和外生菌根菌接种对蓝桉林产量和养分积累的影响. 林业科学研究, 17(1): 26-35.

闫明, 钟章成. 2007. 铝胁迫对感染丛枝菌根真菌的樟树幼苗生长的影响. 林业科学, 43(4): 59-65.

闫明, 钟章成. 2008. 铝胁迫对接种丛枝菌根真菌樟树幼苗光合作用的影响. 西北植物学报, 28: 1816-1822.

阎恩荣, 王希华, 周武, 等. 2008. 天童常绿阔叶林演替系列植物群落的 N∶P 化学计量特征. 植物生态学报, 32(1): 13-22.

阎凯, 2011. 滇池流域富磷区不同土壤磷水平下植物叶片的养分化学计量特征. 植物生态学报, 35(4): 353-361.

阎秀峰, 孙国荣, 李敬兰, 等. 1994. 羊草和星星草光合蒸腾日变化的比较研究. 植物研究, 14(3): 12-19.

阎秀峰, 王琴. 2002. 接种外生菌根对辽东栎幼苗生长的影响. 植物生态学报, 26(6): 701-707.

阎秀峰, 王琴. 2004. 两种外生菌根真菌在辽东栎幼苗上的混合接种效应. 植物生态学报, 28(1): 17-23.

杨安娜, 李凌飞, 赵之伟. 2004. 中国丛枝菌根真菌一新记录种. 菌物学报, (4): 603-604.

杨应, 何跃军, 董鸣, 等. 2017. 丛枝菌根网络对不同喀斯特适生植物生长及氮摄取的影响. 生态学报, (24): 1-8.

杨中宝, 王淼焱, 刘润进. 2005. 外源养分和激素对 AM 真菌侵染和产孢的影响. 菌物学报, 24(2): 277-282.

姚青, 李道高, 石井孝昭. 1999. VA 菌根真菌对柑桔果汁成分和果皮着色的影响. 果树科学, 16(1): 1-7.

于文清, 刘万学, 桂富荣, 等. 2012. 外来植物紫茎泽兰入侵对土壤理化性质及丛枝菌根真菌(AMF)群落的影响. 生态学报, 32(22): 7027-7035.

于文清, 周文, 万方浩, 等. 2012. 丛枝菌根真菌(AMF)对外来植物入侵反馈机制的研究进展. 生物安全学报, 21(1): 1-8.

俞国松, 王世杰, 容丽. 2011. 茂兰喀斯特森林主要演替群落的凋落物动态. 植物生态学报, 35: 1019-1028.

宇万太, 于永强. 2001. 植物地下生物量研究进展. 应用生态学报, 12(6): 927-932.

岳英男, 杨春雪. 2014. 松嫩盐碱草地土壤理化特性与丛枝菌根真菌侵染的相关性. 草业科学, 31(8): 1437-1444.

曾德慧, 陈广生. 2005. 生态化学计量学: 复杂生命系统奥秘的探索. 植物生态学报, 29(6): 1007-1019.

张峰峰, 唐明, 盛敏, 等. 2007. 甘肃盐碱土植物 VA 菌根真菌侵染研究. 西北植物学报, 27(1): 115-120.

张娜, 梁一民. 2002. 干旱气候对白羊草群落地下部生长影响的初步观察. 应用生态学报, 13(7): 827-832.

张秋英, 李发东, 刘孟雨. 2005. 冬小麦叶片叶绿素含量及光合速率变化规律的研究. 中国生态农业学报, 13(3): 95-98.

张英, 郭亮栋. 2005. 中国丛枝菌根真菌两新纪录种. 菌根学报, 24(3): 465-467.

张宇亭, 王文华, 申鸿, 等. 2012. 接种 AMF 对菌根植物和非菌根植物竞争的影响. 生态学报, 32(5): 1428-1435.

张韫. 2011. 土壤·水·植物理化分析教程. 北京: 中国林业出版社.

张志良, 瞿伟菁. 2004. 植物生理学实验指导. 北京: 高等教育出版社.

张中峰, 张金池, 黄玉清, 等. 2013. 接种丛枝菌根真菌对青冈栎幼苗生长和光合作用的影响. 广西植物, (3): 319-323.

赵斌军, 文启孝. 1988. 石灰性母质对土壤腐殖质组成和性质的影响. 土壤学报, 25: 243-251.

赵金莉, 贺学礼. 2007. AM 真菌对油蒿生长和抗旱性的影响. 华北农学报, 22(5): 184-188.

赵平娟, 安锋, 唐明. 2007. 丛枝菌根真菌对连翘幼苗抗旱性的影响. 西北植物学报, 27(2): 0396-0399.

赵青华, 孙立涛, 王玉, 等. 2014. 丛枝菌根真菌和施氮量对茶树生长、矿质元素吸收与茶叶品质的影响. 植物生理学报, 50(2): 164-170.

赵维奇, 廉宁霞, 张弛, 等. 2015. 丛枝菌根真菌(AMF)处理后红花土壤深度生态化学计量的时空变化. 江苏农业科学, 43(11): 468-471.

赵昕, 宋瑞清, 阎秀峰. 2009. 接种 AM 真菌对喜树幼苗生长及光合特性的影响. 植物生态学报, 33(4): 783-790.

参考文献

赵昕, 王博文, 阎秀峰. 2006. 丛枝菌根对喜树幼苗喜树碱含量的影响. 生态学报, 26(4): 1057-1062.

赵昕, 阎秀峰. 2006. 丛枝菌根对喜树幼苗生长和氮、磷吸收的影响. 植物生态学报, 30(6): 947-953.

赵忠. 2000. 外生菌根与VA菌根混合接种对毛白杨光合及蒸腾特性的影响//弓明钦. 菌根生物多样性及其应用研究. 北京: 中国林业出版社.

赵紫薇. 2014. 土壤丛枝真菌群落对喀斯特峰丛洼地植被恢复的响应. 桂林: 广西师范大学.

郑永春, 王世杰. 2002. 贵州山区石灰土侵蚀及石漠化的地质原因分析. 长江流域资源与环境, 11(5): 461-465.

周运超. 1997. 贵州喀斯特植被主要营养元素含量分析. 贵州农学院学报, 16: 11-16.

周政贤. 1987. 茂兰喀斯特森林科学考察集. 贵阳: 贵州技术出版社.

朱守谦, 何纪星. 2003. 茂兰喀斯特森林小生境特征研究//朱守谦. 喀斯特森林生态学研究(Ⅲ). 贵阳: 贵州科技出版社: 38-47.

朱守谦. 1997. 喀斯特森林生态研究(Ⅱ). 贵阳: 贵州科技出版社.

朱守谦. 2003. 喀斯特森林生态研究(Ⅲ). 贵阳: 贵州技术出版社.

朱双燕, 王克林, 曾馥平, 等. 2009. 广西喀斯特次生林地表碳库和养分库特征及季节动态. 水土保持学报, 23: 237-242.

朱先灿, 宋凤斌, 徐洪文. 2010. 低温胁迫下丛枝菌根真菌对玉米光合特性的影响. 应用生态学报, 21(2): 470-475.

祝英, 熊俊兰, 吕广超, 等. 2015. 丛枝菌根真菌与植物共生对植物水分关系的影响及机理. 生态学报, 35(8): 1-12.

邹英宁, 吴强盛, 李艳, 等. 2014. 丛枝菌根真菌对枳根系形态和蔗糖、葡萄糖含量的影响. 应用生态学报, 25(4): 1125-1129.

Abbott L K, Robson A D. 1978. Growth of subterraneanclover in relation to the formation of endomycorrhizas by introduced and indigenous fungi in a field soil. New Phytol, 81: 575-585.

Abuzinadah R, Read D J. 1989. The role of proteins in the nitrogen nutrition of ectomycorrhizal plants V. Nitrogen transfer in birch (*Betula pendula* L.) infected with different mycorrhizal fungi. New Phytologist, 112: 55-60.

Agren G I. 2004. The C∶N∶P stoichometry of autotrophs-thoery and observations. Ecol Lett, 7(3): 185-191.

Agustin R, Adrian E. 2000. Plant relationship in semiarid gypsum environments. Plant and Soil, 220: 139-150.

Ames R N, Reid C P P, Porter L K, et al. 1983. Hyphal uptake and transport of nitrogen from two ^{15}N-labelled sources by *Glomus mosseae*, a vesicular-arbuscular mycorrhizal fungus. New Phy-tologist, 95: 381-396.

Allen M F. 1982. Influence of vesicular-arbuscular mycorrhizae on water movement through *Bouteloua gracilis* Lag ex Steud. New Phytol, 91: 191-196.

Aroca R, Ruiz-Lozano J M, Zamarreño Á M, et al. 2013. Arbuscular mycorrhizal symbiosis influences strigolactone production under salinity and alleviates salt stress in lettuce plants. Journal of Plant Physiology, 170(1): 47-55.

Arthur S, Daniel S, Christopher W. 2001. A new fungal phylum, the Glomeromycota: phylogeny and evolution. Mycological Research, 105(12): 1413-1421.

Atkinson D, Black K E, Forbes P J, et al. 2003. The influence of arbuscular mycorrhizal colonization and environment on root development in soil. European Journal of Soil Science, 54(4): 751-757.

Augé R M. 2001. Water relations, drought and vesicular-arbuscular mycorrhizal symbiosis. Mycorrhiza, 11(1): 3-42.

Ayres R L, Gange A C, Aplin D M. 2006. Interactions between arbuscular mycorrhizal fungi and intraspecific competition affect size, and size inequality, of *Plantago lanceolata* L. Journal of Ecology, 94: 285-294.

Azcon R, Rodriguez R, Amora-Lazcano E, et al. 2008. Uptake and metabolism of nitrate in mycorrhizal plants as affected by water availability and N concentration in soil. European Journal of Soil Science, 59: 131-138.

Bago B, Vierheilig H, Piche Y, et al. 1996. Nitrate depletion and pH changes induced by the extraradical mycelium of the arbuscular mycorrhizal fungus Glomus intraradices grown in monoxenic culture. New Phytologist, 133: 273-280.

Bagyaraj D J. 1994. Vesicular Arbuscular: aapplicati on in agriculture//Norris J R, Read D J, Varam A K. Techniques for Mycorrhizal Research Method In Microbiology. London: Academic Press, 818-833.

Barea J M, Azcon Aguilar C. 1997. Interaction between mycorrhizal fungi and rhizosphere microorganisms with in the context of sustainable soil plan tsystems//Gange A, Browneds C V K. Multitrophic Interactions In Terrestrial Systems. Oxford: Blackwell. Science, Inc. 65-77.

Barni E, Siniscalco C. 2000. Vegetation dynamics and arbuscular mycorrhiza in old～field successions of the western Italian Alps. Mycorrhiza, (8): 478-483.

Bending G D, Read D J. 1995. The structure and function of the vgetative mycelium of ectomycorrhizal plants on oraging behavior and translocation of nutrients from exploited litter. New Phytologist, 130: 401-409.

Bethlenfalvay G J, Reyes-Solis M G, Camel S B, et al. 1991. Nutrient transfer between the root zones of soybean and maize plants connected by a common mycorrhizal mycelium. Physiol Plant, 82: 423-432.

Bever J, Schultz P, Miller R, et al. 2003. Prairie mycorrhizal fungi inoculant may increase native plant diversity on restored sites. Ecological Restoration, 21(4): 311-312.

Bidartondo M I, Redecker D, Hijri I, et al. 2002. Epiparasitic plants specialized on arbuscular mycorrhizal fungi. Nature, 419: 389-392.

Biermann B, Linderman R G. 1981. Quantifying vercular-arbuscular mycorrhizas: Aproposed method towards standardization. New Phytologist, 87(1): 63-67.

Biró B, Köves-Péchy K, Vörös I, et al. 2000. Interrelations between Azospirillum, and Rhizobium, nitrogen-fixers and arbuscular mycorrhizal fungi in the rhizosphere of alfalfa in sterile, AMF-free or normal soil conditions. Applied Soil Ecology, 15(2): 159-168.

Bonfante P, Genre A. 2010. Mechanisms underlying beneficial plant-fungus interactions in mycorrhizal symbiosis. Nature Communications, 1: 48-52.

Booth M G. 2004. Mycorrhizal networks mediate overstorey-understorey competition in a temperate forest. Ecology Letters, 7(7): 538-546.

Borhidi A. 1991. Phytogeography and vegetation ecology of Cuba. Akaemiai Kiado-Budapest: 857.

Brundrett M C, Piché Y, Peterson R L. 1984. A new method for observing the morphology of vesicular-arbuscular mycorrhizae. Canadian Journal of Botany, 62(10): 2128-2134.

Brundrett M C. 2002. Coevolution of roots and mycorrhizas of land plants. New Phytologist, 154: 275-304.

Bryla D R, Duni way J M. 1997. Growth, phosphorus upake, and water relations of saffl ower and wheat infected with an arbuscular mycorrhizal fungus. New Ph. G Eologist, 136 (4): 581-590.

Burke D J. 2012. Shared mycorrhizal networks of forest herbs: does the presence of conspecific and heterospecific adult plants affect seedling growth and nutrient acquisition. Botany, 90(10): 1048-1057.

Cameron D D, Johnson I, Read D J, et al. 2008. Giving and receiving: measuring the carbon cost of mycorrhizas in the green orchid, Goodyera repens. New Phytologist, 180(1): 176-184.

Carling D E, Brown M F. 1980. Relative effect of vesicular arbuscular mycorrhizal fungi on the growth and yield of soybeans. Soil Science Society of America Journal, 44: 528-532.

Casper B B, Castelli J P. 2007. Evaluating plant–soil feedback together with competition in serpentine grassland. Ecol. Lett. 10: 394-400.

Charest C, Dalpé Y, Brown A. 1993. The effect of vesicular-arbuscular mycorrhizae and chilling on two hybrids of *Zea mays* L. Mycorrhiza, 4(2): 89-92.

Cheng X M, Baumgartner K. 2004. Arbuscular mycorrhizal fungi-mediated nitrogen transfer from vineyard cover crops to grapevines. Biology and Fertility of Soils, 40(6): 406-412.

Chen K, Shi S M, Yang X H, et al. 2014. Contribution of arbuscular mycorrhizal inoculation to the growth and photosynthesis of mulberry in karst rocky desertification area. Applied Mechanics and Materials, 488-489: 769-773.

Chinea J D. 1980. The forest vegetation of the limestone hills of northern Puerto Rico. Cornell University. Master's Thesis.

Cuenca G, Azcon R. 1994. Effecfs of ammonium and nitrate on the of vesicular-arbuscular mycorrhizal *Erythrina poeppigiana* O. I. Cook seedlings. Biol Fertil Soil, 18: 249-254.

Coomsb J. 1986. Techniques for measuring photo producivity and photosynthesis rate. Beijing: Science Press: 63-96.

Cowan I. 1977. Stomatal behavior and environment. Advances in Botanical Research, 4: 217-228.

Davies F T, Potter J R, Linderman R G. 1993. Drought resistance of mycorrhizal pepper plants independent of leaf P-concentration response in gas exchange and water relations. Physiol Plant, 87: 45-531.

Diamond J M. 1977. Colonization of a volcano inside a volcano. Nature, 270: 13-14.

Du Y X, Pan G X, Li L Q, et al. 2011. Leaf N/P ratio and nutrient reuse between dominant species and stands: predicting phosphorus deficiencies in karst ecosys-tems, southwestern China. Environmental Earth Sciences, 64: 299-309.

Ehrenfeld J G, Ravit B, Elgersma K. 2005. Feedback in the plant–soil system. Annual Reviews of Environment and Resources, 30: 75-115.

Elser J J, Dobberfuhl D R, Machay N A, et al. 1996. Organism size, lifehistory, and N: P stoichiometry. Bioscience, 46(9): 674-684.

Elser J J, Fagan W F, Kerkhoff A J, et al. 2010. Biological stoichiometry of plant production: metabolism, scaling and ecological response to global change. New Phytologist, 186(3): 593-608.

Elser J J, Sterner R W, Gorokhova E, et al. 2000. Biological stoichiometry from genes to ecosystems. Ecology Letters, 3(6): 540-550.

Ericsson T. 1995. Growth and shoot–root ratio of seedlings in relation to nutrient availability. Plant and Soil, 169: 205-214.

Facelli E, Facelli J M. 2002. Soil phosphorus heterogeneity and mycorrhizal symbiosis regulate plant intra-specific competition and size distribution. Oecologia, 133(1): 54-61.

Fellbaum C R, Gachomo E W, Beesetty Y, et al. 2012a. Carbon availability triggers fungal nitrogen uptake and transport in arbuscular mycorrhizal symbiosis. Proceedings of the National Academy of Sciences of the United States of America, 109(7): 2666-2671.

Fellbaum C R, Mensah J A, Pfeffer P E, et al. 2012b. The role of carbon in fungal nutrient uptake and transport: Implications for resource exchange in the arbuscular mycorrhizal symbiosis. Plant Signaling & Behavior, 7(11): 1509-1512.

Fellbaum C R, Mensah J A, Cloos A J, et al. 2014. Fungal nutrient allocation in common mycorrhizal networks is regulated by the carbon source strength of individual host plants. New Phytologist, 203(2): 646-656.

Fitter A H. 1986. The topology and geometry of plant root systems: influence of watering rate on rot system topology in Trifolium pretense. Annual of Botany, 58: 91-101.

Fitter A H. 1977. Influence of mycorrhizal infection on competition for phosphorus and potassium by two grasses. New Phytol, 79(1): 119-125.

Forrester D I, Bauhus J, Cowie A L, et al. 2006. Mixed-species planta- tions of Eucalyptus with nitrogen-fixing trees: a review. For Ecol Manag, 233: 211-230.

Frey B, Schuepp H. 1993. A role of vesicular-arbuscular (VA) mycorrhizal fungi in facilitating interplant nitrogen transfer. Soil Biol

Biochem, 25: 651-658.

Fumanal B, Plenchette C, Chauvel B, et al. 2006. Which role can arbuscular mycorrhizal fungi play in the facilitation of *Ambrosia artemisiifolia* L. invasion in France?. Mycorrhiza, 17(1): 25-35.

Furley P A, Newey W W. 1979. Variation in plant communities with topography over tropical limestone. Journal of Biogeography, 6: 1-15.

Furley P A. 1987. Impact of forest clearance on the soils of tropical cone karst. Earth Surface Processes and Landforms, 12: 523-529.

Gehring C A. 2003. Growth reponses to arbuscular mycorrhizae by rain forest seedlings vary with light intensity and tree species. Plant Ecology, 167(1): 127-139.

Gerdemann J W. 1968. Vesicular-arbuscular mycorhiza and plant growth. Annu. Rev. Phytoopath, 6: 379-418.

Giovannetti M, Sbrana C, Avio L, et al. 2004. Patterns of below-ground plant interconnections establishedby means of arbuscular mycorrhizal networks. New Phytologist, 164(1): 175-181.

Goicoechea N. 1998. Influence of AM and Rhizobium on polyamines and proline levels in water-stress alfalfa. J. Plant Physiol, 153(5/6): 706-711.

Graham J H, Linderman R G, Menge J A. 2010. Development of external hyphae by different isolates of mycorrhizal glomus spp. in relation to root colonization and growth of troyer citrange. New Phytologist. 91(2): 183-189.

Graham P H, Vance C P. 2003. Legumes: importance and constraints to greater use. Plant Physiol, 131: 872-877.

Gupta R, Krishnamurthy K V. 1996. Response of mycorrhizal and nonmycorrhizal Arachis hypogaea to NaCl and acid stress. Mycorrhiza, 6(2): 145-149.

Güsewell S. 2004. N: P ratios in terrestrial plants: variation and functional significance. New Phytologist, 164(2): 243-266.

Güsewell S. 2005. High nitrogen: phosphorus ratios reduce nutrient retention and second-year growth of wetland sedges. New Phytologist, 166(2): 537-550.

Hajong S, Kumaria S, Tandon P. 2013. Comparative study of key phosphorus and nitrogen metabolizing enzymes in mycorrhizal and non-mycorrhizal plants of Dendrobium chrysanthum Wall. ex lindl. Acta Physiologiae Plantarum, 35(7): 2311-2322.

Hall I R. 1978. Effects of endomycorrhizas on the competitive ability of white clover. New Zealand Journal of Agricultural Research, 21(3): 509-515.

Hammer E C, Pallon J, Wallander H, et al. 2011. Tit for tat? A mycorrhizal fungus accumulates phosphorus under low plant carbon availability. FEMS Microbiol Ecol, 76: 236-244.

Han W X, Fang J Y, Guo D L, et al. 2005. Leaf nitrogen and phosphorus stoichiometry across 753 terrestrial plant species in China. New Phytologist, 168: 377-385.

Hardie K. 1985. The effect of removal of extraradical hyphae on water uptake by vesicular-arbuscular mycorrhizal plants. New Phytologist, 101: 677-684.

Harley J L, 1989. The significance of mycorrhiza. Mycological Research, 92: 129-139.

Harley J L, Smith S E, 1983. Mycorrhizal symbiosis. Quarterly Review of Biology, 3(3): 273-281.

Hart M M, Reader R J, Klironomos J N. 2003. Plant coexistence mediated by arbuscular mycorrhizal fungi. Trends in Ecology &Evolution, 18(8): 418-423.

Hawkins H J, George E. 1999. Effect of plant nitrogen status on the contribution of arbuscular mycorrhizal hyphae to plant nitrogen uptake. Physiologia Plantarum, 105: 694-700.

Hawkins H J, George E. 2000. Uptake and transport of organic and inorganic nitrogen by arbuscular mycorrhizal fungi. Plant and Soil, 226(2): 275-285.

Hawkins H J, Johansen A, George E. 2000. Uptake and transport of organic and inorganic nitrogen by arbuscular mycorrhizal fungi. Plant and Soil, 226: 275-285.

Herridge D F, Peoples M B, Boddey R M. 2008. Global inputs of biological nitrogen fixation in agricultural systems. Plant Soil, 311: 1-18.

Hernes P J, Hedges J I. 2000. Determination of condensed tannin monomers in environmental samples by capillary gas chromatography of acid depolymerization extracts. Analytical Chemistry, 72: 5115-5124.

He X H, Bledsoe C S, Zasoski R J, et al. 2006. Rapid nitrogen transfer from ectomycorrhizal pines to adjacent ectomycorrhizal and arbuscular mycorrhizal plants in a California oak woodland. New Phytologist, 170(1): 143-151.

He X H, Critchley C, Bledsoe C. 2003. Nitrogen transfer within and between plants through common mycorrhizal networks (CMNs). Critical Reviews in Plant Sciences, 22(6): 531-567.

He X H, Critchley C, Ng H, et al. 2004. Reciprocal N ($^{15}NH_4^+$ or $^{15}NO_3^-$) transfer between non-N_2-fixing Eucalyptus maculata and N_2-fixing *Casuarina cunninghamiana* linked by the ectomycorrhizal fungus Pisolithus sp. New Phytologist, 163: 629-640.

He X H, Xu M G, Qiu G Y, et al. 2009. Use of ^{15}N stable isotope to quantify nitrogen transfer between mycorrhizal plants. Journal of Plant Ecology, 2(3): 107-118.

He Y J, Cornelissen H C, Zhong Z C, et al. 2017. How interacting fungal species and mineral nitrogen inputs affect transfer of nitrogen from litter via arbuscular mycorrhizal mycelium. Environmental Science and Pollution Research: 1-11.

He Y J, Zhong Z C, Liu J M. 2007. Growth response of Broussonetia papyrifera seedlings to VA mycorrhizal fungi inoculation, Chinese Journal of Applied Ecology, 18(10): 2209-2213.

Hodge A, Alexander I J, Gooday G W. 1995. Chitinolytic enzymes of pathogenic and ectomycorrhizal fungi. Mycological Research, 99: 935-941.

Hodge A, Campbell C D, Fitter A H. 2001. An arbuscular mycorrhizal fungus accelerates decomposition and acquires nitrogen directly from organic material. Nature, 413: 297-299.

Hodge A, Helgason T, Fitter A H. 2010. Nutritional ecology of arbuscular mycorrhizal fungi. Fungal Ecology, 3: 267-273.

Hooker J E, Jaizme_Vega M, Atkinson D. 1994. Biocontro of plant pathogens using arbuscular mycorrhizal fungi//Gianinazzi S, Schuepp H. Impact of Arbuscular Mycorrhizas on Sustainable Agriculture and Natural Ecosystems. Basel: Birkhauser: 197-200.

Hutchinson G E. 1959. Homage to Santa Rosalia or why are there so many kinds of animals. The American Naturalist, 93(870): 145-159.

Hyodo F. 2015. Use of stable carbon and nitrogen isotopes in insect trophic ecology. Entomological Science, 18(3): 295-312.

Jakobsen I L K, Abbott A D, Robson. 1992. External hyphae of vesicular-arbuscular mycorrhizal fungi associated with Trifolium subterraneum L 1 Spread of hyphae and phosphorus inflow into roots. New Phytologist, 120: 371-380.

Johansen A, Jakobsen I, Jensen E S. 1992. Hyphal transport of ^{15}N-labelled nitrogen by a vesicular-arbuscular mycorrhizal fungus and its effect on depletion of inorganic soil N. New Phytologist, 122: 281-288.

Janos D P, Schroeder M S, Schaffer B, et al. 2001. Inoculation with arbuscular mycorrhizal fungi enhances growth of Litchichinensis Sonn. trees after propagation by air-layering. Plant and Soil, 233: 85-94.

Johnson D, Leake J R, Ostle N, et al. 2002. In situ $^{13}CO_2$ pulse-labelling of upland grassland demonstrates a rapid pathway of carbon flux from arbuscular mycorrhizal mycelia to the soil. New Phytologist, 153(2): 327-334.

Johnson D, Vandenkoornhuyse P J, Leake J R, et al. 2004. Plant communities affect arbuscular mycorrhizal fungal diversity and community composition in grassland microcosms. New Phytologist, 161(2): 503-515.

Johnson N C. 2010. Resource stoichiometry elucidates the structure and function of arbuscular mycorrhizas across scales. New Phytologist, 185(3): 631-647.

Jones D L, Hodge A, Kuzyakov Y. 2004. Plant and mycorrhizal regulation of rhizodeposition. New Phytologist, 163(3): 459-480.

Jones D L, Kielland K. 2002. Soil amino acid turnover dominates the nitrogen flux in permafrost-dominated taiga forest soils. Soil Biology and Biochemistry, 34: 209-219.

Jones D L, Shannon D, Murphy D V, et al. 2004. Role of dissolved organic nitrogen (DON) in soil N cycling in grassland soils. Soil Biology and Biochemistry, 36: 749-756.

Karasawa T, Hodge A, Fitter A H. 2012. Growth, respiration and nutrient acquisition by the arbuscular mycorrhizal fungus *Glomus mosseae* and its host plant Plantago lanceolata in cooled soil. Plant Cell & Environment, 35(4): 819-828.

Kelly D L, Tanner E V J, Kapos V, et al. 1988. Jamaican limestone forest: floristics, structure and environment of three examples along a rainfall gradient. Journal of Tropical Ecology, 4: 121-156.

Kerley S J, Read D J. 1997. Fungal mycelium as a nitrogen source for the ericoid mycorrhizal fungus Hymenoscyphus ericae and its host plants. New Phytologist, 136: 691-701.

Kerley S J, Read D J. 1998. The biology of mycorrhiza in the Ericaceae XX. Plant and mycorrhizal necromass as nitrogenous substrates for the ericoid mycorrhizal fungus Hymenscyphus ericae and its host. New Phytologist, 139: 353-360.

Kiers E T. 2011. Reciprocal rewards stabilize cooperation in the mycorrhizal symbiosis. Science, 333: 880-882.

Klironomos J N, McCune J, Hart M, et al. 2000. The influence of arbuscular mycorrhizae on the relationship between plant diversity and productivity. Ecology Letters, 3(2): 137-141.

Klironomos J N. 2002. Feedback with soil biota contributes to plant rarity and invasiveness in communities. Nature, 417(6884): 67-70.

Koerselman W, Meuleman A. 1996. The vegetation N：P ration: a new tool to detect the nature of nutrient limitation. Journal of Applied Ecology, 33: 1441-1450.

Kogel-Knabner I. 2002. The macromolecular organic composition of plant and microbial residues as inputs to soil organic matter. Soil Biology and Biochemistry, 34: 139-162.

Kormanik P P, Bryan W C, Schultz R C. 1980. Procedures and equipment for staining large numbers of plant root samples for endomycorrhizal assay. Canadian Journal of Microbiology, 26(4): 536-538.

Kothari S K, Marschner H, Römheld V. 2010. Dircct and indirect effects of VA mycorrhizal fungi and rhizosphere microorganisms on acquisition of mineral nutrients by maize(*Zea mays* L.) in a calcareous soil. New Phytologist, 116(4)：637-645.

Krüger M, Krüger C, Walker C, et al. 2012. Phylogenetic reference data for systematics and phylotaxonomy of arbuscular mycorrhizal fungi from phylum to species level. New Phytologist, 193(4): 970-984.

Kumari M, Vasu D. Hasanz. 2010. Germination, survival and growth rate(shoot length, root length and dry weight)of Lens culinaris Medik. the masoor, induced by biofertilizers treatment. [C]// Biological Forum.

Landis F C, Fraser L H. 2008. A new model of carbon and phosphorus transfers in arbuscular mycorrhizas. New Phytologist, 177: 466-479.

Leu S W, Chang D C N. 1994. Abservationson mycorrhizal morphology of six host plants inoculated with five speciecds of arbuscular mycorrhizal fungi. Trasactions of the Mycological Society of Repbulic of China, 9(1): 59-79.

Li X L, George E, Marschner H. 1991. Extension of the phosphorus depletion zone in VA-mycorrhizal white clover in a calcareous soil. Plant and Soil, 136: 41.

Li X L, George E, Marschner H. 1997. Phosphorus acquisition of VA mycorrhizal hyphae from compact soil in clover. J Can Bot, 75: 723.

Li T, Li J P, Zhao Z W. 2004. Arbuscular mycorrhizas in a valley-type savanna in southwest China. Mycorrhiza, 14(5): 323-327.

Liang Y, He X, Chen C, et al. 2015. Influence of plant communities and soil properties during natural vegetation restoration on arbuscular mycorrhizal fungal communities in a karst region. Ecological Engineering, 82: 57-65.

Liang Y, Pan F, He X, et al. 2016. Effect of vegetation types on soil arbuscular mycorrhizal fungi and nitrogen-fixing bacterial communities in a karst region. Environmental Science and Pollution Research: 1-10.

Likar M, Hančević K, Radić T, et al. 2013. Distribution and diversity of arbuscular mycorrhizal fungi in grapevines from production vineyards along the eastern Adriatic coast. Mycorrhiza, 23: 209-219.

Liu C. 2009. Biogeochemical Processes and Cycling of Nutrients in the Earth's Surface: Cycling of Nutrients in Soil–Plant Systems of Karstic Environments, Southwest China. Beijing: Science Press.

Liu J C, Zhong Z C. 2009. Influence of water stress and re-watering on the root growth of Cupressus funebris Endl. seedlings in the limestone area, Acta Ecologica Sinica, 29(12): 6439-6445.

Liu R, Wang F. 2003. Selection of appropriate host plants used in trap culture of arbuscular mycorrhizal fungi. Mycorrhiza, 13(3): 123-127.

Liu Z, Zhao J. 2000. Contribution of carbonate rock weathering to the atmospheric CO_2 sink. Environmental Geology, 39: 1053-1058.

Lu J K, Kang L H, Sprent J I, et al. 2013. Two-way transfer of nitrogen between *Dalbergia odorifera* and its hemiparasite *Santalum album* is enhanced when the host is effectively nodulated and fixing nitrogen. Tree Physiology, 33(5): 464-474.

Malezieux E, Crozat Y, Dupraz C, et al. 2009. Mixing plant species in cropping systems: concepts, tools and models. A review. Agron Sustain Dev, 29: 43-46.

Martin P. 2008. Arbuscular mycorrhiza: the mother of plant root endosymbioses. Nature Reviews Microbiology, 6(10): 763-775.

Matzek V, Vitiousek P M. 2009. N: P Stoichiometry and proteion: RNA ratios in vascular plants: an evaluation of the growth-rate hypothesis. Ecology Letters, 12(8): 765-771.

Martínez-García L B, Pugnaire F I. 2011. Arbuscular mycorrhizal fungi host preference and site effects in two plant species in a semiarid environment. Appl. Soil Ecol. 48: 313-317.

McGuire K L, Henkel T W, de la Cerda I G, et al. 2008. Dual mycorrhizal colonization of forest-dominating tropical trees and the mycorrhizal status of non-dominant tree and liana species. Mycorrhiza, 18(4): 217-222.

Menge J A, Johnson E L V, Platt R G. 1978. Mycorrhizal dependency of several citrus cultivars under three nutrient regimes. New Phytol, 81(3): 553-559.

Merrild M P, Ambus P, Rosendahl S, et al. 2013. Common arbuscular mycorrhizal networks amplify competition for phosphorus between seedlings and established plants. New Phytologist, 200(1): 229-240.

Moora M, Berger S, Davison J, et al. 2011. Alien plants associate with widespread generalist arbuscular mycorrhizal fungal taxa: evidence from a continental～scale study using massively parallel 454 sequencing. Journal of Biogeography, 38(7): 1305-1317.

Morte A, Lovisolo C, Schubert A. 2000. Effect of drought stress on growth and water relations of the mycorrhizal association helianthemum almeriense-terfezia claveryi. Mycorrhiza, 10: 115-119.

Morton J B, Source D R. 2001. Two new families of glomales, archaeosporaceae and paraglomaceae, with two new genera archaeospora and paraglomus, based on concordant molecular and morphological characters. Mycologia, 93(1): 181-195.

Mosse B. 1959. Observations on the extramatrical mycelium of a vesicular-arbuscular endophyte. Transaction of the British Mycological Society, 42: 439-448.

Murphy S L, Smucker A J M. 1995. Evaluation of video image analysis and line-intercept methods for measuring root systems of alfalfa and ryegrass. Agronomy Journal, 87(5): 865-868.

Nakano A, Takahashi K, Kimura M. 2001. Effect of host shoot clipping on carbon and nitrogen sources for arbuscular mycorrhizal fungi. Mycorrhiza, 10: 287-293.

Newman E I. 1988. Mycorrhizal links between plants: their functioning and ecological significance. Advances in Ecological Research, 18: 243-271.

Newman E I, Devoy A L N, Basen N J, et al. 1994. Plant species that can be linked by VA mycorrhizal fungi. New Phytologist, 126: 691-693.

Newman E I, Eason W R, Eissenstat D M, et al. 1992. Interaction between plants: the role of mycorrhizae. Mycorrhiza, 1: 47-53.

Newsham K K, Fitter A H, Watkinson A R. 1995. Multi-functionality and biodiversity in arbuscular mycorrhizas. Trends in Ecology and Evolution, 10: 407-411.

Nijs I, Ferris R, Blum H, et al. 1997. Stomatal regulation in a changing climate: a field study using free air temperature increase (FATI) and free air CO_2 enrichment (FACE). Plant, Cell and environment, 20: 1041-1050.

Paull R E. 1992. Postharvest senescence and physiology of leafy vegetables. Post News and Inf, 1: 11-20.

Penuelas J, Filella I, Llusia J. 1998. Comparative field study of spring and summer leaf gas exchange and photobiology of the Mediterranean trees Quercus ilex and Phillyrea latifolia. Journal of Experiment Botany, 49(319): 229-238.

Perez-Moreno J, Read D J. 2001. Exploitation of pollen by mycorrhizal mycelial systems with special reference to nutrient recycling in boreal forests. Proceedings of the Royal Society of London Series B-Biological Sciences, 268: 1329-1335.

Perry D A. 1998. Amoveable feast: the evolution of resource sharing in plant–fungus communities. Trends Ecol Evol, 13: 432-434.

Phillips J M, Hayman D S. 1970. Improved procedures for clearing roots and staining parasitic and vesicular-arbuscular mycorrhizal fungi for rapid assessment of infection. Transactions of the British Mycological Society, 55(55): 158-161.

Piao H C, Liu C Q, Zhu S F, et al. 2005. Variations of C_4 and C_3 plant N: P ratios influenced by nutrient stoichiometry in limestone and sands to near eras of Guizhou. Quaternary Sciences, 25(5): 552-560.

Pirozynski K A, Malloch D W. 1975. The origin of land plants: a matter of mycotrophism. Biosystems, 6(3): 153-164.

Rapparini F, Llusià J, Peñuelas J. 2008. Effect of arbuscular mycorrhizal (AM) colonization on terpene emission and content of *Artemisia annua* L. Plant Biology, 10(1): 108-122.

Read D J, Perez-Moreno J. 2003. Mycorrhizas and nutrient cycling in ecosystems–a journey towards relevance? New Phytologist, 157: 475-492.

Redecker D, Kodner R, Graham L E, 2000. Glomalean fungi from the Ordovician. Science, 289: 1920-1921.

Remy W, Taylor T N, Haas H, et al. 1994. Four hundred-million-year-old vesicular-arbuscular mycorrhizae. Proceedings of the National Academy of Sciences of the United States of America, 91: 11841-11843.

Reitz S R, Trumble J T. 2002. Competitive displacement among insects and arachnids. Annual Review of Entomology, 47: 435-465.

Ren A Z, Gao Y B, Wang W. 2005. Photosynthetic pigments and photosynthetic products of endophyte-infection and endophyte-free *Lolium perenne* L. under drought stress conditions. Acta Ecologica Sinica, 25(2): 225-231.

Robinson D, Fitter A, 1999. The magnitude and control of carbon transfer between plants linked by a common mycorrhizal network. Journal of Experimental Botany, 50: 9-13.

Ruiz-Lozano J M. 2003. Arbuscular mycorrhizal symbiosis and alleviation of osmotic stress. New perspectives for molecular studies. Mycorrhiza, 13(6): 309-317.

Ruiz-Lozano J M, Azcón R. 1996. Mycorrhizal colonization and drought stress as factors affecting nitrate reductase activity in lettuce plants. Agric Ecosyst Environ, 60: 175-181.

Ruiz-Lozano J M, Azcón R. 1995. Hyphal contribution to water uptake in mycorrhizal plants as affected by the fungal species and water status. Physiol Plant, 95: 472-478.

Ryan M H, Tibbett M, Edmonds-Tibbett T, et al. 2012. Carbon trading for phosphorus gain: the balance between rhizosphere carboxylates and arbuscular mycorrhizal symbiosis in plant phosphorus acquisition. Plant, Cell & Environment, 35(12): 2170-2180.

Sánchez-Blanco M J, Ferrández T, Morales M A, et al. 2004. Variations in water status, gas exchange, and growth in *Rosmarinus officinalis* plants infected with *Glomus deserticola* under drought conditions. Journal of Plant Physiology, 161: 675-682.

Sardans J, Rivasubach A, Peñuelas J. 2012. The elemental stoichiometry of acquatic and terrestrial ecosystems and relationships with organismic lifestyle and ecosystem structure and function: a review and perspectives. Biogeochemistry, 111(1): 1-39.

Schenck N C, Perez Y. 1990. Manual for the identification of VA mycorrhizal fungi. Gainesville: Synergistic Publications.

Scheublin R, Van Logtestijn R S P, Van der Heijden M G A. 2007. Presence and identity of arbuscular mycorrhizal fungi influence competitive interactions between plant species. J. Ecol, 95: 631-638.

Schulze E D. 1989. Air pollution and forest decline in a spruce (*Picea abies*) forest. Science, 244(4906): 776-783.

Selosse M A, Richard F, He X H, et al. 2006. Mycorrhizal networks: *des liaisons* dangereuses. Trends in Ecology & Evolution, 21(11): 621-628.

Shah M A, Reshi Z A, Khasa D P. 2009. Arbuscular mycorrhizas: drivers or passengers of alien plant invasion. Bot. Rev, 75: 397-417.

Sheng M, Tang M, Chen H. 2008. Influence of arbuscular mycorrhizae on photosynthesis and water status of maize plants under saltstress. Mycorrhiza, 18: 287-296.

Shumway D L, Koide R T. 1995. Size and reproductive inequality in mycorrhizal and nonmycorrhizal populations of *Abutilon theophrasti*. Journal of Ecology, 83(4): 613-620.

Sieverding E. 1986. Influence of soil water regimes on va mycorrhiza iv. effect on root growth and water relations of *Sorghum bicolor*. Journal of Agronomy and Crop Science, 157: 36-42.

Simard S W, Perry D A, Jones M D, et al. 1997. Net transfer of carbon between ectomycorrhizal tree species in the field. Nature, 388: 579-582.

Simon L, Bousquet J, Levesque R C, et al. 1993. Origin and diversification of endomycorrhizal fungi and coincidence with vascular land plants. Nature, 363(6424): 67-69.

Simpson D, Daft M J. 1990. Interactions between water-stress and different mycorrhizal inocula on plant growth and mycorrhizal development in maize andsorghum. Plant and Soil, 121: 179-186.

Smith S E, Read D J. 1997. Mycorrhizal Symbiosis. SanDiego, CA: Academic Press.

Smith S E, Read D J. 2008. Mycorrhizal Symbiosis. London: Academic.

Smith S E, Smith F A. 2011. Roles of arbuscular mycorrhizas in plant nutrition and growth: new paradigms from cellular to ecosystem scales. Plant Biology, 62(62): 227-250.

Smucker A J M, Aiken R M. 1992. Dynamic root response to water deficits. Soil Science, 154(4): 281-289.

St. John T V, Coleman D C, Reid C P P. 1983. Association of vesicular-arbuscular mycorrhizal hyphae with soil organic particles. Ecology, 64: 957-959.

Staddon P L, Ramsey C B, Ostle N. 2003. Rapid turnover of hyphae of mycorrhizal fungi determined by AMS microanalysis of ^{14}C.

Science, 300(5622): 1138-1140.

Sterner R W, Elser J J. 2002. Ecological Stoichiometry: the Biology of Elements from Molecules to the Biosphere. Princeton: Princeton University Press: 906-907.

Streitwolf-Engel R. 1997. Clonal growth traits two Prunella species and determined by co—occuring arbuscular mycorrhizal fungi from a clacareous grassland. Ecology, 85: 181-191.

Subramanian K S, Charest C. 1995. Influence of arbuscular mycorrhizae on the metabolism of maize under drought stress. Mycorrhiza, 5: 273-278.

Subramanian K S, Charest C. 1997. Nutritional, growth, and reproductive responses of maize (*Zea mays* L.) to arbuscular mycorrhizal inoculation during and after drought stress at tasselling. Mycorrhiza, 7: 25-32.

Sultan S E. 2000. Phenotypic plasticity for plant development, function and life history. Trends in Plant Science, 5(12): 537.

Sun X, Lu Z, Shang W. 2004. Review on studies of *Eupatorium adenophoruman* important invasive species in China. Journal of Forestry Research, 15(4): 319-322.

Talbot J M, Allison S D, Treseder K K. 2008. Decomposers in disguise: mycorrhizal fungi as regulators of soil C dynamics in ecosystems under global change. Functional Ecology, 22: 955-963.

Tanaka Y, Yano K. 2005. Nitrogen delivery to maize via mycorrhizal hyphae depends on the form of N supplied. Plant Cell & Environment, 28(10): 1247-1254.

Taylor A F S, Gebauer G, Read D J. 2004. Uptake of nitrogen and carbon from double-labelled (N-15 and C-13) glycine by mycorrhizal pine seedlings. New Phytologist, 164: 383-388.

Tessier J T, Raynal D J. 2003. Use of nitrogen to phosphorus ratios in plant tissue as an indicator of nutrient limitation and nitrogen saturation. Journal of Applied Ecology, 40: 523-534.

Tinker P B H, Nye P H. 2000. Solute Transport in the Rhizosphere. Oxford: Oxford University Press.

Tian H Q, Chen G S, Zhang C, et al. 2010. Pattern and variation of C: N: P ratios in China's soils: a synthesis of observational data. Biogeochemistry, 98(1): 139-151.

Tilman D, Pacala S. 1993. The maintenance of species richness in plant communities // Ricklefs R E, Schluter D. Species Diversity in Ecological Communities. Chicago: University of Chicago Press.

Tisdall J M, Smith S E, Rengasamy P. 1997. Aggregation of soil by fungal hyphae. Australian Journal of Soil Research, 35: 55-60.

Tobar R M, AzcoÂn R, Barea J M. 1994. The improvement of plant N acquisition from an ammonium treated drought-stressed soil by the fungal symbiont in arbuscular mycorrhizae. Mycorrhiza, 4: 105-108.

Toussaint J P, St-Amaud M, Charest C. 2004. Nitrogen transfer and assimilation between the arbuscular mycorrhizal fungus Glomus intraradices Schenck&Smith and Ri T-DNA roots of *Daucus carota* L. in an in vitro compartmental system. Canadian Journal of Microbiology, 50: 251-260.

Treseder K K, Allen M F. 2002. Direct nitrogen and phosphorus limitation of arbuscular mycorrhizal fungi: a model and field test. New Phytologist, 155: 507-515.

Tu C, Booker F L, Watson D M, et al. 2006. Mycorrhizal mediation of plant N acquisition and residue decomposition: impact of mineral N inputs. Global Change Biology, 12: 793-803.

Tylka G L, Hussey R S, Roncadori R W. 1991. Interactions of vesicular-arbuscular mycorrhizal fungi, phosphorus, and heterodera glycines on soybean. Journal of Nematology, 23(1): 122-133.

Van der Heijden M G A, Bardgett R D, Van Straalen N M. 2008. The unseen majority: soil microbes as drivers of plant diversity and productivity in terrestrial ecosystems. Ecology Letters, 11 (3): 296-310.

Van der Heijden M G A. 1998. Different arbuscular mycorrhizal fungal species are potential determinants of plant community structure. Ecology, 79 (6): 2082-2091.

Van der Heijden M G A, Klironomos J N, Ursic M, et al. 1998. Mycorrhizal fungal diversity determines plant biodiversity, ecosystem variability and productivity. Nature, 396: 69-72.

Veresoglou S D, Shaw L J, Sen R. 2011. Glomus intraradices and *Gigaspora margarita* arbuscular mycorrhizal associations differentially affect nitrogen and potassium nutritionof *Plantago lanceolata* in a low fertility dune soil. Plant and soil, 340 (1-2): 481-490.

Verhoeven J T A, Koerselman W, Meuleman A F M. 1996. Nitrogen- or phosphorus-limited growth in herbaceous, wet vegetation relations with atmospheric inputs and management regimes. Trends in Ecology & Evolution, 11 (12): 494-497.

Vigo C, Norman J R, Hooker J E. 2000. Biocontrol of the pathogen *Phytophthora parasitica* by arbuscular mycorrhizal fungi is a consequence of effects on infectionloci. Plant Pathol, 49 (4): 509-514.

Vitousek P M, Howarth R W. 1991. Nitrogen limitation on land and in the sea: how can it occur. Biogeochemistry, 13: 87-115.

Voets L, Goubau I, Olsson PA, et al. 2008. Absence of carbon transfer between *Medicago truncatula* plants linked by a mycorrhizal network, demonstrated in an experimental microcosm. FEMS Microbiology Ecology, 65: 350-360.

Walker C, Vestberg M, Demircik F, et al. 2007. Molecular phylogeny and new taxa in the Archaeosporales (*Glomeromycota*): Ambispora fennica gen. sp. nov. , Ambisporaceae fam. nov. , and emendation of Archaeospora and Archaeosporaceae. Mycological Research, 111 (2): 137-153.

Wang B, Qiu Y L. 2006. Phylogenetic distribution and evolution of mycorrhizas in land plants. Mycorrhiza, 16: 299-363.

Wang S J, Liu Q M, Zhang D F. 2004. Karst rocky desertification in southwestern China: geomorphology, landuse, impact and rehabilitation. Land Degradation & Development, 15 (2): 115-121.

Wang X R, Pan Q, Chen F X, et al. 2011. Effects of co-inoculation with arbuscular mycorrhizalfungi and rhizobiaonsoybean growth as related to root architecture and availability of N and P. Mycorrhiza, 21 (3): 173-181.

Wardle D A, Bardgett R D, Klironomos J N, et al. 2004. Ecological linkages between aboveground and belowground biota. Science, 304: 1629-1633.

Wei Y, Wang S J, Liu X M, et al. 2012. Molecular diversity and distribution of arbuscular mycorrhizal fungi in karst ecosystem, Southwest China. Afr. J. Biotechnol, 11: 14561-14568.

Weremijewicz J, Janos D P. 2013. Common mycorrhizal networks amplify size inequality in *Andropogon gerardii* monocultures. New Phytologist, 198 (1): 203-213.

Weremijewicz J, Sternberg L D S L O, Janos D P. 2016. Common mycorrhizal networks amplify competition by preferential mineral nutrient allocation to large host plants. New Phytologist, 212 (2): 461-471.

Wilkinson D M. 1998. The evolutionary ecology of mycorrhizal networks. OIKOS, 82: 407-410.

Willey R W, Rao M R. 1980. A competitive ratio for quantifying competition between intercrops. Experimental Agriculture, 16 (2): 117-125.

Willey W R. 1979. Intercropping its importance and research needs. Part II. Agronomy and Research Approaches. Field Crop Abstracts, 32 (2): 72-85.

Wilson G, Hartnett D. 1997. Effects of mycorrhizae on plant growth and dynamics in experimental tall grass prairie microcosms. American Journal of Botany, 84 (4): 478-482.

Wright S F, Upadhyaya A. 1996. Extraction of an abundant and unusual protein from soil and comparisonwith hyphal protein of arbuscular mycorrhizal fungi. Soil Science, 161(9): 575-586.

Wright S F, Upadhyaya A. 1998. A survey of soils for aggregate stability and glomatin, a glycoprotein produced by hyphae of arbuscular mycorrhizal fungi. Plant and Soil, 198: 97-107.

Wu Q S, Xia R X, Zou Y N. 2006a. Reactive oxygen metabolism in mycorrhizal and non-mycorrhizal citrus (*Poncirus trifoliata*) seedlings subjected to water stress. Journal of Plant Physiology, 163: 1101-1110.

Wu Q S, Xia R X. 2006. Arbuscular mycorrhizal fungi influence growth, osmotic adjustment and photosynthesis of citrusunder well-watered and water stress conditions. Journal of Plant Physiology, 163: 417-425.

Wu Q S, Zou Y N, Xia R X. 2006b. Effects of water stress and arbuscular mycorrhizal fungi on reactive oxygen metabolism and antioxidant production by citrus (*Citrus tangerine*) roots. European Journal of Soil Biology, 42: 166-172.

Wurzburger N, Hendrick R L. 2009. Plant litter chemistry and mycorrhizal roots promote a nitrogen feedback in a temperate forest. Joumal of Ecology, 97(3): 528-536.

Yang H S, Zang Y Y, Yuan Y G, et al. 2012. Selectivity by host plants affects the distribution of arbuscular mycorrhizal fungi: evidence from ITS rDNA sequence metadata. BMC Evolutionary Biology, 12: 50.

Zak D R, Pregitzer K S, King J S. 2000. Elevated atmospheric CO_2, fine roots and the response of soil microorganisms: a review and hypothesis. New Phytologist, 147: 201-222.

Zhang P J, Li L Q, Pan G X. 2006. Soil quality changes in land degradation as indicated by soil chemical, biochemical and microbiological p roperties in a karst area of southwest Guizhou, China. Environmental Geology, 51: 609-619.

Zhang X Y, Sui Y Y, Zhang X D, et al. 2007. Spatial variability of nutrient properties in black soil of northeast China. Pedosphere, 17(1): 19-29.

Zhang Z H, Hu B Q, Hu G. 2014. Spatial heterogeneity of soil chemical properties in a subtropical Karst forest, southwest China. The Scientific World Journal, (1-2): 473651.

Zhang Z, Zhang J, Huang Y. 2014. Effects of arbuscular mycorrhizal fungi on the drought tolerance of *Cyclobalanopsis glauca* seedlings under greenhouse conditions. New Forests, 45: 545-556.

Zhu H, He X, Wang K, et al. 2012. Interactions of vegetation succession, soil bio-chemical properties and microbial communities in a Karst ecosystem. European Journal of Soil Biology, 51: 1-7.

附图一　实验菌剂培养及植物根系菌根侵染显微结构

附图 1-1　AM 菌剂扩繁一

附图 1-2　AM 菌剂扩繁二

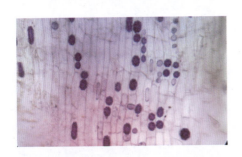

附图 1-3　根系 AM 泡囊

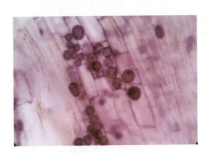

附图 1-4　根系 AM 泡囊

附图 1-5　根系细胞内的泡囊结构

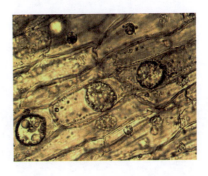

附图 1-6　根际细胞内的泡囊结构

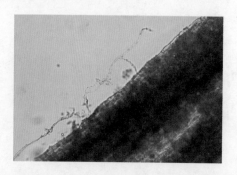 

附图 1-7　根系外延 AM 菌丝及其侵入点　　　　附图 1-8　菌丝侵入点

附图二 丛枝菌根对植物生长影响及养分利用的控制性实验

附图 2-1 AM 对不同植物种养分转移实验

附图 2-2 樟树苗接种 AM 后隔室枯落物分解实验

附图 2-3 水分胁迫下接种 AM 真菌的光皮树幼苗培养

附图 2-4 水分胁迫下接种 AM 真菌的樟树幼苗培养

附图 2-5 AM 调节紫茎泽兰与黄花蒿养分竞争实验

附图 2-6 自然生境植物养分转移的同位素标记实验

附图三　大田菌根化育苗实验

附图 3-1　AM 菌剂施入苗床

附图 3-2　AM 菌剂接种后的一年生樟树幼苗

附图 3-3　未接种 AM 的大田樟树幼苗

附图 3-4　接种 AM 的大田樟树幼苗